Kinematisch-getriebedynamisches Praktikum

Lehr- und Übungsbuch zur graphodynamischen Analyse
ebener Getriebe für den Konstrukteur, die Vorlesung
und das Selbststudium

Von

Dr. phil. habil. Rudolf Beyer

apl. Professor für Getriebelehre und Kinematik
an der Technischen Hochschule München
Oberstudienrat a. D. des Oskar-v.-Miller-Polytechnikums
Akademie für angewandte Technik, München

Mit 125 Abbildungen

Springer-Verlag Berlin Heidelberg GmbH
1960

ISBN 978-3-662-23451-8   ISBN 978-3-662-25505-6 (eBook)
DOI 10.1007/978-3-662-25505-6

Vorwort

Seit dem Erscheinen des grundlegenden und klassischen WITTENBAUERschen Werkes „Graphische Dynamik" sind 36 Jahre vergangen. Die Gründe, die FERDINAND WITTENBAUER veranlaßten, für den Maschinenbauingenieur ein so umfassendes Lehrgebäude der graphischen Getriebedynamik zu errichten, gelten heute noch viel mehr, da das Streben nach Leistungssteigerung auf allen Gebieten des Maschinenbaus das Laufen der Kraft- und insbesondere der Arbeitsmaschinen desgl. solcher der automatischen Mengenfertigung mit immer höheren Drehzahlen erforderte. Die Berücksichtigung der D'ALEMBERTschen Trägheitskräfte beim konstruktiven Entwurf wird so zu einer dringenden Notwendigkeit. Die neuzeitliche Getriebesynthese ist leider noch nicht so weit fortgeschritten, daß der Konstrukteur — abgesehen von einfachsten Getriebeaufgaben — gleich von Anfang an die Kraft- und insbesondere Massenwirkungen sofort vollwertig in seinen Entwurf einbeziehen kann. Ihm ist dann die Aufgabe gestellt, seinen getriebesynthetischen Entwurf nachträglich auch in getriebedynamischer Hinsicht zu überprüfen. Im Schwermaschinenbau kann dies wegen der Größe der bewegten Massen auch bereits bei kleineren Drehzahlen notwendig werden.

Selbst wenn von der Berücksichtigung der Wirkung der D'ALEMBERTschen Trägheitskräfte abgesehen werden kann, braucht der Konstrukteur immer noch geeignete zeichnerische oder rechnerische Verfahren, um die Größe der rein statisch auftretenden Kräfte, wie Stabkräfte, Gelenkkräfte, Reibkräfte usw., feststellen zu können. Gewiß liefert das beachtenswerte Lehrgebäude der theoretischen analytischen Mechanik wertvolle Grundlagen; sie gestattet vielfach auch das Aufstellen der Differentialgleichungen. Sie läßt aber den Ingenieur oft in dem Augenblick im Stich, in dem rechnerische Auswertung solcher Gleichungen beginnen soll. Auch darf der Ingenieur die Lösung nicht dadurch erzwingen, daß er unbequeme Glieder in den Gleichungen vernachlässigt. Er muß vielmehr imstande sein, den Gang eines Getriebes, also die Geschwindigkeiten und Beschleunigungen seiner Gliedpunkte, die in den Gelenken auftretenden Gelenk- und Führungskräfte usw. zu ermitteln, wenn die auf das Getriebe von außen eingeprägten Kräfte, die hindernden Widerstandskräfte und die gesamte Massenverteilung gegeben sind, d. h. er muß die I. WITTENBAUERsche Grundaufgabe lösen können.

Soll dagegen einem Getriebe ein bestimmter Bewegungszustand aufgezwungen werden, soll z. B. die Antriebskurbel mit vorgeschriebener konstanter Drehzahl laufen, wodurch ein ganz bestimmter dazugehöriger Beschleunigungszustand hervorgerufen wird, so muß der Konstrukteur die Größe der in das Getriebe einzuleitenden Antriebskraft und damit auch die erforderliche Antriebsleistung ermitteln, mit anderen Worten die sog. II. WITTENBAUERsche Grundaufgabe lösen können.

Die im gleichen Verlag erschienene „*Kinematische Getriebesynthese*" stellt die erforderlichen getriebesynthetischen Grundlagen bereit und vermittelt neben vielen anderen wichtigen Verfahren gleichzeitig die Methoden zum Zeichnen der Geschwindigkeiten und Beschleunigungen in ebenen Getrieben.

Das ebenfalls im Springer-Verlag veröffentlichte *„Kinematisch-getriebe-analytische Praktikum"* ist ein Hand- und Übungsbuch zur Analyse ebener Getriebe und soll dem Konstrukteur ein Hilfsmittel sein, mit den üblichen theoretischen Grundlagen des erstgenannten Buches auch in „komplizierteren Getrieben", wie sie in Arbeitsmaschinen vorkommen, die notwendigen Untersuchungen, z. B. bezüglich der Geschwindigkeits- und Beschleunigungsverhältnisse, durchzuführen.

Damit sind dem Konstrukteur die Wege geebnet, um sich auf kinematischer Grundlage in das Lehrgebäude der eigentlichen Getriebestatik und Getriebedynamik einarbeiten zu können, die den Inhalt des vorliegenden

„Kinematisch-getriebedynamischen Praktikums"

bilden.

Dieses Buch ist aus Vorlesungen hervorgegangen, die der Verfasser seit 1950 an der Technischen Hochschule München gehalten hat. Es stützt sich auf die dabei gemachten unterrichtlichen Erfahrungen und auch auf solche, die von ihm im Rahmen seiner Gutachtertätigkeit und Industrieberatung gesammelt wurden.

Ziel des neuen Buches ist die Beherrschung der genannten beiden WITTENBAUERschen Grundaufgaben und damit die Schaffung der Voraussetzungen für das Lösen praktisch wichtiger dynamischer Probleme des allgemeinen Maschinenbaus. Das Buch beschränkt sich dabei bewußt auf die *Statik und Dynamik „ebener" Getriebe* und stellt die Bedeutung der Kraft- und Massenreduktion und die Aufstellung graphodynamischer Kräftepläne betont heraus. Auch werden wichtige Grundlagen für die Schwerpunktsbewegung, für Doppelantrieb und für die Berücksichtigung der Reibungsverhältnisse in ebenen Getrieben behandelt.

Auf eine anschauliche und verhältnismäßig elementare Darbietung des Stoffes sowie auf die praxisnahe Anwendung allgemeiner Grundlagen der Dynamik — mit wenigen Grundprinzipien — wurde besonderer Wert gelegt. Zahlreiche vollständig durchgeführte Zahlenbeispiele sollen dem Konstrukteur das Einarbeiten in den behandelten Stoff erleichtern. Zusätzlich beigegebene „Übungsbeispiele" mit Lösungen mögen der Vertiefung und Erweiterung des gebotenen Stoffes dienen. „Aufgaben" mit und ohne Lösungsanleitung wollen zu selbständigem Schaffen anregen, u. a. auch zum Einfühlen in das Gedankengut des „Massenausgleichs".

Das Buch ist so abgefaßt, daß es auch unabhängig von den beiden obengenannten Büchern mit Erfolg benutzt werden kann, da die hierzu notwendigen kinematisch-analytischen Grundlagen in den zahlenmäßig durchgeführten Beispielen hinreichend ausführlich erläutert werden.

Es ist mir noch eine angenehme Pflicht, dem Springer-Verlag für seine wertvolle Unterstützung bei der Gestaltung des Buches und für die sorgfältige Drucklegung meinen verbindlichsten Dank auszusprechen. Herrn Dr.-Ing. H. SIEBER, München, sei für seine Hilfsbereitschaft beim Lesen der Umbruchkorrektur ebenfalls bestens gedankt.

Olching vor München, im Oktober 1959

Rudolf Beyer

Inhaltsverzeichnis

1. Grundlagen

1.1 Statische Grundlagen

An dem gegenüber dem Gestell d komplan bewegten Getriebeglied b (Abb. 1), z. B. an der Koppel $b = \overline{AB}$ des in Abb. 1 dargestellten Viergelenkgetriebes $\mathfrak{A} A B \mathfrak{B}$, wirke die Kraft $\mathfrak{P}$. Sie kann nach Abb. 2 in ∞^1-facher Mannigfaltigkeit durch zwei Kräfte $\mathfrak{P}_A$, $\mathfrak{P}_B$ statisch äquivalent ersetzt werden, deren Wirkungslinien p_A und p_B durch A bzw. B gehen. Man wählt

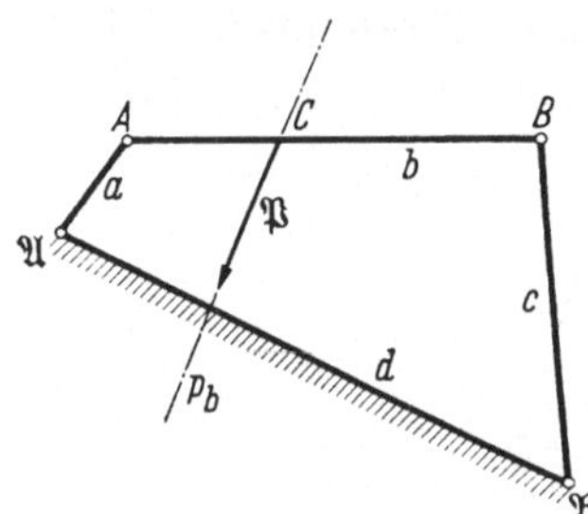

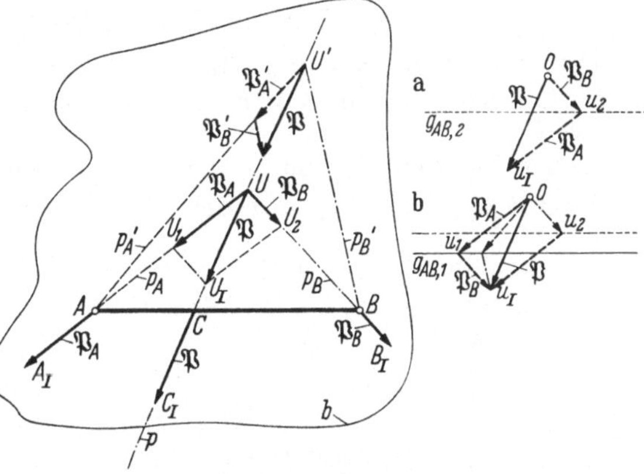

Abb. 1. Einzelkraft $\mathfrak{P}$ an der Koppel $b = \overline{AB}$ eines Kurbelschwinggetriebes

Abb. 2. Statische Aufteilung einer Kraft $\mathfrak{P}$ auf zwei Gelenke A und B des Getriebegliedes $b = \overline{AB}$. Die CULMANNsche Gerade $g_{AB,\,2}$ (Abb. 2a) bzw. $g_{AB,\,1}$ (Abb. 2b)

auf der Wirkungslinie p von $\mathfrak{P}$ einen beliebigen Punkt U und zerlegt $\mathfrak{P} = \overrightarrow{UU_I} = \overrightarrow{CC_I}$ nach den Richtungen $p_A = UA$ und $p_B = UB$ in die Komponenten

$$\mathfrak{P}_A = \overrightarrow{UU_1} \quad \text{und} \quad \mathfrak{P}_B = \overrightarrow{UU_2}$$

und erhält so *die nach A und B „statisch aufgeteilten'' Komponenten*

$$\mathfrak{P}_A = \overrightarrow{AA_I} = \overrightarrow{UU_1}, \quad \mathfrak{P}_B = \overrightarrow{BB_I} = \overrightarrow{UU_2}$$

1.11 Die Culmannsche Gerade

Wiederholung des Verfahrens für die Punkte U, U', U'' von p liefert die statische Aufteilung nach A und B durch die Kräfte $\mathfrak{P}_A$, $\mathfrak{P}_B$ bzw. $\mathfrak{P}'_A$, $\mathfrak{P}'_B$ bzw. $\mathfrak{P}''_A$, $\mathfrak{P}''_B$ usw. Für die Anwendung genügt die Betrachtung der Vektordreiecke UU_1U_I, UU_2U_I mit $U_2U_I \parallel p_A$ bzw. $U_1U_I \parallel p_B$ oder auch durch das Herauszeichnen eines besonderen Kräfteplanes nach Abb. 2a. Man macht $\overrightarrow{ou_I} = \mathfrak{P}$ und schneidet die durch o zu p_B und durch u_I zu p_A gezeichneten Parallelen in u_2. Dann sind $\overrightarrow{ou_2} = \mathfrak{P}_B = \overrightarrow{BB_I}$, $\overrightarrow{u_2u_I} = \mathfrak{P}_A = \overrightarrow{AA_I}$. Wiederholung des Verfahrens für U', U'',... liefert im Kräfteplan von Abb. 2a als Ort der Punkte u_2 die Gerade $g_{AB,\,2}$, die als CULMANNsche Gerade bekannt und zu AB parallel ist, also $g_{AB,2} \parallel AB$. Wird gemäß Abb. 2b die Anordnung mittels des Vektordreiecks $U U_1 U_I$ benutzt, so ist der Ort der Punkte u_1 die CULMANNsche Gerade $g_{AB,1} \parallel AB$.

1.12 Kraftpolygon und Seilpolygon

Im Sinne der graphischen Statik ist beispielsweise Abb. 2a als Kraft $\mathfrak{P}$ mit dem Pol u_2, den Polstrahlen u_2o, u_2u_I erkennbar, denen in Abb. 2 die sich auf p von $\mathfrak{P}$ schneidenden parallelen Seilstrahlen $p_B \parallel u_2o$ bzw. $p_A \parallel u_2u_I$ zugeordnet sind.

Zu jedem Punkt u_2 der CULMANNschen Geraden $g_{AB,2}$ gehört ein Seileck durch die beiden gegebenen Punkte A, B.

1.2 Kräfte am Einzelgelenk

Abb. 3 zeigt das aus den Gliedern $b = \overline{AB}$, $c = \overline{\mathfrak{B}B}$ in B gebildete Einzelgelenk mit den an b und c in den Wirkungslinien p und q wirkenden Kräften $\mathfrak{P}$ bzw. $\mathfrak{Q}$.

Zu den Punkten U_b von p und U_c von q gehören im Kräfteplan (Abb. 3a) die Punkte u_{b1} bzw. u_{c1} auf den CULMANNschen Geraden $g_{AB,1} \parallel \overline{AB}$ bzw.

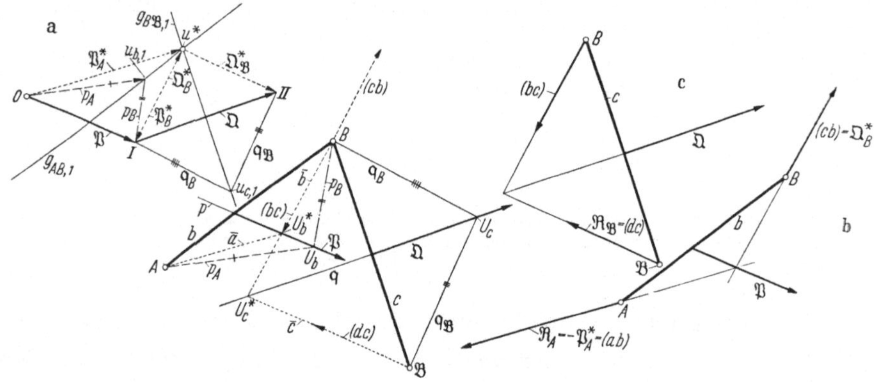

Abb. 3a—c. Kräfte am Einzelgelenk B der Glieder b, c. Gelenkkraft $(cb) = -(bc)$, Stabkraft. Gleichgewicht am Getriebeglied. Gleichgewicht an der getrieblichen Gesamtanordnung
a) Kräfteplan mit Pol u^*; p_A, p_B, q_B, $q_\mathfrak{B}$ bedeuten Wirkungslinien der Kräfte

$$\mathfrak{P}_A = \overrightarrow{o\,u_{b,1}}, \quad \mathfrak{P}_B = \overrightarrow{u_{b,1}\,I}, \quad \mathfrak{Q}_B = \overrightarrow{I\,u_{c,1}}, \quad \mathfrak{Q}_\mathfrak{B} = \overrightarrow{u_{c,1}\,II}$$

b) Gleichgewicht am Glied b durch Gelenkkraft (cb), äußere Kraft $\mathfrak{P}$ und Gelenkkraft (ab)
c) Gleichgewicht am Glied c durch (bc), $\mathfrak{Q}$ und (dc)

$g_{B\mathfrak{B},1} \parallel \overline{B\mathfrak{B}}$. Ihr Schnittpunkt u^* liefert die Polstrahlen u^*0, u^*I, u^*II, denen in Abb. 3 die zu ihnen parallel und punktiert gezeichneten Seilstrahlen

$$\bar{a} = A U_b^*, \quad \bar{b} = U_b^* B, \quad \bar{c} = U_c^* \mathfrak{B}$$

zugeordnet sind, wobei die Geraden durch U_b^*, B und U_c^*, B zusammenfallen (koindizieren).

Ergebnis:
Zu den an den Gliedern b und c des Gelenks B angreifenden Kräften $\mathfrak{P}$ und $\mathfrak{Q}$ gibt es ein Seilpolygon, dessen Seilstrahlen durch A, B, $\mathfrak{B}$ gehen. Zu dieser speziellen statischen Aufteilung gehören die Kräfte

$$\mathfrak{P}_A^* = \overrightarrow{o\,u^*}, \quad \mathfrak{P}_B^* = \overrightarrow{u^*I}, \quad \mathfrak{Q}_B^* = \overrightarrow{I\,u^*}, \quad \mathfrak{Q}_\mathfrak{B}^* = \overrightarrow{u^*II} \tag{1}$$

1.21   Gelenkkraft

Ferner gilt die Vektorgleichung

$$\mathfrak{P} = \mathfrak{P}_A^* + \mathfrak{P}_B^* \tag{2}$$

oder

$$\mathfrak{P} + (-\mathfrak{P}_B^*) + (-\mathfrak{P}_A^*) = 0$$
$$\overrightarrow{o\,I} + \overrightarrow{I\,u^*} + \overrightarrow{u^*o} = 0 \tag{3}$$

und nach Gl. (1) wegen $\overrightarrow{I\,u^*} = \mathfrak{O}_B^*$ auch

$$\boxed{\mathfrak{P} + \mathfrak{O}_B^* + (-\mathfrak{P}_A^*) = 0} \tag{3a}$$

In Gl. (3a) ist $\mathfrak{O}_B^*$ der im Gelenk B wirkende und vom Glied c herrührende Anteil der Krafteinwirkung auf c; d. h. $\mathfrak{O}_B^*$ ist die im Gelenk B vom Glied c auf das Glied b ausgeübte *Gelenkkraft* oder *Zapfenkraft*, mit welcher der Zapfen von c auf die Bohrung von b einwirkt. Für diese Gelenkkraft sei die folgende Bezeichnung eingeführt

$$(c\,b) = \text{Gelenkkraft in } B, \text{ ausgeübt von } c \text{ auf } b \tag{4a}$$

Das kraftausübende Getriebeglied wird in diesem Symbol also stets an erster Stelle genannt, das kraftempfangende Getriebeglied rückt an die zweite Stelle.

Das Symbol $(c\,b)$ hat vektoriellen Charakter. Entsprechend ist

$$(b\,c) = \text{Gelenkkraft in } B, \text{ ausgeübt von } b \text{ auf } c \tag{4b}$$

Nach dem Prinzip von Wirkung und Gegenwirkung (actio et reactio) gilt

$$(b\,c) = -(c\,b) \tag{5a}$$

bzw.

$$(b\,c) + (c\,b) = 0 \tag{5b}$$

Mit den neuen Bezeichnungen ist also

$$\mathfrak{O}_B^* = (c\,b) \quad \text{und} \quad \mathfrak{P} + (c\,b) + (-\mathfrak{P}_A^*) = 0 \tag{6a, b}$$

1.22   Stabkraft

Nach Abb. 3a ist

$$\mathfrak{O}_B^* = (c\,b) = \overrightarrow{I\,u^*} = \overrightarrow{I\,u_{c,1}} + \overrightarrow{u_{c,1}\,u^*}$$

und wegen $\overrightarrow{I\,u_{c,1}} = \mathfrak{O}_B$ von Abb. 3a auch

$$(c\,b) = \mathfrak{O}_B + \overrightarrow{u_{c,1}\,u^*} = \overrightarrow{I\,u^*} \tag{7}$$

wobei $\overrightarrow{u_{c,1}\,u^*} \parallel \overline{B\mathfrak{B}}$ (CULMANNsche Gerade!) eine Kraft in Richtung des Stabes $\overline{B\mathfrak{B}}$, m. a. W. eine sog. „*Stabkraft*" darstellt, die im Gelenk B in Richtung $\overline{B\mathfrak{B}}$ wirkt und das vektorielle Symbol $(B\mathfrak{B})$ erhalten soll.

Es bedeutet also

$$\overrightarrow{u_{c,1}\,u^*} = (B\mathfrak{B}) = \text{Stabkraft, wirkend im Gelenk } B \text{ in Stabrichtung } \overline{B\mathfrak{B}} \tag{8}$$

Die in $\mathfrak{B}$ angreifende Kraft mit Wirkungslinie parallel $\overline{\mathfrak{B}B}$ bzw. zusammenfallend mit $\overline{\mathfrak{B}B}$ sei dagegen

$$(\mathfrak{B}B) = \text{Stabkraft, wirkend in } \mathfrak{B} \text{ in Stabrichtung } \overline{\mathfrak{B}B}.$$

Folgerungen: Für starre Verbindung zwischen $\mathfrak{B}$, B, z. B. $\mathfrak{B}$, B, als Punkte eines starren Getriebegliedes, etwa $\overline{\mathfrak{B}B} = c$ als Schwinge des Viergelenkgetriebes von Abb. 1, gilt

$$(\mathfrak{B}B) = -(B\mathfrak{B}) \quad \text{oder} \quad (\mathfrak{B}B) + (B\mathfrak{B}) = 0 \qquad (8\,a, b)$$

Wegen Gl. (6) und der Bezeichnung nach Gl. (7) folgt

$$\boxed{(c\,b) = \mathfrak{Q}_B + (B\,\mathfrak{B})} \qquad (9)$$

1.221 Wichtiges Teilergebnis. Die von einem Getriebeglied (c) auf ein anderes ihm in B angelenktes Glied (b) ausgeübte Gelenkkraft (cb) ist gleich der vektoriellen Summe aus der nach B statisch aufgeteilten Kraftkomponente $\mathfrak{Q}_B$ der an c angreifenden und von außen eingeprägten Kraft $\mathfrak{Q}$ und der in B wirkenden Stabkraft $(B\mathfrak{B})$ von der Stabrichtung $\overline{B\mathfrak{B}}$ des Gliedes $c = \overline{B\mathfrak{B}}$.

1.222 Anwendung der eingeführten Bezeichnungen. Nach Abb. 3a gelten

$$
\begin{aligned}
\mathfrak{Q} &= \mathfrak{Q}_B^* + \mathfrak{Q}_{\mathfrak{B}}^* \quad \text{und} \quad \mathfrak{Q} + (-\mathfrak{Q}_{\mathfrak{B}}^*) + (-\mathfrak{Q}_B^*) = 0 \\
\overrightarrow{I\,II} &= \overrightarrow{I\,u^*} + \overrightarrow{u^*II} \qquad\qquad \overrightarrow{I\,II} + \overrightarrow{II\,u^*} + \overrightarrow{u^*I} = 0
\end{aligned}
\qquad (10)
$$

und wegen $\overrightarrow{u^*I} = \mathfrak{P}_B^*$ auch

$$
\begin{aligned}
\mathfrak{Q} + (-\mathfrak{Q}_{\mathfrak{B}}^*) + \mathfrak{P}_B^* &= 0 \\
\overrightarrow{I\,II} + \overrightarrow{II\,u^*} + \overrightarrow{u^*I} &= 0
\end{aligned}
\qquad (11)
$$

Entsprechend Ziff. 1.21 folgt

$$\mathfrak{P}_B^* = \overrightarrow{u^*I} = -\overrightarrow{I\,u^*} = -(c\,b) = (b\,c), \qquad (12)$$

ferner nach Gl. (11)

$$\mathfrak{Q} + (-\mathfrak{Q}_{\mathfrak{B}}^*) + (b\,c) = 0 \qquad (13)$$

und

$$\boxed{(b\,c) = \mathfrak{P}_B^* = (BA) + \mathfrak{P}_B}$$
$$(b\,c) = \overrightarrow{u^*I} = \overrightarrow{u^*\,u_{b,1}} + \overrightarrow{u_{b,1}\,I} \qquad (14)$$

womit der Satz von Ziff. 1.221 erneut bestätigt ist.

1.23   Gleichgewicht am Gelenk

Addition der Gl. (9) und (14) ergibt

$$
\begin{aligned}
(c\,b) + (b\,c) &= \mathfrak{Q}_B + (B\mathfrak{B}) + (BA) + \mathfrak{P}_B \\
0 &= \overrightarrow{I\,u_{c,1}} + \overrightarrow{u_{c,1}\,u^*} + \overrightarrow{u^*\,u_{b,1}} + \overrightarrow{u_{b,1}\,I}
\end{aligned}
\qquad (15)
$$

oder

$$
\begin{aligned}
\mathfrak{P}_B + \mathfrak{Q}_B + (B\mathfrak{B}) + (BA) &= 0 \\
\overrightarrow{u_{b,1}\,I} + \overrightarrow{I\,u_{c,1}} + \overrightarrow{u_{c,1}\,u^*} + \overrightarrow{u^*\,u_{b,1}} &= 0
\end{aligned}
\qquad (15\,a)
$$

1.231 Ergebnis:

Die nach dem Gelenk B statisch aufgeteilten Teilkräfte $(\mathfrak{P}_B, \mathfrak{Q}_B)$, herrührend von den an den Gliedern b, c angreifenden äußeren Kräften $\mathfrak{P}$, $\mathfrak{Q}$, halten sich mit den im Gelenk B wirkenden Stabkräften (BA), $(B\mathfrak{B})$ das Gleichgewicht.

1.24   Gleichgewicht am Getriebeglied

Löst man die Glieder b und c in ihrem Gelenk B voneinander, ersetzt man also die Einwirkung b auf c durch die Gelenkkraft (bc), desgl. die Einwirkung von c auf b durch die Gelenkkraft (cb) und übt man außerdem in A auf b die Kraft $\Re_A = -\mathfrak{P}_A^* = \overrightarrow{u^*o}$ und in $\mathfrak{B}$ auf c die Kraft $\Re_\mathfrak{B} = -\mathfrak{Q}_\mathfrak{B}^* = \overrightarrow{II\,u^*}$ aus, z. B. durch Anlenkung von c an Gestell d und Kopplung von b an d mittels des Gliedes a (Viergelenkgetriebe von Abb. 1), so folgt aus Gl. (6b)

$$\mathfrak{P} + (cb) + \Re_A = 0 \tag{6'b}$$

aus Gl. (13)

$$\mathfrak{Q} + \Re_\mathfrak{B} + (bc) = 0 \tag{13'}$$

Ergebnis: Nach Herauslösen eines Getriebegliedes, z. B. b, aus der getrieblichen Gesamtanordnung und Ersatz der Nachbarglieder a, c durch die von diesen auf das Glied b ausgeübten Gelenkkräfte $(ab) = \Re_A$ und (cb), halten sich diese mit der am Getriebeglied angreifenden äußeren Kraft $\mathfrak{P}$ das Gleichgewicht. Vgl. Abb. 3b, 3c für die Glieder b bzw. c.

1.241 Wichtiger Sonderfall. Ist ein Nachbarglied „*kräftefrei*", z. B. im Falle von Abb. 3, wenn $\mathfrak{Q} = 0$ ist, so ist auch $\mathfrak{Q}_B = 0$, also nach Gl. (9) — was übrigens auch die Anschauung erkennen läßt — die Gelenkkraft $(cb) = (B\mathfrak{B})$, d. h. gleich der im betreffenden Gelenk wirkenden Stabkraft und somit von bekannter Richtung. Soll eine in A an a von Abb. 1 angreifende Kraft $\Re_A$ der Kraft $\mathfrak{P}$ das Gleichgewicht halten, so geht ihre Wirkungslinie r_A durch den Schnittpunkt von p_b mit der durch B, $\mathfrak{B}$ gelegten Geraden, der Wirkungslinie von (cb).

1.25   Gleichgewicht an der getrieblichen Gesamtanordnung

Addition der Gl. (6'b) und (13') liefert wegen $(cb) + (bc) = 0$

$$\mathfrak{P} + \mathfrak{Q} + \Re_\mathfrak{B} + \Re_A = 0$$
$$\overrightarrow{0\,I} + \overrightarrow{I\,II} + \overrightarrow{II\,u^*} + \overrightarrow{u^*0} = 0 \tag{16}$$

In der Gesamtanordnung, d. h. in der offenen Eingelenkkette (Einzelgelenk) mit den auf ihre freien Endpunkte A und $\mathfrak{B}$ einwirkenden Kräften $\Re_A$, $\Re_\mathfrak{B}$, halten sich diese mit den an den Getriebegliedern angreifenden äußeren Kräfte $\mathfrak{P}$, $\mathfrak{Q}$ das Gleichgewicht (Abb. 3a).

1.3   Statik des Viergelenkgetriebes

1.31   Seileckverfahren

In Abb. 4 ist ein Viergelenkgetriebe in Form der Kurbelschwinge $\mathfrak{A}AB\mathfrak{B}$ mit $a = \overline{\mathfrak{A}A}$ als Kurbel, $b = \overline{AB}$ als Koppel, $c = \overline{B\mathfrak{B}}$ als Schwinge und $d = \overline{\mathfrak{A}\mathfrak{B}}$ als Gestell dargestellt. An der Koppel b und der Schwinge c greifen die äußeren Kräfte $\mathfrak{P}$ bzw. $\mathfrak{Q}$ an.

Es sind zu ermitteln:

a) diejenige an der Kurbel a in E angreifende und in der gegebenen Geraden rr' wirkende Kraft $\Re$, die den gegebenen Kräften $\mathfrak{P}$ und $\mathfrak{Q}$ das Gleichgewicht hält (Gleichgewichtskraft!);

b) die Gelenkkräfte (ba), (ab) und (bc), (cb) in den bewegten Gelenken A bzw. B, die Lagerkräfte (da) und (dc), ausgeübt in $\mathfrak{A}$, $\mathfrak{B}$ vom Gestell d auf die Glieder a bzw. c.

Lösung (Abb. 4): Für die Glieder b und c des Gelenks B sind die Abmessungen, Kräfte und Wirkungslinien dieselben wie in Abb. 3.

Zeichne im Kräfteplan von Abb. 4a $\overrightarrow{0\,I} = \mathfrak{P}$ und $\overrightarrow{I\,II} = \mathfrak{Q}$, wähle auf den Wirkungslinien p und q von $\mathfrak{P}$ und $\mathfrak{Q}$ die beliebigen Punkte U_b, U_c und verteile $\mathfrak{P}$ durch $\mathfrak{P}_A = \overrightarrow{0\,u_{b1}}$ und $\mathfrak{P}_B = \overrightarrow{u_{b1}\,I}$ auf die Gelenke A und B, desgl. $\mathfrak{Q}$ durch $\mathfrak{Q}_B = \overrightarrow{I\,u_{c1}}$ und $\mathfrak{Q}_\mathfrak{B} = \overrightarrow{u_{c1}\,II}$ auf die Gelenke B bzw. $\mathfrak{B}$. Ziehe durch u_{b1}

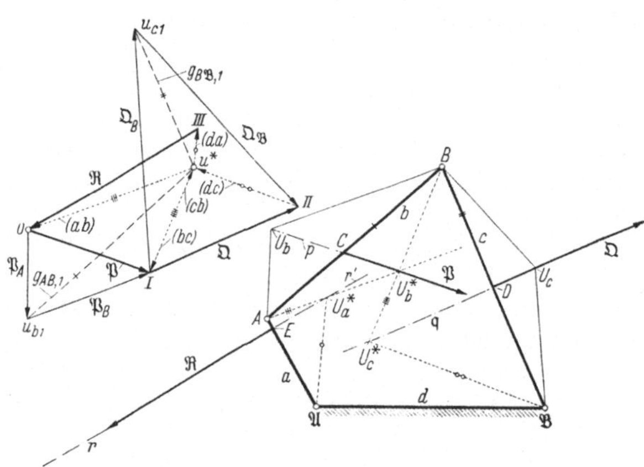

parallel zu $\overline{A\,B}$ die CULMANNsche Gerade $g_{AB,1}$, desgl. durch u_{c1} parallel $\overline{B\,\mathfrak{B}}$ die CULMANNsche Gerade $g_{B\mathfrak{B},1}$, Schnittpunkt u^*.

Verbinde u^* mit 0, I, II und ziehe durch A den zu u^*0 parallelen Seilstrahl bis U_b^* auf p. Der durch U_b^* zu $\overline{u^*I}$ gezeichnete parallele Seilstrahl geht durch B und schneidet q in U_c^*.

Kontrolle:

Seilstrahl $U_c^*\,\mathfrak{B} \parallel \overline{u^*II}$

Abb. 4. Gleichgewichtskraft $\mathfrak{R}$ im Viergelenkgetriebe. Lösung durch Seileckverfahren mittels der CULMANNschen Geraden. $g_{AB,1}$, $g_{B\mathfrak{B},1}$. Seilpolygon $\mathfrak{A}$, U_a^*, U_b^*, U_c^*, $\mathfrak{B}$ durch vier gegebene Punkte $\mathfrak{A}$, A, B, $\mathfrak{B}$; a) Kräfteplan mit Pol u^*

Da $\overline{u^*0}$ die Stützkraft in A für die Koppel b darstellt, also mit der Gelenkkraft (ab) identisch sein muß, ist $(ba) = \overrightarrow{0\,u^*}$ die Gelenkkraft b auf a, muß also mit der gesuchten Kraft $\mathfrak{R}$ und der Gelenkkraft (Lagerkraft) (da) am Glied a das Gleichgewichtssystem

$$(b\,a) + (d\,a) + \mathfrak{R} = 0$$
$$\overrightarrow{0\,u^*} + \overrightarrow{u^*\,III} + \overrightarrow{III\,0} = 0$$

bilden. Da der Seilstrahl $A\,U_b^*$ die Wirkungslinie rr' in U_a^* schneidet, so liefert die Gerade durch U_a^*, $\mathfrak{A}$ den zu (da) gehörigen Seilstrahl. Die durch u^* zu $U_a^*\,\mathfrak{A}$ und durch 0 zu rr' gezeichneten Parallelen schneiden sich in III des Kräfteplanes Abb. 4a.

Ergebnisse:

$$\overrightarrow{III\,0} = \mathfrak{R}, \qquad \overrightarrow{I\,u^*} = (c\,b), \qquad \overrightarrow{u^*\,0} = (a\,b)$$

$$\overrightarrow{u^*\,III} = (d\,a), \qquad \overrightarrow{u^*\,I} = (b\,c), \qquad \overrightarrow{II\,u^*} = (d\,c)$$

Kontrollen:

Gleichgewicht an c:
$$(b\,c) + \mathfrak{Q} + (d\,c) = 0$$
$$\overrightarrow{u^*\,I} + \overrightarrow{I\,II} + \overrightarrow{II\,u^*} = 0 \tag{17}$$

Gleichgewicht an b:
$$\mathfrak{P} + (c\,b) + (a\,b) = 0$$
$$\overrightarrow{0\,I} + \overrightarrow{I\,u^*} + \overrightarrow{u^*\,0} = 0 \tag{18}$$

Gleichgewicht zwischen den Lagerkräften und den äußeren Kräften:

$$(da) + \Re + \mathfrak{P} + \mathfrak{D} + (dc) = 0$$
$$u^* \overrightarrow{III} + \overrightarrow{III\,0} + \overrightarrow{0\,I} + \overrightarrow{I\,II} + \overrightarrow{II\,u^*} = 0 \tag{19}$$

1.32 Stabkraftverfahren

Die in Abb. 4 behandelte Aufgabe soll nun für die gleichen Abmessungen mittels der „*Stabkräfte*" gelöst werden (Abb. 5, 5a). Man verteilt $\mathfrak{P}$ und $\mathfrak{D}$ in beliebiger Weise durch $\mathfrak{P} = \mathfrak{P}_B + \mathfrak{P}_A$, $\mathfrak{D} = \mathfrak{D}_\mathfrak{B} + \mathfrak{D}_B$ statisch auf die Ge-

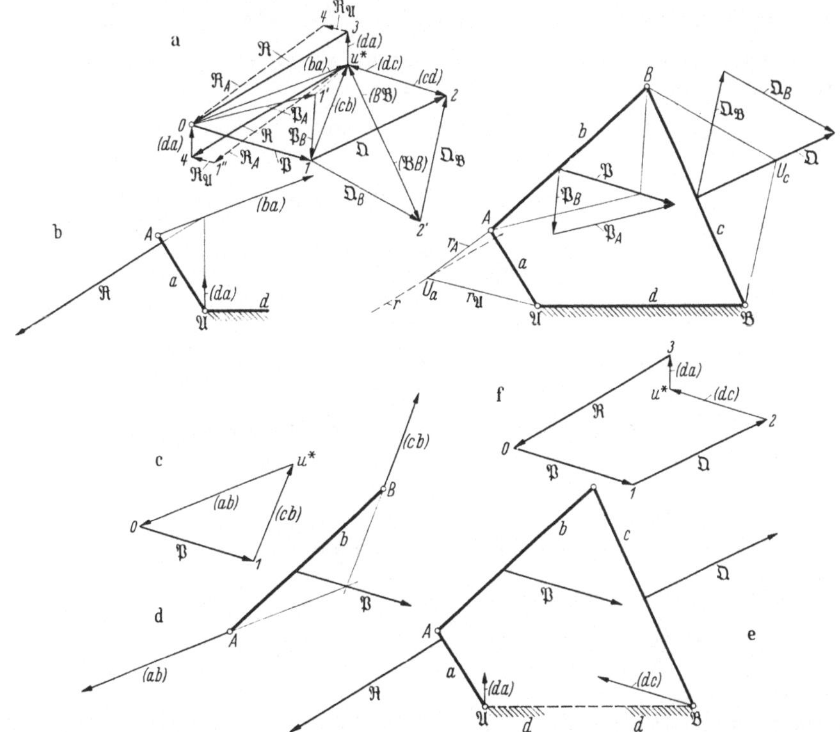

Abb. 5a—f. Gleichgewichtskraft im Viergelenkgetriebe. Lösung durch das Stabkraftverfahren. a) Kräfteplan; b) Gleichgewicht am Glied a; c) und d) Gleichgewicht an der Koppel b; e) und f) Gleichgewicht am Getriebe

lenke A, B bzw. B, $\mathfrak{B}$ und setzt die nachstehenden vektoriellen Beziehungen an:

$$\text{Gleichgewicht am Gelenk } B: \quad \begin{aligned} \mathfrak{P}_B + \mathfrak{D}_B + (B\,\mathfrak{B}) + (BA) &= 0 \\ \overrightarrow{1'1} + \overrightarrow{12'} + \overrightarrow{2'\,u^*} + \overrightarrow{u^*1'} &= 0 \end{aligned} \tag{20}$$

$$\text{Gleichgewicht am Gelenk } \mathfrak{B}: \quad \begin{aligned} (\mathfrak{B}\,B) + \mathfrak{D}_\mathfrak{B} + (dc) &= 0 \\ \overrightarrow{u^*2'} + \overrightarrow{2'2} + \overrightarrow{2u^*} &= 0 \end{aligned} \tag{21}$$

Die gesuchte Gleichgewichtskraft $\Re$ sei durch $\Re_A$, $\Re_\mathfrak{A}$ ersetzt, wirkend in den sich auf r schneidenden Geraden r_A, $r_\mathfrak{A}$; $\Re$, $\Re_A$, $\Re_\mathfrak{A}$ sind also zunächst nur ihrer Richtung nach bekannt.

$$\textit{Gleichgewicht am Gelenk } A: \quad \begin{aligned} \mathfrak{P}_A + (AB) + \mathfrak{R}_A + (A\mathfrak{A}) &= 0 \\ \overrightarrow{01'} + \overrightarrow{1'u^*} + \overrightarrow{u^*1''} + \overrightarrow{1''0} &= 0 \end{aligned} \qquad (22)$$

Durch $\mathfrak{R}_A = \overrightarrow{u^*1''}$ und die Wirkungslinien r, $r_\mathfrak{A}$ sind $\mathfrak{R}$ und $\mathfrak{R}_\mathfrak{A}$ bestimmt. Die Parallelen durch u^* zu r und durch $1''$ zu $r_\mathfrak{A}$ schneiden sich in 4 mit $\overrightarrow{1''4} = \mathfrak{R}_\mathfrak{A}$ und $\overrightarrow{u^*4} = \mathfrak{R}$.

$$\textit{Gleichgewicht am Gelenk } \mathfrak{A}: \quad \begin{aligned} (\mathfrak{A}A) + \mathfrak{R}_\mathfrak{A} + (d\,a) &= 0 \\ \overrightarrow{01''} + \overrightarrow{1''4} + \overrightarrow{40} &= 0 \end{aligned} \qquad (23)$$

oder zur Erkennung des Zusammenhangs mit Abb. 4a zieht man bei Beachtung von $\overrightarrow{u^*4} = \mathfrak{R}$ ergänzend durch 0 und u^* zu $\mathfrak{R} = \overrightarrow{u^*4}$ bzw. zu $\overrightarrow{40} = (d\,a)$ die sich in 3 schneidenden Parallelen. Man erhält so $\overrightarrow{30} = \mathfrak{R}$, $\overrightarrow{u^*3} = (d\,a)$.

Gelenkkräfte: In $\mathfrak{A}$, von a herrührend

$$\mathfrak{R}_\mathfrak{A} = \overrightarrow{1''4} \quad \text{und} \quad (\mathfrak{A}A) = -(A\mathfrak{A}) = -\overrightarrow{1''0} = \overrightarrow{01''}$$

also

$$(a\,d) = (\mathfrak{A}A) + \mathfrak{R}_\mathfrak{A} = \overrightarrow{01''} + \overrightarrow{1''4} = \overrightarrow{04} \qquad (24)$$

und

$$(d\,a) = \overrightarrow{40} = \overrightarrow{u^*3}$$

In A wirken, von b herrührend, die Kräfte

$$(AB) = \overrightarrow{1'u^*} \quad \text{und} \quad \mathfrak{P}_A = \overrightarrow{01'} \qquad (25)$$

also

$$(b\,a) = \mathfrak{P}_A + (AB) = \overrightarrow{01'} + \overrightarrow{1'u^*} = \overrightarrow{0u^*}$$

und

$$(a\,b) = \overrightarrow{u^*0} \qquad (26)$$

Entsprechend gilt für die Gelenkkräfte in B und $\mathfrak{B}$:

$$(c\,b) = \mathfrak{Q}_B + (B\mathfrak{B}) = \overrightarrow{12'} + \overrightarrow{2'u^*} = \overrightarrow{1u^*}; \qquad (b\,c) = \overrightarrow{u^*1} \qquad (27)$$

$$(c\,d) = (\mathfrak{B}B) + \mathfrak{Q}_\mathfrak{B} = \overrightarrow{u^*2'} + \overrightarrow{2'2} = \overrightarrow{u^*2}; \qquad (d\,c) = \overrightarrow{2u^*} \qquad (28)$$

Kontrollen:

Gleichgewicht an a (Abb. 5a, b): $\quad (d\,a) + \mathfrak{R} + (b\,a) = \overrightarrow{u^*3} + \overrightarrow{30} + \overrightarrow{0u^*} = 0 \quad$ (29)

Gleichgewicht an b (Abb. 5c, d): $\quad (a\,b) + \mathfrak{P} + (c\,b) = \overrightarrow{u^*0} + \overrightarrow{01} + \overrightarrow{1u^*} = 0 \quad$ (30)

Gleichgewicht an c (Abb. 5a): $\quad\;\; (b\,c) + \mathfrak{Q} + (d\,c) = \overrightarrow{u^*1} + \overrightarrow{12} + \overrightarrow{2u^*} = 0$

Gleichgewicht am ganzen Getriebe, gelöst aus dem Gestell d (Abb. 5e, f):

$$\begin{aligned} (d\,a) + \mathfrak{R} + \mathfrak{P} + \mathfrak{Q} + (d\,c) &= 0 \\ \overrightarrow{u^*3} + \overrightarrow{30} + \overrightarrow{01} + \overrightarrow{12} + \overrightarrow{2u^*} &= 0 \end{aligned} \qquad (31)$$

Die Übereinstimmung der beiden Lösungen (Kräftepläne Abb. 4a, 5a) ist offenbar.

1.321 Einige Hinweise. Die Lösung der Aufgabe nach Ziff. 1.32 wurde bewußt so ausführlich beschrieben und durch zahlreiche Kontrollen überprüft, um den Vorteil einer derartigen Protokollführung „betont" herauszustellen.

Die Beschriftung des Kräfteplanes wird entlastet (nur arabische Ziffern od. dgl. in den Eckpunkten der Kräftepolygone). Das Protokoll (Vektorgleichungen mit zusätzlicher Pfeilangabe, z. B. $\Re_\mathfrak{A} = \overrightarrow{1''4}$ usw.) und der „bezifferte" Kräfteplan bieten rasche Orientierung und gestatten außerdem die systematische Aufstellung eines „wohlgeordneten" Kräfteplanes (d. h. ohne nachträgliches zusätzliches Zeichnen weiterer Linien für die Gelenkkräfte usw.). Also: Erst das Protokoll aufstellen, dann Zeichnen des Kräfteplanes! Im folgenden soll sich die Beschreibung der Lösungen im wesentlichen auf derartige Vektorgleichungs-Protokolle beschränken.

1.33   Kräfte am Schubkurbelgetriebe

An der Schubstange (Koppel) b und dem Schieber (Gleitstein) c des in Abb. 6 dargestellten *Schubkurbelgetriebes* a, b, c, d greifen die Kräfte $\mathfrak{P}$ bzw. $\mathfrak{Q}$ an.

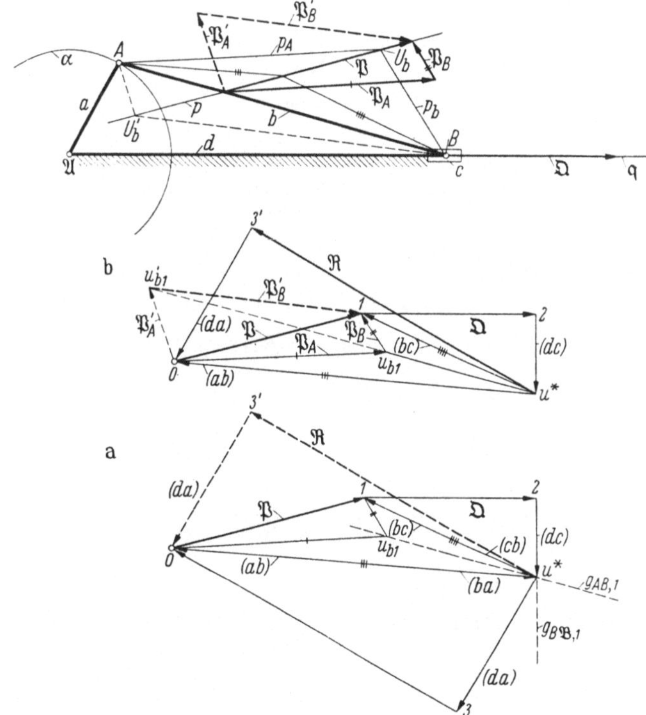

Abb. 6. Gleichgewichtskraft am Schubkurbelgetriebe. Seileckverfahren (Abb. 6 und 6a), Stabkraftverfahren (Abb. 6b)

Im Kurbelzapfen A der Kurbel $\overline{\mathfrak{A}A} = a$ soll die tangential zum Kurbelkreis α wirkende Gleichgewichtskraft $\Re$ ermittelt werden. Reibungskräfte (z. B. zwischen c und d) sollen unberücksichtigt bleiben.

Die Lösung ist auf die von Ziff. 1.32 zurückführbar, da das Schubkurbelgetriebe derjenige Sonderfall des allgemeinen Viergelenkgetriebes $\mathfrak{A}AB\mathfrak{B}$ ist, bei dem $\mathfrak{B}$ senkrecht zur Schubrichtung $\overline{\mathfrak{A}B}$ ins Unendliche rückt (Abb. 7a, b, c).

1.331 Seileckverfahren. Zeichne in Abb. 6 $p_A = U_b A$, $p_B = U_b B$ mit beliebigem Punkt U_b auf $\mathfrak{P}$ und im Kräfteplan von Abb. 6a $\overrightarrow{0\,1} = \mathfrak{P}$ und u_{b1} als

Schnittpunkt der durch 0 und 1 zu $\overline{U_b A}$ bzw. $\overline{U_b B}$ gezogenen Parallelen, ferner $g_{AB,1} \| \overline{AB}$ durch u_{b1} als CULMANNsche Gerade.

Wegen $\mathfrak{Q}_B = \mathfrak{Q} = \overrightarrow{12}$ und $\mathfrak{Q}_{\mathfrak{B}} = 0$ zieht man $g_{B\mathfrak{B},1} \perp \mathfrak{Q}$, also $g_{B\mathfrak{B},1} \| \overline{B\mathfrak{B}^\infty}$ und findet $u^* = g_{AB,1} \times g_{B\mathfrak{B},1}$.

Ergebnis:

$$\overrightarrow{u^*2} = (c\,d), \quad \overrightarrow{u^*1} = (b\,c), \quad \overrightarrow{u^*0} = (a\,b), \quad \overrightarrow{u^*3} = (d\,a), \quad \overrightarrow{30} = \mathfrak{R}$$

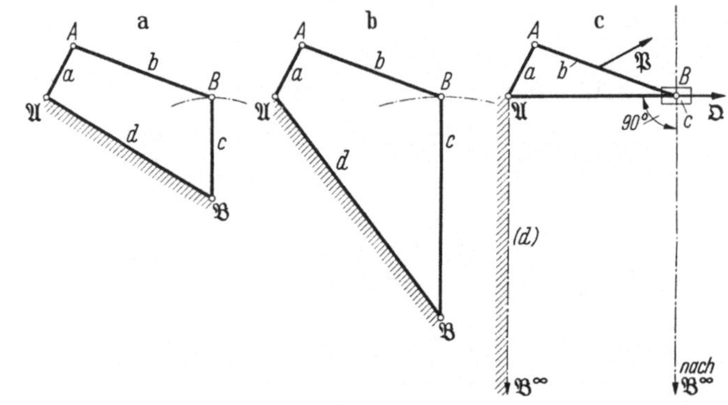

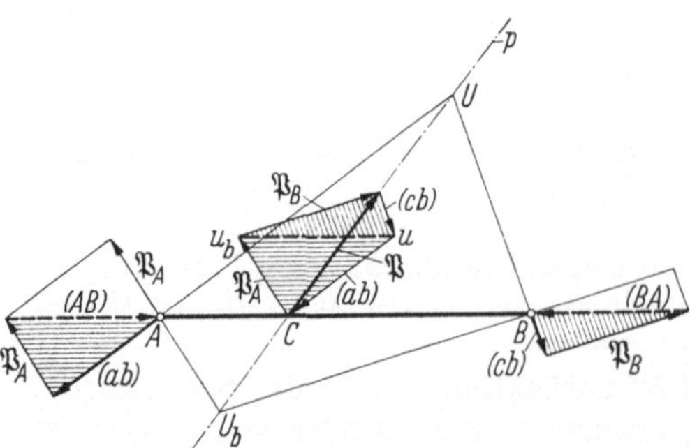

Abb. 7a—c. Das Schubkurbelgetriebe von Abb. 7c als Sonderfall des allgemeinen Viergelenkgetriebes mit vier Drehgelenken (Abb. 7a, b)

1.332 Stabkraftverfahren (Abb. 6b). Dieses liefert bei gleicher Aufteilung von $\mathfrak{P}$ in $\mathfrak{P}_A$ durch A und $\mathfrak{P}_B$ durch B die gleichen Ergebnisse:

$$\begin{aligned} \mathfrak{P}_B + \mathfrak{Q} + (d\,c) + (BA) &= 0 \\ \overrightarrow{u_{b1}1} + \overrightarrow{12} + \overrightarrow{2u^*} + \overrightarrow{u^*u_{b1}} &= 0 \end{aligned} \tag{32}$$

mit $\overline{2u^*} \perp \mathfrak{Q}$ und $\overline{u^*u_{b1}} \| \overline{AB}$

$$\begin{aligned} \mathfrak{P}_A + (AB) + \mathfrak{R} + (A\,\mathfrak{A}) &= 0 \\ \overrightarrow{0u_{b1}} + \overrightarrow{u_{b1}u^*} + \overrightarrow{u^*3'} + \overrightarrow{3'0} &= 0 \end{aligned} \tag{33}$$

mit $\mathfrak{R} \perp \mathfrak{A}A$.

Im Kräfteplan (Abb. 6b) ist dieses Verfahren ein zweites Mal für die Zerlegung $\mathfrak{P} = \mathfrak{P}'_A + \mathfrak{P}'_B$ durchgeführt, und zwar mit den gleichen Ergebnissen für $\mathfrak{R}$ und die Gelenkkräfte.

$$\begin{aligned} (b\,c) &= (BA) + \mathfrak{P}_B \\ &= \overrightarrow{u^*u_{b1}} + \overrightarrow{u_{b1}1} = \overrightarrow{u^*1} \end{aligned} \tag{34}$$

$$\begin{aligned} (b\,a) &= \mathfrak{P}_A + (AB) \\ &= \overrightarrow{0u_{b1}} + \overrightarrow{u_{b1}u^*} = \overrightarrow{0u^*} \end{aligned} \tag{35}$$

$$\begin{aligned} (a\,d) &= (\mathfrak{A}A) = \overrightarrow{03'}; \\ (d\,a) &= \overrightarrow{3'0} \end{aligned} \tag{36}$$

Abb. 8. Stabkräfte (AB) und (BA) in Abhängigkeit von der statischen Aufteilung der Kraft $\mathfrak{P}$ auf die Gelenke A, B

jedoch mit verschieden großen Stabkräften

$(BA) = \overrightarrow{u^*u_{b1}}$ und $(BA)' = \overrightarrow{u^*u'_{b1}}$

Am Glied $b = \overline{AB}$ von Abb. 8 halten sich (cb), $\mathfrak{P}$, (ab) das Gleichgewicht. Ferner sei $\mathfrak{P}$ in beliebiger Weise durch $\mathfrak{P}_A$, $\mathfrak{P}_B$ nach A und B aufgeteilt. Es gelten also

$$(a\,b) + \mathfrak{P} + (c\,b) = 0 \quad \text{bzw.} \quad (a\,b) + \mathfrak{P}_A + \mathfrak{P}_B + (c\,b) = 0 \qquad (37),\ (38)$$

Außerdem folgt für die Gelenke A, B

$$(a\,b) + \mathfrak{P}_A + (AB) = 0, \qquad (c\,b) + \mathfrak{P}_B + (BA) = 0 \qquad\qquad (39)$$

und wegen $\overrightarrow{u\,u_b} \parallel \overline{AB}$ als Ergebnis $\overrightarrow{u_b u} = (AB)$ und $\overrightarrow{u\,u_b} = (BA)$.

Zu verschiedenen Punkten U_b von p gehören nach Abb. 8 verschiedene Punkte u_b auf der durch u zu $\overline{AB}$ gezeichneten Parallelen bzw. CULMANNschen Geraden, also auch veränderliche Stabkräfte $(AB) = \overrightarrow{u_b u}$, $(BA) = \overrightarrow{u\,u_b}$.

1.4 Gleichgewichtskraft am Siebengelenkgetriebe

Zu der an der Abtriebsschwinge f des in Abb. 9 dargestellten Siebengelenkgetriebes in D angreifenden Kraft $\mathfrak{P}$ ist im Zapfen A der Antriebskurbel $a = \overline{\mathfrak{A}A}$ die zu $\overline{\mathfrak{A}A}$ senkrecht wirkende Gleichgewichtskraft $\mathfrak{R}$ zu ermitteln.

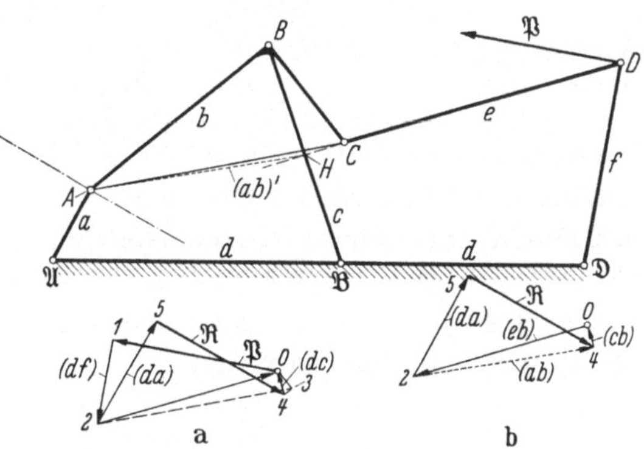

Abb. 9. Gleichgewicht am Siebengelenkgetriebe der STEPHENSONschen Bauform. a) Stabkraftverfahren; b) Direkte Lösung

Bei der Aufstellung des Kräfteplanes ist der *Dreibinder ABC* durch eine *Dreigelenkanordnung* ersetzt gedacht, bestehend aus den binären Gliedern $\overline{AB}$, $\overline{BC}$ und $\overline{AC}$ mit Gelenkbohrungen in A, B bzw. B, C und A, C und drei Zapfen, die diese binären Glieder aneinanderketten.

Mit Einführung der Stabkräfte $(AB) = -(BA)$, $(AC) = -(CA)$ und $(BC) = -(CB)$ gelten dann die folgenden Gleichungen (Abb. 9a).

<table>
<tr><td>

Gelenk D:

$$\mathfrak{P} + (D\mathfrak{D}) + (DC) = 0$$
$$\overrightarrow{01} + \overrightarrow{12} + \overrightarrow{20} = 0$$

</td><td>

Gelenk C:

$$(CD) + (CA) + (CB) = 0$$
$$\overrightarrow{02} + \overrightarrow{23} + \overrightarrow{30} = 0$$

</td><td>(40a, b)</td></tr>
<tr><td>

Gelenk B:

$$(BC) + (BA) + (B\mathfrak{B}) = 0$$
$$\overrightarrow{03} + \overrightarrow{34} + \overrightarrow{40} = 0$$

</td><td>

Gelenk A:

$$(AB) + (AC) + (A\mathfrak{A}) + \mathfrak{R} = 0$$
$$\overrightarrow{43} + \overrightarrow{32} + \overrightarrow{25} + \overrightarrow{54} = 0$$

</td><td>(41a, b)</td></tr>
</table>

Lagerkräfte:

$$(df) + (\mathfrak{D}D) = 0; \quad (df) = (D\mathfrak{D}) = \overrightarrow{12}$$
$$(dc) + (\mathfrak{B}B) = 0; \quad (dc) = (B\mathfrak{B}) = \overrightarrow{40} \qquad (42\,\text{a, b, c})$$
$$(da) + (\mathfrak{A}A) = 0; \quad (da) = (A\mathfrak{A}) = \overrightarrow{25}$$

Gleichgewicht am Gesamtgetriebe:

$$\mathfrak{P} + (df) + (da) + \mathfrak{R} + (dc) = 0$$
$$\overrightarrow{01} + \overrightarrow{12} + \overrightarrow{25} + \overrightarrow{54} + \overrightarrow{40} = 0 \qquad (43)$$

1.41   Direkte Lösung derselben Aufgabe

Zur Bestätigung der gefundenen Ergebnisse, insbesondere dafür, daß die *„Aufteilung des Dreibinders in drei Stäbe"* zur richtigen Lösung führt, diene die folgende Lösung:

Für Gelenk D bildet man wiederum

$$\mathfrak{P} + (D\mathfrak{D}) + (DC) = 0$$
$$\overrightarrow{01} + \overrightarrow{12} + \overrightarrow{20} = 0 \qquad (40\,\text{a})$$

und beachtet, daß die Gelenkkraft (eb) mit der Stabkraft $(CD) = \overrightarrow{02}$ identisch ist. An den Dreibinder ABC sind ferner in B das Glied c und in A das Glied a angelenkt. Da an $b = ABC$ keine von außen eingeprägte Kraft wirkt, müssen sich die auf b wirkenden Gelenkkräfte (eb), (cb) und (ab) das Gleichgewicht halten. Die dazugehörigen Wirkungslinien $\overline{CD}$ für (eb), $\overline{\mathfrak{B}B}$ für (cb) und $(ab)'$ für (ab) müssen sich also in einem Punkt H, dem Schnittpunkt von $\overline{CD}$ und $\overline{B\mathfrak{B}}$, schneiden, wodurch $(ab)'$ als Gerade durch A, H gefunden ist.

In Abb. 9b ist $\overrightarrow{02} = (CD) = (eb)$, ferner schneiden sich die durch 0 zu $\overline{B\mathfrak{B}}$ und durch 2 zu $\overline{AH}$ gezeichneten Parallelen in 4.

Ergebnis:

$$(eb) + (ab) + (cb) = 0$$
$$\overrightarrow{02} + \overrightarrow{24} + \overrightarrow{40} = 0 \qquad (44)$$

Anderseits ist, da $\mathfrak{R}$ in A an a und $\perp \overline{A\mathfrak{A}}$ angreifen soll,

$$(ab) = (A\mathfrak{A}) + \mathfrak{R}$$
$$\overrightarrow{24} = \overrightarrow{25} + \overrightarrow{54} \qquad (45)$$

d. h. (ab) ist nach den Richtungen $\overline{A\mathfrak{A}}$ und senkrecht zu $\overline{A\mathfrak{A}}$ zu zerlegen.

Ergebnis:

$$(A\mathfrak{A}) = \overrightarrow{25}, \quad \mathfrak{R} = \overrightarrow{54} \quad \text{und} \quad (ad) = (\mathfrak{A}A) = -(A\mathfrak{A}) = \overrightarrow{52}; \quad (da) = \overrightarrow{25}$$

1.42   Siebengelenkgetriebe mit Krafteinwirkung auf den bewegten Dreibinder

Abb. 10 zeigt nochmals das Siebengelenkgetriebe von Abb. 9, ergänzt durch die am Dreibinder b wirkende Kraft $\mathfrak{D}$. Gesucht: Gleichgewichtskraft $\mathfrak{R}$ in A.

Zur Anwendung des Stabkraftverfahrens bestehen für die statische Aufteilung von $\mathfrak{D}$ auf die Gelenke A, B, C von b die verschiedensten Möglichkeiten.

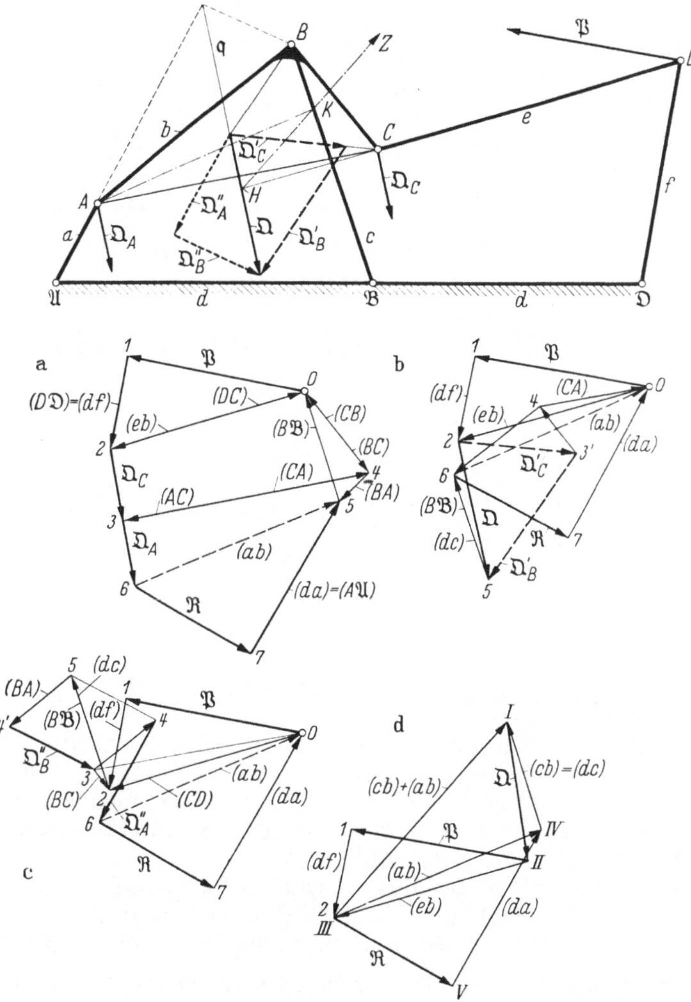

Abb. 10. Siebengelenkgetriebe der STEPHENSONschen Bauform mit Krafteinwirkung auf den Dreibinder (Koppeldreieck ABC) bei verschiedener Aufteilung der Koppelkraft $\mathfrak{D}$ auf die Gelenke des Dreibinders. a) $\mathfrak{D}$ aufgeteilt nach A und C;   b) $\mathfrak{D}$ aufgeteilt nach C und B;   c) $\mathfrak{D}$ aufgeteilt nach A und B d) Direkte Lösung durch Ermitteln der Gelenkkräfte in A, B, C

1.421 $\mathfrak{D}$ aufgeteilt nach A, C (Abb. 10a). Mit $\mathfrak{D} = \mathfrak{D}_A + \mathfrak{D}_C$, hier als Parallelkräfte nach A, C aufgeteilt, entsteht der Kräfteplan von Abb. 10a mittels der folgenden Aufstellung:

$$\mathfrak{P} + (D\,\mathfrak{D}) + (DC) = 0; \qquad (CD) + \mathfrak{D}_C + (CA) + (CB) = 0$$
$$\overrightarrow{01} + \overrightarrow{12} + \overrightarrow{20} = 0; \qquad \overrightarrow{02} + \overrightarrow{23} + \overrightarrow{34} + \overrightarrow{40} = 0 \qquad \text{(46a, b)}$$

$$(BC) + (BA) + (B\mathfrak{P}) = 0; \qquad (AB) + (AC) + \mathfrak{D}_A + \mathfrak{R} + (A\mathfrak{U}) = 0$$
$$\overrightarrow{04} + \overrightarrow{45} + \overrightarrow{50} = 0; \qquad \overrightarrow{54} + \overrightarrow{43} + \overrightarrow{36} + \overrightarrow{67} + \overrightarrow{75} = 0 \qquad \text{(47a, b)}$$

$$(ab) = \quad \Re \quad + (A\mathfrak{A}) = \overrightarrow{67} + \overrightarrow{75} = \overrightarrow{65}$$

$$(eb) = (CD) = \overrightarrow{02} \qquad\qquad (48\,\text{a, b, c})$$

$$(cb) = (B\mathfrak{B}) = \overrightarrow{50}$$

Kontrolle:

$$(ab) + (cb) + (eb) = \overrightarrow{65} + \overrightarrow{50} + \overrightarrow{02} = \overrightarrow{62} = -\overrightarrow{26} = -\mathfrak{Q}$$

$$(ab) + (cb) + (eb) + \mathfrak{Q} = 0 \qquad (49)$$

1.422 $\mathfrak{Q}$ aufgeteilt nach C, B (Abb. 10b) und A, B (Abb. 10c).

$$\mathfrak{P} + (D\mathfrak{D}) + (DC) = 0; \quad (CD) + \mathfrak{Q}'_C + (CB) + (CA) = 0$$

$$\overrightarrow{01} + \overrightarrow{12} + \overrightarrow{20} = 0; \quad \overrightarrow{02} + \overrightarrow{23'} + \overrightarrow{3'4} + \overrightarrow{40} = 0 \qquad (50\,\text{a, b})$$

$$(BC) + \mathfrak{Q}'_B + (B\mathfrak{B}) + (BA) = 0; \quad (AC) + (AB) + \Re + (A\mathfrak{A}) = 0$$

$$\overrightarrow{43'} + \overrightarrow{3'5} + \overrightarrow{56} + \overrightarrow{64} = 0; \quad \overrightarrow{04} + \overrightarrow{46} + \overrightarrow{67} + \overrightarrow{70} = 0 \qquad (51\,\text{a, b})$$

$$(ab) = \quad \Re \quad + (A\mathfrak{A}) = \overrightarrow{67} + \overrightarrow{70} = \overrightarrow{60}$$

$$(eb) = (CD) = \overrightarrow{02} \qquad\qquad (52\,\text{a, b, c})$$

$$(cb) = (B\mathfrak{B}) = \overrightarrow{56}$$

Kontrolle:
$$(cb) + (ab) + (eb) = \overrightarrow{56} + \overrightarrow{60} + \overrightarrow{02} = \overrightarrow{52} = -\overrightarrow{25} = -\mathfrak{Q}$$

$$(cb) + (ab) + (eb) + \mathfrak{Q} = 0 \qquad (53)$$

Die Aufteilung von $\mathfrak{Q}$ nach A und B durch $\mathfrak{Q} = \mathfrak{Q}''_A + \mathfrak{Q}''_B$ liefert den Kräfteplan von Abb. 10c.

Ergebnis: Die drei Aufteilungen von $\mathfrak{Q}$ auf die Gelenke des Dreibinders liefern für die Lagerkräfte (df), (dc), (da), für die Gelenkkräfte (ab), (eb), (cb) und für die gesuchte Gleichgewichtskraft $\Re$ übereinstimmende Werte.

Direkte Lösung: Wie in 1.41 gibt es auch hier eine direkte Lösung ohne die Beiziehung sämtlicher Stabkräfte (Abb. 10d).

Nach den Gln. (49), (53) bilden die auf b von den Nachbargliedern eingeprägten Gelenkkräfte (eb), (cb), (ab) mit $\mathfrak{Q}$ ein Gleichgewichtssystem.

Die Zerlegung von $\mathfrak{P}$ nach Gl. (46a) ergibt wie in Gl. (50a) für $(eb) = (CD)$ $= \overrightarrow{02}$ mit Wirkungslinie $\overline{CD}$. Diese schneidet die Wirkungslinie q von $\mathfrak{Q}$ in H. Im Kräfteplan zeichnet man $\mathfrak{Q} = \overrightarrow{I\,III}$, $(eb) = \overrightarrow{02} = \overrightarrow{II\,III}$, findet $\overrightarrow{III\,I}$ $= (cb) + (ab)$ und damit die Richtung ihrer Wirkungslinie, die q ebenfalls in H schneiden muß. Zieht man also $\overline{HZ} \parallel \overline{III\,I}$ mit Schnittpunkt K auf $\overline{B\mathfrak{B}}$, so gibt die Gerade durch A, K die Richtung von (ab).

In Abb. 10d liefert $\overline{III\,IV} \parallel \overline{AK}$ und $\overline{I\,IV} \parallel \overline{B\mathfrak{B}}$ Gelenkkraft $(ab) = \overrightarrow{III\,IV}$ und $\overrightarrow{IV\,I} = (cb)$. Die Zerlegung von (ab) in $\overrightarrow{III\,V} \perp \overline{A\mathfrak{A}}$ und $\overrightarrow{V\,IV} \parallel \overline{A\mathfrak{A}}$ führt zu $\Re = \overrightarrow{III\,V}$ und $(da) = (A\mathfrak{A}) = \overrightarrow{V\,IV}$.

1.423 Hinweise. Bei zusammengesetzten Getrieben, z. B. bei im Getriebe vorkommenden „Vierbindern" (Getriebeglied mit vier Gelenken), ferner bei der Berücksichtigung der Gewichte und Trägheitskräfte der einzelnen Glieder usw. wird man im allgemeinen mit dem „Stabkraftverfahren" zielsicher vorankommen.

Anzustreben ist die Führung eines Protokolls, z. B. nach Art von Gln. (46) bis (49), und zwar so, daß nach Gelenken statisch aufgeteilte Kräfte im fertigen Kräfteplan möglichst wiederum als Gesamtkraft erscheinen und daß die Gelenkkräfte ohne Umgliederung oder zusätzliches Antragen einzelner Kräfte dem Plan direkt entnommen werden können.

1.43 Kräfte an einem Fliehkraftregler

Das in Abb. 11 dargestellte gleichschenklig zentrische Schubkurbelgetriebe $\mathfrak{A}AB$ ist ein Grundgetriebe für Fliehkraftregler. Im vorliegenden Beispiel ist

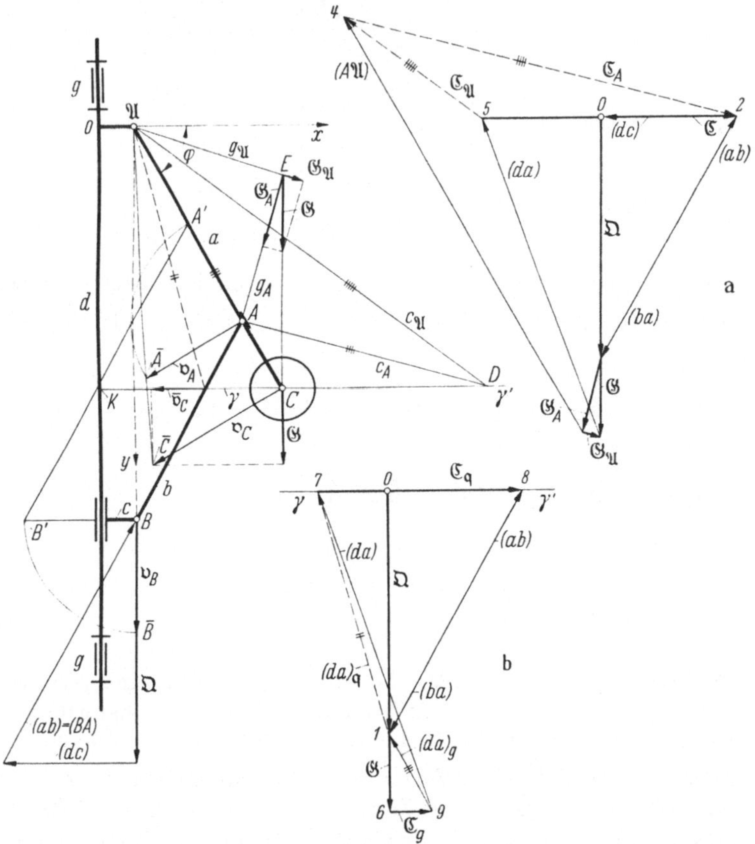

Abb. 11. Kräfte an einem Fliehkraftregler. (Originalfigur auf 1/2 verkleinert.)   a) Kräfteplan nach dem Stabkraftverfahren mit beliebiger Aufteilung der Kräfte $\mathfrak{G}$ und $\mathfrak{C}$ nach den Gelenken $\mathfrak{A}$, A von Lenker a. (Pfeilspitzen von $\mathfrak{D}$, $\mathfrak{G}_A$ und $\mathfrak{G}$ sind mit Ziffern 1, 3, 6 zu beschriften);   b) Getrenntes Ermitteln der Gleichgewichtskräfte $\mathfrak{C}_g$, $\mathfrak{C}_q$ für Schwunggewicht $\mathfrak{G}$ und Muffengewicht $\mathfrak{D}$.

das Schwunggewicht $\mathfrak{G}$ am Lenker $\overline{\mathfrak{A}A} = a$ in dessen Verlängerung $\overline{\mathfrak{A}C} = l$ angeordnet. Das auf das Gleitstück c entfallende Muffengewicht sei $\mathfrak{D}$.

Abmessungen: $\overline{\mathfrak{A}A} = a = 300\ \text{mm}$, $\overline{\mathfrak{A}C} = l = 400\ \text{mm}$, $\overline{A\,B} = b = 300\ \text{mm}$,
$$e = \overline{0\mathfrak{A}} = 50\ \text{mm}, \quad \sphericalangle\ x\mathfrak{A}A = \varphi = 60°;\ G = |\mathfrak{G}| = 20\ \text{kg},$$
$$Q = |\mathfrak{D}| = 65\ \text{kg}.$$

Maßstäbe: Zeichenmaßstab: $M_z = 20\ \text{cm/m}$
Kräftemaßstab: $M_K = 0,1\ \text{cm/kg}$

Gesucht: Gleichgewichtskraft $\mathfrak{C}$, angreifend im Mittelpunkt C der Schwung-kugel mit Wirkungslinie $\gamma\gamma'$ senkrecht zur Reglerspindelachse d, gelagert in g, ferner die Gelenkkräfte (da), (ba), (cb), (dc).

Lösung: Um den ganz allgemeinen Fall der Aufteilung der Kräfte $\mathfrak{G}$ und $\mathfrak{C}$ herauszustellen, werden

$$\mathfrak{G} = \mathfrak{G}_A + \mathfrak{G}_{\mathfrak{A}} \quad\text{und}\quad \mathfrak{C} = \mathfrak{C}_A + \mathfrak{C}_{\mathfrak{A}}$$

mit den Wirkungslinien g_A, $g_{\mathfrak{A}}$ bzw. c_A, $c_{\mathfrak{A}}$ nach A und $\mathfrak{A}$ aufgeteilt, wobei $\mathfrak{C}_A$, $\mathfrak{C}_{\mathfrak{A}}$ also nur der Richtung nach bekannt sind.

Es gelten in Abb. 11a für

$$\text{Gelenk } B: \quad \begin{aligned} \mathfrak{D} + (BA) + (dc) &= 0 \\ \overrightarrow{01} + \overrightarrow{12} + \overrightarrow{20} &= 0 \end{aligned} \tag{54}$$

$$\text{Gelenk } A: \quad \begin{aligned} (AB) + \mathfrak{G}_A + (A\mathfrak{A}) + \mathfrak{C}_A &= 0 \\ \overrightarrow{21} + \overrightarrow{13} + \overrightarrow{34} + \overrightarrow{42} &= 0 \end{aligned} \tag{55}$$

$$\text{Gelenk } \mathfrak{A}: \quad \begin{aligned} \mathfrak{C}_{\mathfrak{A}} + (\mathfrak{A}A) + \mathfrak{G}_{\mathfrak{A}} + (da) &= 0 \\ \overrightarrow{54} + \overrightarrow{43} + \overrightarrow{36} + \overrightarrow{65} &= 0 \end{aligned} \tag{56}$$

Durch Gl. (55) ist $\mathfrak{C}_A$ bestimmt und damit auch $\mathfrak{C}_{\mathfrak{A}}$ aus dem Vektordreieck 4 5 2 für den Einsatz in (Gl. 56) auffindbar, desgl. $\mathfrak{C} = \mathfrak{C}_A + \mathfrak{C}_{\mathfrak{A}} = \overrightarrow{54} + \overrightarrow{42} = \overrightarrow{52}$.

Gelenkkräfte:

$$\begin{aligned} (ab) &= \mathfrak{G}_A + (A\mathfrak{A}) + \mathfrak{C}_A = \overrightarrow{13} + \overrightarrow{34} + \overrightarrow{42} = \overrightarrow{12} \\ (ba) &= (AB) = \overrightarrow{21} \\ (cb) &= (dc) + \mathfrak{D} = \overrightarrow{20} + \overrightarrow{01} = \overrightarrow{21} \\ (ad) &= \mathfrak{C}_{\mathfrak{A}} + (\mathfrak{A}A) + \mathfrak{G}_{\mathfrak{A}} = \overrightarrow{54} + \overrightarrow{43} + \overrightarrow{36} = \overrightarrow{56} \end{aligned} \tag{57a, b, c, d}$$

$$\text{Gleichgewicht Glied } a: \quad \begin{aligned} (ba) + \mathfrak{G} + (da) + \mathfrak{C} &= 0 \\ \overrightarrow{21} + \overrightarrow{16} + \overrightarrow{65} + \overrightarrow{52} &= 0 \end{aligned} \tag{58}$$

1.431 Kontrolle nach M. Tolle. M. TOLLE [9] bestimmt zunächst die Kraft $\mathfrak{C}_q$, die, in $\gamma\gamma'$ wirkend, dem Muffengewicht $\mathfrak{D}$ das Gleichgewicht hält.

Nach Gl. (54) wird in Abb. 11b die Gelenkkraft (dc) und nach Gl. (57c) die Gelenkkraft $(cb) = (ba)$, also $(ba) = \overrightarrow{21} = \overrightarrow{81}$ von Abb. 11b bestimmt. Da $\mathfrak{C}_q$, (ba) und (da) ein Gleichgewichtssystem an a bestimmen, schneiden sich $\gamma\gamma'$ und $\overline{AB}$ in H und legen so die Gerade durch H, $\mathfrak{A}$ als Wirkungslinie von $(da)_q$ fest. Ziehe in Abb. 11b durch 1 zu $\overline{H\mathfrak{A}}$ die Parallele, die $\overline{08}$ in 7 schneidet, wodurch $\mathfrak{C}_q = \overrightarrow{78}$ und $(da)_q = \overrightarrow{17}$ gefunden sind. Die Gleichgewichtskraft $\mathfrak{C}_g$, die für sich dem Schwunggewicht $\mathfrak{G}$ das Gleichgewicht hält (also ohne $\mathfrak{D}$!), folgt aus Abb. 11b

$$\begin{aligned} \mathfrak{G} + \mathfrak{C}_g + (C\mathfrak{A}) &= 0 \quad\text{mit}\quad (C\mathfrak{A}) = (da)_g \\ \overrightarrow{16} + \overrightarrow{69} + \overrightarrow{91} &= 0 \end{aligned} \tag{59}$$

Kontrollen: $(da) = (da)_g + (da)_q = \overrightarrow{91} + \overrightarrow{17} = \overrightarrow{97}$ in Übereinstimmung mit $(da) = \overrightarrow{65}$ von Abb. 11a.

$\mathfrak{C} = \mathfrak{C}_q + \mathfrak{C}_g = \overrightarrow{78} + \overrightarrow{69}$ von Abb. 11b übereinstimmend mit $\overrightarrow{52}$ (Abb. 11a).

1.432 Dritte Lösung. Eine dritte Lösung für $\mathfrak{C}$ ist durch Abb. 12 mit Kräfteplan von Abb. 12a veranschaulicht. (ba) wird wie in Abb. 11a ermittelt; (ba) und $\mathfrak{G}$ schneiden sich in L; $(ba) + \mathfrak{G}$ hat Wirkungslinie $LN \parallel \overline{68}$; diese schnei-

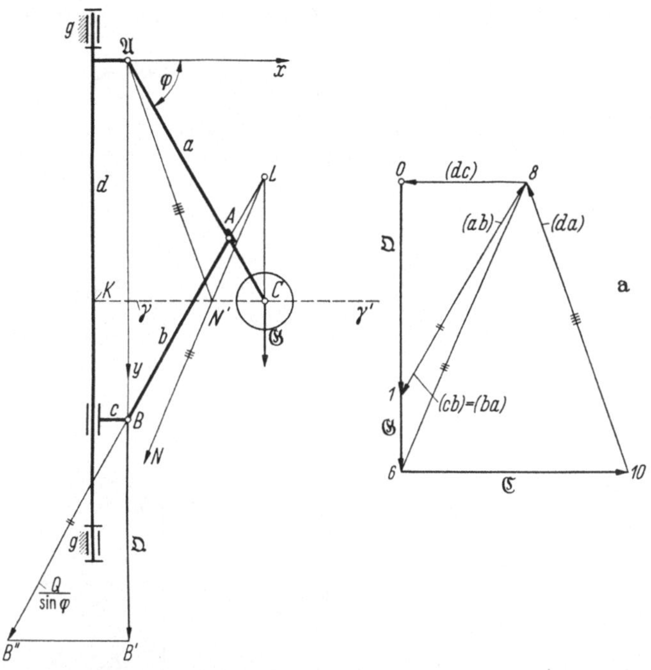

Abb. 12. Kräfte an einem Fliehkraftregler (Originalfigur auf 9/20 verkleinert). a) Kräfteplan: LN = Wirkungslinie von $(ba) + \mathfrak{G}$; $\mathfrak{A}N'$ = Wirkungslinie von (da)

det $\gamma\gamma'$ in N' und liefert als Wirkungslinie von (da) die Gerade durch N', $\mathfrak{A}$ und damit in Abb. 12a auch $(da) \parallel N'\mathfrak{A}$ und $\overrightarrow{6\,10} = \mathfrak{C}$, $\overrightarrow{10\,8} = (da)$.

1.433 Rechnerische Lösung.

$$|\mathfrak{C}| = C = \left(\frac{a+b}{l} \cdot Q + G\right) \operatorname{ctg}\varphi = C_q + C_g \tag{60}$$

$$C_q = \frac{a+b}{l}\, Q \operatorname{ctg}\varphi, \qquad C_g = G \operatorname{ctg}\varphi \tag{61 a, b}$$

Zahlenbeispiel: $C = 68$ kg. Zu der angenommenen Muffenstellung ($\varphi = 60°$) gehört $r = \overline{KC} = 0{,}25$ m. Aus

$$C = m_G \cdot r\, \omega^2 \tag{62}$$

folgt für die Winkelgeschwindigkeit ω der Reglerspindel gegenüber dem Gestell g

$$\omega = \sqrt{\frac{C}{m_G\, r}} = \sqrt{\frac{68 \cdot 9{,}81}{20 \cdot 0{,}25}} = 11{,}54\ \mathbf{s^{-1}}$$

$$n = \mathbf{110\ U/min}$$

Anwendungen der C-r-Kurven lese man bei M. TOLLE [9] nach.

1.44 Kräfte an Zahnradgetrieben und Zahnrad-Kurbelgetrieben

1.441 Standrädergetriebe. In Abb. 13 ist von dem Standrädergetriebe mit den Zahnrädern a, drehbar gelagert in M_a, und b, gelagert in M_b des Gestells $d = \overline{M_a M_b}$, mittels der Koppel $e = \overline{A B}$ die Bewegung des Schiebers c längs

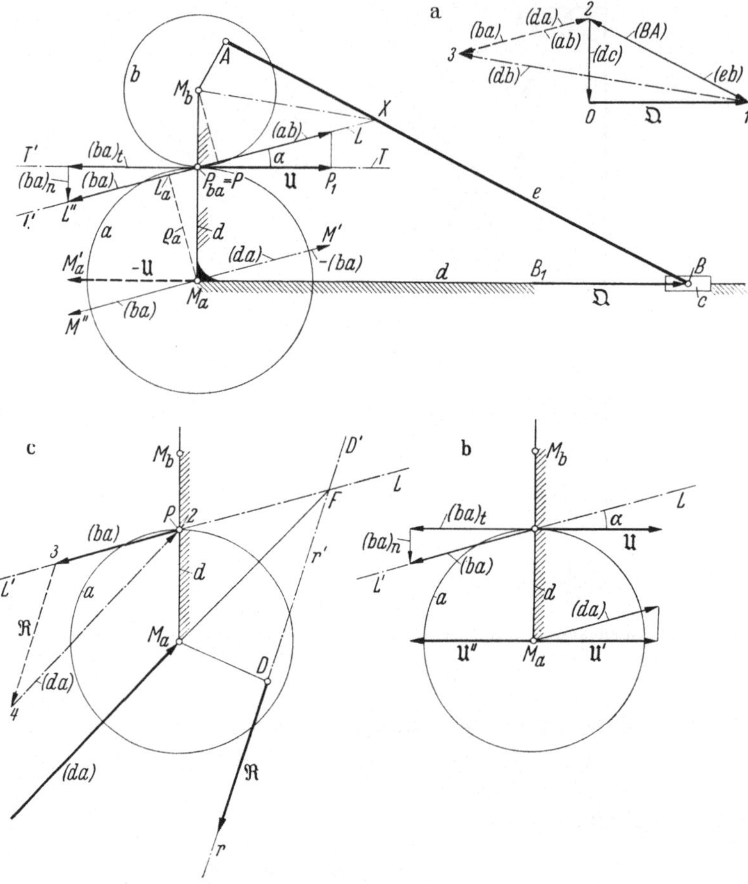

Abb. 13 a—c. Kraftwirkungen an einem Standrädergetriebe. a) Kräfteplan; b) Gleichgewicht am Zahnrad a; c) Ermitteln des Gleichgewichtszustandes für die Abtriebskraft durch die am Rad a angreifende Einzelkraft $\Re$

$M_a B$ abgeleitet, an dem in B die Kraft $\mathfrak{Q}$ angreift. Welches an a angreifende Kraftmoment $\mathfrak{M}$ in Form eines Kräftepaares $(\mathfrak{U}, -\mathfrak{U})$ hält der Kraft $\mathfrak{Q}$ das Gleichgewicht?

Mit a als treibendem Rad hat die Eingriffslinie für die Evolventenverzahnung a, b die Lage LL' durch P_{ba} mit Eingriffswinkel $\sphericalangle LP_{ba}T = \alpha$ (gewählt $\alpha = 15°$).

Die Zahnkraft $\mathfrak{P} = (ab)$, d. h. die Gelenkkraft a auf b, wirkend in dem durch die Zahnflanken gebildeten Wälzzwiegelenk (P_{ba}), hat die Eingriffslinie LL' als Wirkungslinie. Die Gelenkkraft $(eb) = (AB)$ hat die Wirkungslinie A, B; diese schneidet LL' in X mit XM_b als Wirkungslinie der Lagerkraft (db) in M_b; für das Gleichgewicht am Rad b gilt:

$$(eb) + (db) + (ab) = 0 \tag{63}$$

Zeichne also im Kräfteplan (Abb. 13a) für Gelenk B mit $(dc) \perp M_a B$

$$\mathfrak{Q} + (BA) + (dc) = 0$$
$$\overrightarrow{01} + \overrightarrow{12} + \overrightarrow{20} = 0 \tag{64}$$

wodurch $(eb) = (AB) = -(BA) = \overrightarrow{21}$ bestimmt ist und damit auch Gl. (63) gemäß

$$(eb) + (db) + (ab) = 0$$
$$\overrightarrow{21} + \overrightarrow{13} + \overrightarrow{32} = 0 \tag{63a}$$

erfüllt wird $(db) \| M_b X$, $(ab) \| P_{ba} X$.

Gleichgewicht am Rad a (Abb. 13b): Auf dieses wirkt $(ba) = \overrightarrow{P_{ba} L''}$, ergänzt durch die sich im Kräfteplan tilgenden Kräfte $\overrightarrow{M_a M''} = (ba)$ und $\overrightarrow{M_a M'} = -(ba)$. Dem im Gegensinn des Uhrzeigers wirkenden Kräftepaar $\overrightarrow{P_{ba} L''}$, $\overrightarrow{M_a M'}$ ist durch ein im Uhrzeigersinn wirkendes Kräftepaar $\mathfrak{U} = \overrightarrow{P_{ba} P_1}$, $-\mathfrak{U} = \overrightarrow{M_a M_a'}$ das Gleichgewicht zu halten, wobei mit $U = |\mathfrak{U}|$, $\overline{M_a P} = a$, $\overline{M_a L_a} = \varrho_a$, $\sphericalangle P M_a L_a = \alpha$

$$U \cdot a = |(ba)| \cdot \varrho_a$$
$$U = \frac{|(ba)|}{a} \cdot a \cos\alpha; \qquad U = |(ba)| \cdot \cos\alpha \tag{65}$$

Der verbleibenden Kraft $\overrightarrow{M_a M''} = (ba)$ ist durch die in M_a wirkende Lagerkraft (da) das Gleichgewicht zu halten; also folgt wegen $(da) + (ba) = 0$

$$(da) = -(ba) = (ab) = \overrightarrow{32} \tag{66}$$

Eine andere Ermittlung von $\mathfrak{M}$ aus (ba) benutzt die Zerlegung von (ba) in die Komponenten $(ba)_t = \overrightarrow{PT'}$ vom Betrag $|(ba)| \cos\alpha$ und $\overrightarrow{T'L''} = (ba)_n$ (Abb. 13). Durch $\mathfrak{U} = -(ba)_t$, $\mathfrak{U}' = -(ba)_t$ und $\mathfrak{U}'' = (ba)_t$ wird $(ba)_t = \overrightarrow{PT'}$ das Gleichgewicht gehalten und $(da)' = -(ba)_n$ ist eine Komponente der Lagerkraft (da), wie Abb. 13b zeigt.

Ergebnis: $\mathfrak{U}$, $\mathfrak{U}''$ ist das gesuchte Kräftepaar vom Moment

$$|\mathfrak{M}| = Ua = |(ba)| \varrho_a \quad \text{und} \quad (da) = \mathfrak{U}' + (da)' = -(ba)$$

Der Kräfteplan für das Gleichgewicht am gesamten Getriebe lautet (Abb. 13a)

$$\mathfrak{Q} + (db) + (da) + (dc) = 0$$
$$\overrightarrow{01} + \overrightarrow{13} + \overrightarrow{32} + \overrightarrow{20} = 0 \tag{67}$$

Das Kräftepaar $\mathfrak{U}$, $-\mathfrak{U}$ tritt im Kräfteplan nicht in Erscheinung.

In Abb. 13c ist die Aufgabe der Abb. 13, 13a, 13b dahingehend abgewandelt, daß zur Abtriebskraft $\mathfrak{Q}$, angreifend am Glied c, am Rad a die in D in Richtung rr' wirkende Einzelkraft $\mathfrak{R}$ zu ermitteln ist, die der Kraft $\mathfrak{Q}$ das Gleichgewicht hält.

Man zeichnet wie in Abb. 13 die Kraft $(ba) = \overrightarrow{23}$ mit Wirkungslinie LL', schneidet diese mit rr' in F, findet die Wirkungslinie von (da) als Gerade durch M_a, F und zeichnet das Krafteck 2 3 4 gemäß

$$(ba) + \mathfrak{R} + (da) = 0$$
$$\overrightarrow{23} + \overrightarrow{34} + \overrightarrow{42} = 0$$

1.442 Zahnrad-Kurbelgetriebe. Das Getriebe von Abb. 14 besteht aus einem Viergelenkgetriebe $\mathfrak{A}AB\mathfrak{B}$ mit der als Zahnrad a ausgebildeten und in d gelagerten Kurbel $\overline{\mathfrak{A}A}$, der Koppel $b = \overline{AB}$, der Schwinge $c = \overline{B\mathfrak{B}}$ und dem Gestell $d = \overline{\mathfrak{A}\mathfrak{B}}$. Auf dem Zapfen des Gelenks B zwischen b, c sitzt lose drehbar angeordnet das Zahnrad e, das einerseits mit dem Zahnrad a kämmt und ebenso

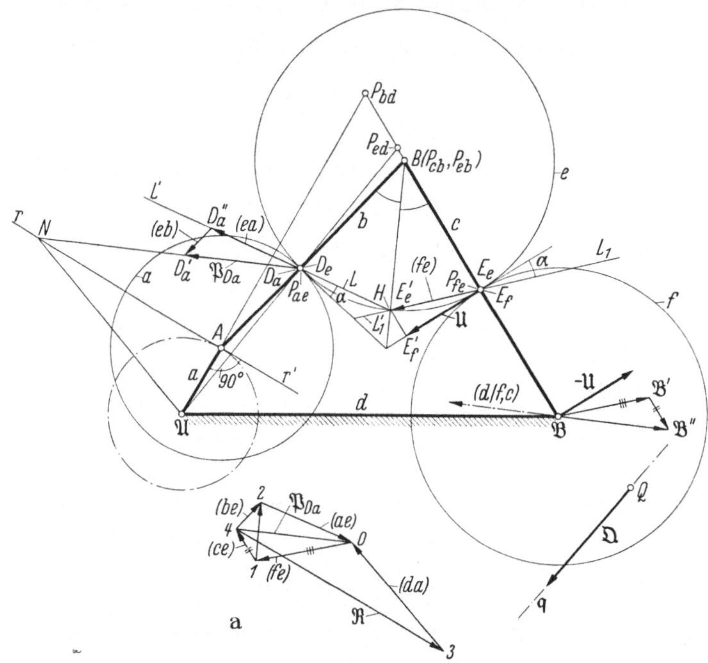

Abb. 14. Zahnrad-Kurbelgetriebe. Ermitteln der Kraft $\mathfrak{R}$ im Kurbelzapfen A, die dem am Zahnrad f wirkenden Moment $\mathfrak{M}$ das Gleichgewicht hält.   a) Kräfteplan

mit dem in $\mathfrak{B}$ gelagerten und gegenüber c lose drehbaren Zahnrad f vom Halbmesser f. Die Geschwindigkeits- und Beschleunigungsermittlung für dieses Getriebe ist in ([1, d], S. 18, S. 67, S. 89) behandelt.

Es ist die am Glied a in A angreifende, die Wirkungslinie $r\,r' \perp \overline{A\,\mathfrak{A}}$ besitzende Kraft $\mathfrak{R}$ zu bestimmen, die dem auf das Zahnrad f von außen einwirkenden Moment $M = U \cdot f$ das Gleichgewicht hält. Das Abtriebsmoment sei als Kräftepaar $\mathfrak{U}$, $-\mathfrak{U}$ mit $\mathfrak{U} \perp \overline{\mathfrak{B}E_f}$ angenommen.

Die Eingriffslinien LL' und L_1L_1' der gewählten Evolventenverzahnungen an den Zahneingriffsstellen P_{ae} und P_{fe} mit den Zahnflankenberührungspunkten D_a auf a und D_e auf e bzw. E_f auf f und E_e auf e sind entsprechend dem Eingriffswinkel $\alpha = 20°$ angenommen, sie sind die Wirkungslinien der in D_e und E_e von a und f auf e ausgeübten Zahnkräfte (Gelenkkräfte) (ae) bzw. (fe), von denen gemäß Beispiel Ziff. 1.441 die Gelenkkraft (fe) als Vektor $\overrightarrow{E_eE_e'}$ vom Betrag $U/\cos\alpha$ konstruiert bzw. berechnet werden kann.

Aus der Geometrie der vorliegenden getrieblichen Anordnung folgt ferner, daß sich LL' und L_1L_1' auf der Halbierenden des Winkels $AB\mathfrak{B}$ in H schneiden.

Auf den Wellenzapfen e' des Rades e wirken in B die Stabkräfte (BA) und $(B\mathfrak{B})$ der Glieder b bzw. c, d. h. die Gelenkkräfte $(be) = (BA)$ bzw. $(ce) = (B\mathfrak{B})$; also sind von

$$(b\,e) = (BA), \qquad (c\,e) = (B\,\mathfrak{B}) \tag{68a, b}$$

die Wirkungslinien bekannt, und für das Gleichgewicht am Glied e muß gemäß (Abb. 14a)

$$(fe) + (ce) + (be) + (ae) = 0$$
$$\overrightarrow{01} + \overrightarrow{14} + \overrightarrow{42} + \overrightarrow{20} = 0 \tag{69}$$

gelten. Dies ist nur möglich, wenn die durch H gehende Resultierende aus (fe) und (ae) in die Richtung der Geraden durch H, B fällt (Halbierende von $\sphericalangle A B \mathfrak{B}$), da die Resultierende aus (be) und (ce) eine Gerade durch B ist.

Man zeichnet also $(fe) = \overrightarrow{01}$, zieht durch 1 zu HB und durch 0 zu LL' die sich in 2 schneidenden Parallelen, ferner durch 1 zu $B\mathfrak{B}$ und durch 2 zu BA die sich in 4 schneidenden Parallelen.

Zahnrad e wirkt ferner in A auf das Zahnrad a in Richtung $\overrightarrow{BA}$ mit der Kraft $(eb) = \overrightarrow{24}$ und gleichzeitig mit $(ea) = \overrightarrow{02}$; diese beiden Kräfte liefern, nachdem $(eb) = \overrightarrow{24}$ in Richtung $\overrightarrow{BA}$ nach D_a verschoben ist, in D_a die resultierende Kraft $\mathfrak{P}_{Da} = \overrightarrow{D_a D_a'} = (ea) + (eb) = \overrightarrow{02} + \overrightarrow{24} = \overrightarrow{04}$.

Außer $\mathfrak{P}_{Da}$ wirken auf das Zahnrad a die gesuchte Gleichgewichtskraft $\mathfrak{R}$ in A mit Wirkungslinie rr' und die Lagerkraft (da) in $\mathfrak{A}$. Die Wirkungslinie von $\mathfrak{P}_{Da}$ und rr' von $\mathfrak{R}$ schneiden sich in N. Die durch N, $\mathfrak{A}$ gelegte Gerade ist Wirkungslinie von (da). Im Kräfteplan liefern die durch 4 zu AN und durch 0 zu $\mathfrak{A}N$ gezeichneten Parallelen den Schnittpunkt 3 und damit aus

$$\mathfrak{P}_{Da} + \mathfrak{R} + (da) = 0$$
$$\overrightarrow{04} + \overrightarrow{43} + \overrightarrow{30} = 0 \tag{70}$$

die gesuchte Gleichgewichtskraft $\mathfrak{R} = \overrightarrow{43}$.

Auf d bei $\mathfrak{B}$ wirken die vom Abtriebsmoment $\mathfrak{M}$ herrührende Kraft $\overline{\mathfrak{B}\mathfrak{B}'}$ $= -(fe) = \overrightarrow{10}$ und nach Gl. (68b) außerdem $\overline{\mathfrak{B}'\mathfrak{B}''} = (ec) = (\mathfrak{B}B) = \overrightarrow{41}$, d. h. die Gesamtkraft $\overline{\mathfrak{B}\mathfrak{B}''} = \overline{\mathfrak{B}\mathfrak{B}'} + \overline{\mathfrak{B}'\mathfrak{B}''} = (ec) + (ef) = \overrightarrow{41} + \overrightarrow{10} = \overrightarrow{40}$, der das Lager $\mathfrak{B}$ von d mit der Lagerkraft[1]

$$(d/f, c) = \overrightarrow{04}$$

entgegenwirkt.

Ergebnis: Gleichgewicht am Getriebe:

$$\mathfrak{R} + (da) + (d/f, c) = 0$$
$$\overrightarrow{43} + \overrightarrow{30} + \overrightarrow{04} = 0 \tag{71}$$

Frage: Wie ändert sich der Kräfteplan, wenn an Stelle des Momentes $\mathfrak{M}$ auf das Rad f eine in q wirkende Einzelkraft $\mathfrak{Q}$ als Abtriebskraft gegeben ist?

1.5 Das Prinzip der virtuellen Leistungen

1.51 Einfache Geschwindigkeitsermittlungen in ebenen Getrieben

Die Momentanbewegung eines komplan bewegten Getriebegliedes b gegenüber dem Gestell d, d. h., das Durchlaufen zweier infinitesimal benachbarter Gliedlagen, ist durch die Drehung um den „Momentanpol" $P = P_{bd}$ ersetzbar (Abb. 15).

---

[1] Das Symbol $(d/f, c)$ bedeutet die Kraft, welche d auf f und c ausübt; es ist $(d/f, c) = (df) + (dc) = \overrightarrow{01} + \overrightarrow{14} = \overrightarrow{04}$.

Aus den längs der Kurven α, β geführten Punkten A und B des Gliedes b folgt P als der Schnittpunkt der Bahnnormalen v_A, v_B zu den Bahntangenten (momentanen Bewegungsrichtungen) t_A, t_B bzw. zu den in ihnen liegenden Geschwindigkeitsvektoren $\mathfrak{v}_A = A\bar{A}$ und $\mathfrak{v}_B = B\bar{B}$ von den Beträgen $|\mathfrak{v}_A| = v_A$ und $|\mathfrak{v}_B| = v_B$.

Die Momentandrehung von b gegen d um P geschieht mit der Winkelgeschwindigkeit

$$\omega = \omega_{bd} = \frac{v_A}{\overline{AP}} = \frac{v_B}{\overline{BP}} \tag{72}$$

dargestellt durch den *Winkelgeschwindigkeitsvektor* $\overline{\omega} = \overrightarrow{WW'}$; dieser liegt in der Drehachse k_{bd} senkrecht zur Bewegungsebene (hier Bildebene). Für den in

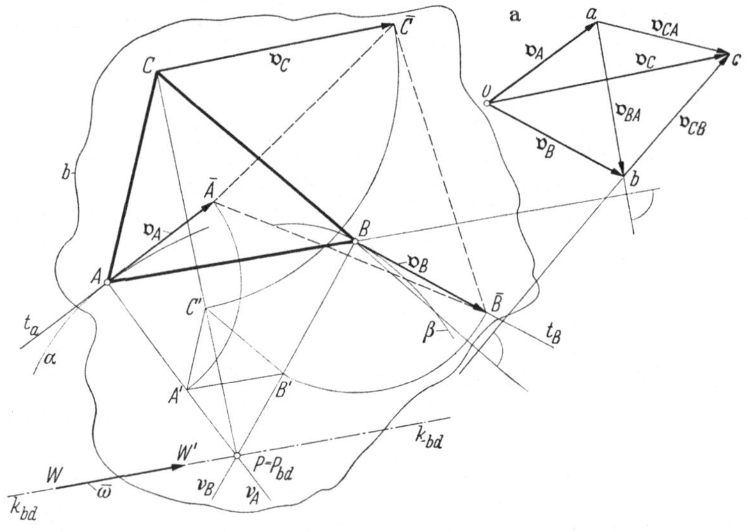

Abb. 15. Grundlagen zur Geschwindigkeitsermittlung bewegter Getriebeglieder. Momentanpol P. Gedrehte Geschwindigkeiten.   a) Geschwindigkeitsplan nach MEHMKE

Pfeilrichtung von W nach W' blickenden Beobachter geschieht die Drehung im Uhrzeigersinn: Bei ebenen Getrieben genügt wegen der Parallelität sämtlicher Drehachsen die Unterscheidung des Drehsinnes durch Vorzeichen. Die mit einem Vorzeichen behaftete Winkelgeschwindigkeit soll ebenfalls durch den darübergesetzten Querstrich bezeichnet werden.

Dreht in Abb. 15 b gegen d um P im Uhrzeigersinn mit der Winkelgeschwindigkeit vom Betrag $\omega = 2\,s^{-1}$, so ist $\overline{\omega} = +2\,s^{-1}$. Bei Drehung im Gegensinn des Uhrzeigers ist dagegen $\overline{\omega} = -2\,s^{-1}$ und $|\overline{\omega}| = \omega = 2\,s^{-1}$ zu setzen.

Zeichnerisches Ermitteln von Geschwindigkeiten geschieht entweder durch *„gedrehte Geschwindigkeiten"* oder in getrenntem *Geschwindigkeitsplan*.

$\mathfrak{v}_A = A\bar{A}$ um A, z. B. im Uhrzeigersinn um 90° nach AA' gedreht (gedrehte Geschwindigkeit!), $\overline{A'B'} \parallel \overline{AB}$ bis B' auf PB, liefert nach Drehung von $\overline{BB'}$ um B im Gegensinn des Uhrzeigers $\mathfrak{v}_B = B\bar{B}$.

Für drei Gliedpunkte A, B, C von b folgt nach dem gleichen Verfahren $\mathfrak{v}_C = C\bar{C}$ und nach L. BURMESTER die gleichsinnige Ähnlichkeit der Dreiecke $\triangle\,ABC \sim \triangle\,\bar{A}\,\bar{B}\bar{C}$.

Parallelverschiebung der Vektoren $\mathfrak{v}_A = A\overline{A}$, $\mathfrak{v}_B = B\overline{B}$, $\mathfrak{v}_C = C\overline{C}$ als $\mathfrak{v}_A$
$= \overrightarrow{oa}$, $\mathfrak{v}_B = \overrightarrow{ob}$, $\mathfrak{v}_C = \overrightarrow{oc}$ ergibt den *Geschwindigkeitsplan* (Abb. 15a).
In diesem ist

$$\triangle abc \sim \triangle ABC \tag{73}$$

(gleichsinnige Ähnlichkeit nach R. MEHMKE) und

$$\begin{aligned} \mathfrak{v}_B &= \mathfrak{v}_A + \mathfrak{v}_{BA} \\ \overrightarrow{ob} &= \overrightarrow{oa} + \overrightarrow{ab} \end{aligned} \tag{74}$$

mit $\mathfrak{v}_{BA} = \overrightarrow{ab}$ senkrecht auf $\overline{AB}$ und neben Gl. (72) auch

$$\omega_{bd} = \frac{v_{BA}}{\overline{AB}} \tag{75}$$

Sonderfall: Sind A, B, C Punkte einer Geraden g von b, dann liegen $\overline{A}$, $\overline{B}$, $\overline{C}$
und a, b, c ebenfalls auf je einer Geraden. Wegen der Ähnlichkeit gelten

$$\overline{AB}:\overline{AC} = \overline{\overline{A}\,\overline{B}}:\overline{\overline{A}\,\overline{C}} = \overline{ab}:\overline{ac} \tag{76}$$

Anwendung dieser Verfahren z. B. in Ziff. 1.531, insbesondere in [*1d*], desgl. [*1c*].

1.52 Leistung einer Kraft

Wird in Abb. 16 Punkt A längs der Kurve α mit der Geschwindigkeit $\mathfrak{v} = \mathfrak{v}_A$
$= A\overline{A}$ geführt und ist A gleichzeitig der Angriffspunkt der Kraft $\mathfrak{P} = \overrightarrow{AA_I}$, die
mit $\mathfrak{v}_A$ den Winkel ψ bildet, so ist die *Leistung N*
der Kraft $\mathfrak{P}$ das skalare Produkt der Vektoren $\mathfrak{P}$, $\mathfrak{v}$.
Man schreibt dies symbolisch

$$N = \mathfrak{P}\cdot\mathfrak{v} = \mathfrak{P}\mathfrak{v} \tag{77}$$

und versteht darunter

$$N = |\mathfrak{P}|\cdot|\mathfrak{v}|\cdot\cos(\sphericalangle\,\mathfrak{P},\mathfrak{v}) \tag{78a}$$

oder

$$N = P\cdot v\cdot\cos\psi \tag{78}$$

oder

$$N = P(v\cos\psi) = \overrightarrow{AA_I}\cdot\overrightarrow{A\overline{A}'} \tag{79a}$$

$$N = (P\cos\psi)\,v = \overrightarrow{AA_I'}\cdot\overrightarrow{A\overline{A}} \tag{79b}$$

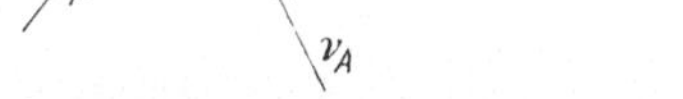

Abb. 16. Leistung der Kraft $\mathfrak{P}$, deren Angriffspunkt A mit der Geschwindigkeit $\mathfrak{v}$ bewegt wird. Darstellung als skalares Produkt $N = \mathfrak{P}\mathfrak{v}$

Ergebnis: Die Leistung N ist entweder gleich dem Produkt aus der Kraft und der Projektion der Geschwindigkeit auf die Kraftrichtung oder auch gleich dem Produkt aus der Geschwindigkeit und der Projektion der Kraft auf die Geschwindigkeitsrichtung.

Bilden Kraft- und Geschwindigkeitsvektor einen spitzen Winkel ($0 < \psi < 90°$), so ist N positiv, für $90° < \psi < 270°$ ist N negativ. $\mathfrak{P}\perp\mathfrak{v}$ liefert $N = $ Null.

1.521 Einige Hinweise. Für skalare Produkte gelten die folgenden Gesetze

$$\mathfrak{P}\mathfrak{v} = \mathfrak{v}\,\mathfrak{P} \tag{80}$$

$$\mathfrak{P}_1\mathfrak{v} + \mathfrak{P}_2\mathfrak{v} = (\mathfrak{P}_1 + \mathfrak{P}_2)\,\mathfrak{v} \tag{81}$$

d. h. das kommutative bzw. distributive Gesetz.

$\mathfrak{P}$ gleichsinnig gerichtet zu $\mathfrak{v}$ liefert wegen $\psi = 0$ für $N = P\cdot v$; dagegen ergibt entgegengesetzter Richtungssinn von $\mathfrak{P}$ und $\mathfrak{v}$ mit $\psi = 180°$ für $N = -P\cdot v$.

1.522 Verfahren nach Müller-Breslau. Wird in Abb. 16 der Geschwindigkeitsvektor $\mathfrak{v} = A\overline{A}$ um A im Uhrzeigersinn nach $\mathfrak{v}^\daleth = \overrightarrow{A\overline{A}'}$ gedreht und von A' auf p von $\mathfrak{P}$ das Lot $A'A_{II}$ gefällt, so ist $\overline{A\overline{A}'} = \overline{A'A_{II}}$, also nach Gl. (79a)

$$N = \overline{A'A_{II}} \cdot \overline{A\,A_I} \tag{82}$$

Die Leistung N ist also gleich dem Betrag des Momentes des Kraftvektors $\mathfrak{P}$ für den Endpunkt A' der gedrehten Geschwindigkeit als Bezugspunkt.

Wird $\mathfrak{v}$ um A um $90°$ im Uhrzeigersinn nach $\mathfrak{v}^\daleth = \overline{A\,A'}$ gedreht, so erhält bei spitzem Winkel ψ das Moment von $\mathfrak{P}$ bezüglich A' und damit auch N das positive Vorzeichen; zu stumpfem Winkel ψ gehört dagegen das negative Vorzeichen.

1.523 Kräfte und Leistungen an einem Wälzhebelgetriebe. Bei dem in Abb. 17 dargestellten kraftschlüssigen *Wälzhebelgetriebe* sind an den in $\mathfrak{A}$ und $\mathfrak{B}$ gestellfest gelagerten Getriebegliedern a und c die hier als Kreisbögen ausgebildeten Wälzkurven a' bzw. c' angeordnet. Diese bilden an der Berührungsstelle (Punkt D_a von a, in Abbildung 17 zusammenfallend mit Punkt D_c von c) nach R. Franke ein sog. „*Wälzzwiegelenk*“. Die Krümmungsmittelpunkte A von a' in D_a und B von c' in D_c sind Punkte der Getriebeglieder a bzw. c und haben — wegen der Ausbildung von a' und c' als Kreisbögen mit den Halb-

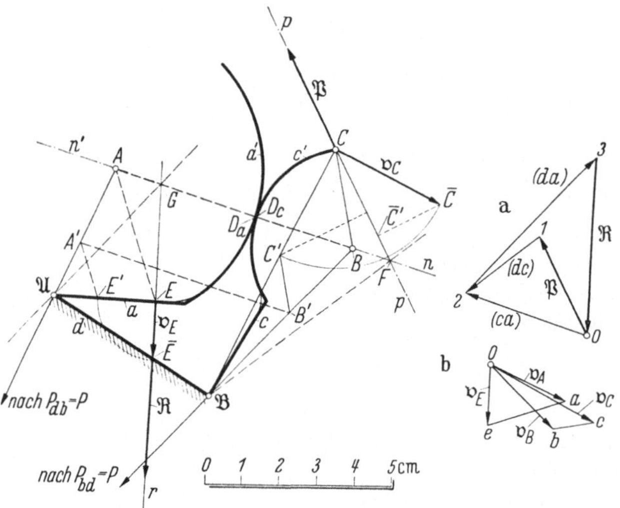

Abb. 17. Kraftwirkungen an einem Wälzhebelgetriebe
a) Kräfteplan;   b) Geschwindigkeitsplan

messern $r_a = \overline{AD_a}$ bzw. $r_c = \overline{BD_c}$ — bei kraftschlüssigem Kontakt zwischen a' und c' den konstanten Abstand $\overline{AB} = r_a + r_c$, ersetzbar durch eine zusätzlich anzuordnende Koppel $b = \overline{AB}$ (gestrichelt gezeichnet). Das so entstandene Viergelenkgetriebe $\mathfrak{A}\,AB\mathfrak{B}$ ist somit ein Ersatzkurbelgetriebe für die Relativbewegung von c gegen a.

Gegeben sei in C von c die Kraft $\mathfrak{P}$.

Gesucht sind die in E von a senkrecht zu $\overline{\mathfrak{A}E}$ angreifende Gleichgewichtskraft $\mathfrak{R}$, ferner für eine beliebig angenommene Geschwindigkeit $\mathfrak{v}_C = C\overline{C}$ die Leistungen der Kräfte $\mathfrak{P}$ und $\mathfrak{R}$.

Die Krafteinwirkung von a auf c, d. h. die Gelenkkraft (ac) im Wälzzwiegelenk zwischen den Kurven a', c', wirkt bei Vernachlässigung der gleitenden Reibung in der beiden Kurven gemeinsamen Normale n, n', hier mit der Geraden durch A, B zusammenfallend.

Gleichgewicht am Glied c:

$$\mathfrak{P} + (dc) + (ac) = 0$$
$$\overrightarrow{01} + \overrightarrow{12} + \overrightarrow{20} = 0 \tag{83}$$

wobei (dc) die Gerade durch $\mathfrak{B}$, F als Wirkungslinie besitzt und F als Schnittpunkt von p mit n, n' gefunden wird.

Gleichgewicht am Glied a: Der Schnittpunkt G von n, n' mit der Wirkungslinie r der gesuchten Gleichgewichtskraft $\mathfrak{R}$ liefert als Wirkungslinie von (da) die Gerade durch G und $\mathfrak{A}$.

Der Kräfteplan von Abb. 17a wird gemäß

$$(ca) + (da) + \mathfrak{R} = 0$$
$$\overrightarrow{02} + \overrightarrow{23} + \overrightarrow{30} = 0 \tag{84}$$

ergänzt.

Zeichenmaßstab: $M_z = 40 \text{ cm/m}$

Geschwindigkeitsmaßstab: $M_v = 20 \text{ cm/ms}^{-1}$

Kräftemaßstab: $M_k = 0,1 \text{ cm/kg}$

Drehe $\mathfrak{v}_C = C\overline{C}$ um C im Uhrzeigersinn nach C' auf $\mathfrak{B}C$, ziehe $C'B' \parallel CB$ bis B' auf $\mathfrak{B}B$, $B'A' \parallel BA$ bis A' auf $A\mathfrak{A}$, $A'E' \parallel AE$ bis E' auf $\mathfrak{A}\overline{E}$ und drehe EE' um E gegen den Uhrzeiger zurück nach $\mathfrak{v}_E = E\overline{E}$.

Ergebnis: $\mathfrak{v}_E = E\overline{E}$. Projiziere $\overline{C}$ von $\mathfrak{v}_C$ auf $\mathfrak{P}$ nach $\overline{C}'$ von $\mathfrak{v}'_C = C\overline{C}'$.

$$P = 2,9 \text{ cm}/M_k \quad = 2,9/0,1 = 29 \text{ kg}$$
$$v'_C = 2,5 \text{ cm}/M_v \quad = 2,5/20 = 0,125 \text{ m/s}$$
$$N = -29 \cdot 0,125 = -3,63 \text{ kgm/s}$$

Diese Leistung erhält wegen des stumpfen Winkels zwischen $\mathfrak{P}$ und $\mathfrak{v}_C$ das negative Vorzeichen. Dem Kräfteplan wird entnommen $|\mathfrak{R}| = 4,75 \text{ cm} \triangleq 47,5 \text{ kg}$, $v_E = 1,52 \text{ cm}/M_v = 0,076 \text{ ms}^{-1}$, also $N_\mathfrak{R} = +47,5 \cdot 0,076 = +3,61 \text{ kgm/s}$, und zwar mit positivem Vorzeichen, da $\mathfrak{R}$ und $\mathfrak{v}_E$ gleichen Richtungssinn besitzen.

$$\mathfrak{P}\mathfrak{v}_C + \mathfrak{R}\mathfrak{v}_E = (-3,63) + (+3,61) = -0,02 \text{ kgm/s}$$

Ohne die nicht vermeidbaren Zeichenungenauigkeiten müßte diese Summe der Leistungen exakt gleich Null sein; denn ganz allgemein gilt

1.53   Das Prinzip der virtuellen Leistungen

Erteilt man einem im Gleichgewicht befindlichen geführten Getriebeglied eine sehr kleine (infinitesimale), mit der Führung verträgliche Verschiebung, so ist die algebraische Summe der hierbei verrichteten (virtuellen) Arbeiten gleich Null.

Ist also in Abb. 18 *b* das gegen d bewegte Getriebeglied mit den an seinen Punkten B_i angreifenden Kräften $\mathfrak{P}_i$ und den vom Punkt 0 des Gestells d nach

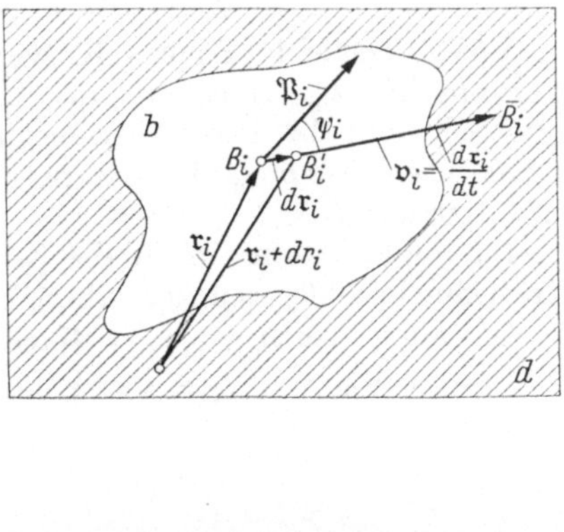

Abb. 18. Grundlage für das Prinzip der virtuellen Leistungen der Kräfte $\mathfrak{P}_i$, die auf ein Getriebeglied *b* wirken. Ausgangspunkt von $\mathfrak{r}_i$ ist *O*.

B_i gezeichneten Ortsvektoren $\mathfrak{r}_i = \overrightarrow{0B_i}$ und gelangen bei einer infinitesimalen Verschiebung die Punkte B_i nach B_i' mit $\overrightarrow{0B_i'} = \mathfrak{r}_i + d\mathfrak{r}_i$, $\overrightarrow{B_iB_i'} = d\mathfrak{r}_i$, so folgt

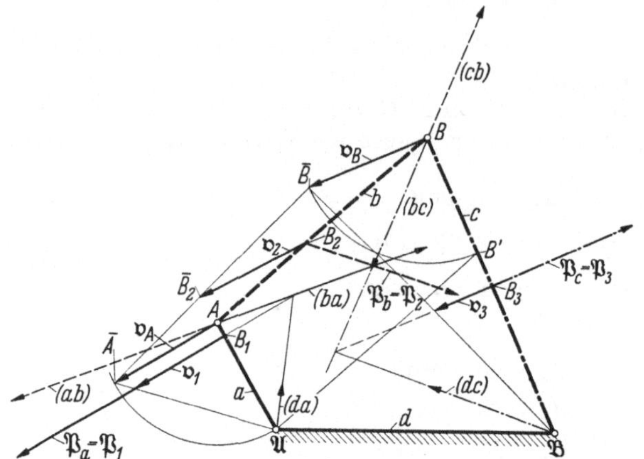

Abb. 19. Prinzip der virtuellen Leistungen für das Getriebe von Abb. 4

mit der Verschiebungsarbeit dA_i von $\mathfrak{P}_i$ längs $d\mathfrak{r}_i$

$$dA_i = \mathfrak{P}_i\,d\mathfrak{r}_i \qquad (85)$$

für das Prinzip die Darstellung

$$\sum dA_i = \sum \mathfrak{P}_i\,d\mathfrak{r}_i = 0 \qquad (86)$$

Division der Gl. (86) durch das Zeitelement dt liefert mit

$$N_i = \frac{dA_i}{dt} \qquad (87\,\text{a})$$

$$\mathfrak{v}_i = \mathfrak{v}_{B_i} = \frac{d\mathfrak{r}_i}{dt} \qquad (87\,\text{b})$$

aus Gl. (86)

$$\sum N_i = \sum \mathfrak{P}_i\,\mathfrak{v}_i = 0 \qquad (88)$$

wobei $\mathfrak{v}_i$ den Geschwindigkeitsvektor des Angriffspunktes B_i der Kraft $\mathfrak{P}_i$ bedeutet. Da der Geschwindigkeitszustand leicht zu ermitteln ist, ist der Ansatz des Prinzips in der Form Gl. (88) besonders brauchbar.

Auch ist das Prinzip ohne weiteres auf eine Gruppe von Gliedern, insbesondere auf die Gesamtzahl der Glieder eines zwangläufigen Getriebes übertragbar.

Dies sei für das Viergelenkgetriebe von Abb. 19 erläutert. Es gelten mit der Gleichgewichtskraft $\mathfrak{P}_a$ am Glied a in B_1 für das Gleichgewicht am

$$\text{Glied } a: \quad (da)\cdot 0 + \mathfrak{P}_a\,\mathfrak{v}_1 + (ba)\,\mathfrak{v}_A = 0$$

$$\text{Glied } b: \quad (ab)\,\mathfrak{v}_A + \mathfrak{P}_b\,\mathfrak{v}_2 + (cb)\,\mathfrak{v}_B = 0 \qquad (89\,\text{a, b, c})$$

$$\text{Glied } c: \quad (bc)\,\mathfrak{v}_B + \mathfrak{P}_c\,\mathfrak{v}_3 + (cd)\cdot 0 = 0$$

Addition dieser Gleichungen liefert wegen $(ba) = -(ab)$, $(bc) = -(cb)$

$$\mathfrak{P}_a\,\mathfrak{v}_1 + \mathfrak{P}_b\,\mathfrak{v}_2 + \mathfrak{P}_c\,\mathfrak{v}_3 = 0 \qquad (90)$$

Ist also $\mathfrak{P}_\lambda$ die am Glied b_λ in B_λ von der Geschwindigkeit $\mathfrak{v}_\lambda$ angreifende Kraft und $\mathfrak{R}$ die Gleichgewichtskraft in einem Punkt A von der Geschwindigkeit $\mathfrak{v}$, so gilt für die gesamte getriebliche Anordnung von n Gliedern

$$\mathfrak{R}\,\mathfrak{v} + \sum_{\lambda=1}^{\lambda=n-1} (\mathfrak{P}_\lambda\,\mathfrak{v}_\lambda) = 0 \qquad (91)$$

1.531 Beispiel 1: Ebenes Kurvenscheibengetriebe. Abb. 20 zeigt ein ebenes Kurvenschwinggetriebe mit der im Gestell d umlaufenden Kurvenscheibe a, dem Schwinghebel c als Abtriebsglied und dem Gleitzwiegelenk an der Stelle B von c bzw. (B) von a. Bei der praktischen Ausführung ist β der Ort der Rollenmittelpunkte B.

Im Punkt C von c greife die Kraft $\mathfrak{P}$ an. Gesucht wird das an a erforderliche Kraftmoment $\mathfrak{M}$, das der Abtriebskraft $\mathfrak{P}$ das Gleichgewicht hält.

Gewählt seien: $M_z = 40\ \text{cm/m}$, $M_k = 10\ \text{cm/kg}$, $M_v = 40\ \text{cm/ms}^{-1}$, $\overline{\omega} = -1\ \text{s}^{-1}$, $\omega = \omega_{ad} = 1\ \text{s}^{-1}$, also $\mathfrak{v}_{(B)}$ in der Zeichnung von der Länge $\overline{\mathfrak{A}\,(B)}$

und $\mathfrak{v}_B = \mathfrak{v}_{(B)} + \mathfrak{v}_r = \overrightarrow{(B)\,(B)'} + \overrightarrow{(B)'\,\bar{B}}$ mit $\mathfrak{v}_B = B\bar{B}$ senkrecht $\mathfrak{B}B$ und $\mathfrak{v}_r \parallel$ Relativbahntangente t_r in B an β, $\mathfrak{v}_C = C\bar{C}$ folgt aus $\mathfrak{v}_B^* = \overrightarrow{B\bar{B}'}$, $B'C' \parallel BC$, $\mathfrak{v}_C^* = \overrightarrow{C\bar{C}'}$.

Aus dem Prinzip der virtuellen Leistungen folgt

$$\mathfrak{M}\,\overline{\omega} + \mathfrak{P}\,\mathfrak{v}_C = 0$$

$$\mathfrak{M}\,(-1) + \left(-\frac{1,4}{10} \cdot \frac{1,5}{40}\right) = 0; \qquad \mathfrak{M} = -\,0,0052\,\mathrm{mkg} \tag{92}$$

Ersatz durch Kräftepaar $(\mathfrak{R}, \text{-}\mathfrak{R})$ vom Abstand $r_u = 0,047$ m liefert $K \cdot 0,047 = 0,0052$; $K = 0,11$ kg $\,\widehat{=}\,$ 1,1 cm.

Einfacher, d. h. ohne Berücksichtigung der Maßstäbe, wird durch Abgreifen der einzelnen Strecken und Vektoren in „cm" wie folgt verfahren:

$$P \cdot \overline{C'C_0} = K \cdot r_u,$$
$$2 \cdot 1,05 = K \cdot 1,9; \qquad K = 2,1/1,9 = 1,1 \,\mathrm{cm}$$

Abb. 20a ist der Kräfteplan

$$\mathfrak{P} + (a\,c) + (d\,c) = 0$$
$$\overrightarrow{01} + \overrightarrow{12} + \overrightarrow{20} = 0$$

mit $(d\,c) \parallel \mathfrak{B}H$ und $(a\,c)$ parallel zur Kurvenflanken-Normale $n\,n'$ in (B), H als Schnittpunkt von $\mathfrak{P}$ mit $n\,n'$; ferner ist $(d\,a) = (a\,c)$.

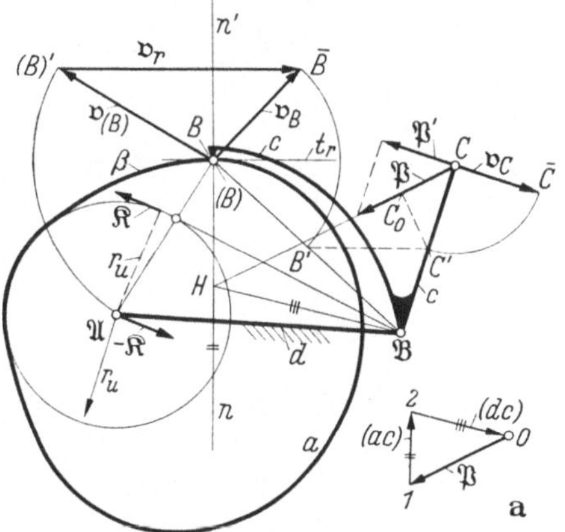

Abb. 20. Kraftwirkungen an einem ebenen Kurvenscheibengetriebe. $\mathfrak{P} =$ Abtriebskraft. Kräftepaar $\mathfrak{R}$, $-\mathfrak{R}$ als Antriebsmoment (Verkleinerung 6/10)

1.532 Analytische Darstellung. Sind x_i, y_i, z_i die Koordinaten des Angriffspunktes B_i (vom Ortsvektor $\mathfrak{r}_i$) der Kraft $\mathfrak{P}_i$ mit den Koordinaten (Komponenten) X_i, Y_i, Z_i, $\mathfrak{i}$, $\mathfrak{j}$, $\mathfrak{k}$ die Einheitsvektoren in den Koordinatenachsen, so folgt aus ihren vektoriellen Darstellungen

$$\mathfrak{r}_i = x_i\,\mathfrak{i} + y_i\,\mathfrak{j} + z_i\,\mathfrak{k} \tag{93}$$

$$\mathfrak{P}_i = X_i\,\mathfrak{i} + Y_i\,\mathfrak{j} + Z_i\,\mathfrak{k} \tag{94}$$

für den Geschwindigkeitsvektor

$$\mathfrak{v}_i = \frac{dx_i}{dt}\,\mathfrak{i} + \frac{dy_i}{dt}\,\mathfrak{j} + \frac{dz_i}{dt}\,\mathfrak{k} \tag{95}$$

$$\mathfrak{v}_i = \dot{x}_i\,\mathfrak{i} + \dot{y}_i\,\mathfrak{j} + \dot{z}_i\,\mathfrak{k} \tag{95a}$$

mit

$$v_{x_i} = \dot{x}_i, \qquad v_{y_i} = \dot{y}_i, \qquad v_{z_i} = \dot{z}_i \tag{96}$$

also

$$N_i = \mathfrak{P}_i\,\mathfrak{v}_i = X_i\,\dot{x}_i + Y_i\,\dot{y}_i + Z_i\,\dot{z}_i = X_i\,v_{x_i} + Y_i\,v_{y_i} + Z_i\,v_{z_i} \tag{97}$$

und für das Prinzip der virtuellen Leistungen

$$\sum (X_i\,\dot{x}_i + Y_i\,\dot{y}_i + Z_i\,\dot{z}) = 0 \tag{98}$$

Bei komplaner Bewegung und komplan angeordneten Kräften (ebene Getriebe) entfallen in den Gln. (93) bis (98) die Koordinaten Z_i, z_i. An Stelle der

Gl. (98) z. B. tritt dann

$$\sum (X_i \dot{x}_i + Y_i \dot{y}_i) = 0 \qquad (98\,\mathrm{a})$$

Beispiel: Fliehkraftregler. Der in Abb. 21 dargestellte Fliehkraftregler ist gegenüber dem von Abb. 11 in der Weise abgewandelt, daß das Schwunggewicht $\mathfrak{G}$ in einem Punkt C der Koppel b angeordnet ist.

Mit den eingetragenen Bezeichnungen und dem angeordneten xy-Koordinatensystem werden unter Beachtung von $b = \overline{AB} = a = \overline{A\mathfrak{A}}$ und $\overline{BC} = 1$ erhalten

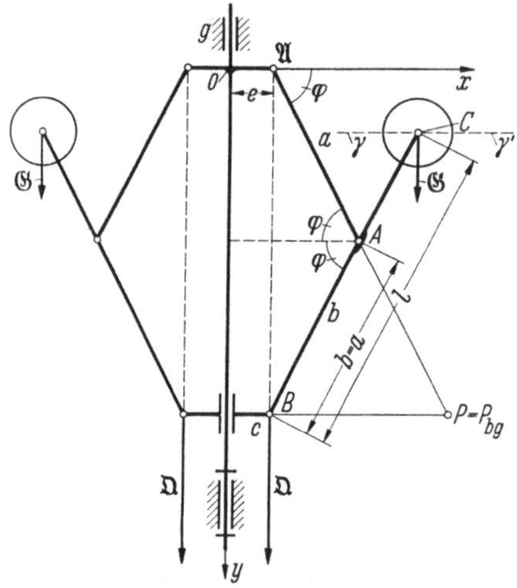

für die Koordinaten der Angriffspunkte

$$x_B = e, \qquad y_B = 2a \sin\varphi$$
$$\dot{x}_B = 0, \qquad \dot{y}_B = 2a \cos\varphi \cdot \dot\varphi$$
$$x_C = e + l \cos\varphi; \qquad y_C = (2a - l)\sin\varphi$$
$$\dot{x}_C = -l\sin\varphi \cdot \dot\varphi; \qquad \dot{y}_C = (2a - l)\cos\varphi \cdot \dot\varphi$$

für die Koordinaten der Kräfte: Muffengewicht $\mathfrak{Q}$, Schwunggewicht $\mathfrak{G}$ und Zentrifugalkraft $\mathfrak{C}$ von den Beträgen Q, G, C gelten

$$\mathfrak{Q}(X_Q = 0, \quad Y_Q = Q)$$
$$\mathfrak{G}(X_G = 0, \quad Y_G = G)$$
$$\mathfrak{C}(X_C = C, \quad Y_C = 0)$$

Gl. (98 a) liefert dann

$$Q \cdot 2a \cos\varphi \cdot \dot\varphi + G(2a - l)\cos\varphi \cdot \dot\varphi + C(-l\sin\varphi \cdot \dot\varphi) = 0$$

$$C = \left(\frac{2a}{l} Q + \frac{2a - l}{l} G\right) \operatorname{ctg}\varphi \qquad (99)$$

Abb. 21. Gleichgewichtskraft an einem Fliehkraftregler, bei dem die Schwungmassen an der Koppel des Schubkurbelgetriebes angeordnet sind

Kontrolle: Da im vorliegenden Fall $\mathfrak{Q}$, $\mathfrak{G}$ und $\mathfrak{C}$ am gleichen Glied b angreifen, das sich um den Momentanpol $P = P_{bd}$ dreht, so muß für das Gleichgewicht aller an b angreifenden Kräfte, einschließlich $(dc) \perp 0y$ und (ab) in $\overline{\mathfrak{A}A}$ die Summe aller Momente um P gleich Null sein. Der Ansatz

$$C\,(l\sin\varphi) - Q\,(2a\cos\varphi) - G\,(2a - l)\cos\varphi = 0$$

liefert wiederum Gl. (99).

1.533 Kräfte an gegenüberliegenden Gliedern eines Viergelenkgetriebes. Abb. 22 zeigt das Viergelenkgetriebe $\mathfrak{A}AB\mathfrak{B}$ mit der Abtriebskraft $\mathfrak{Q}$ in C des Gliedes a.

Gesucht: Gleichgewichtskraft $\mathfrak{R}$ in E des Gliedes c.

1. Verfahren: Annahme $\mathfrak{v}_C = C\overline{C}$. Ermitteln $\mathfrak{v}_E = E\overline{E}$ mittels gedrehter Geschwindigkeiten, projizieren von $\overline{C}$ und $\overline{E}$ auf die Wirkungslinien q und r von $\mathfrak{Q}$ bzw. $\mathfrak{R}$ nach C_I bzw. E_I. Dann $R = |\mathfrak{R}|$ bestimmen aus

$$\overline{C\,C_I} \cdot Q = \overline{E\,E_I} \cdot R$$

unter Beachtung des Richtungssinnes von $\mathfrak{R}$.

2. Verfahren: Schneide q mit $\mathfrak{A}A$ in X, ziehe die Gerade g durch X und den Relativpol $D = P_{ac} = AB \times \mathfrak{A}\mathfrak{B}$ und schneide g mit der durch $\mathfrak{B}$ zu $\mathfrak{A}A$ gezeichneten Parallele in X', ferner die Wirkungslinie r von $\mathfrak{R}$ mit der durch X' zu q bzw. $\mathfrak{Q}$ gezeichneten Parallele in X'' und verbinde X'' mit $\mathfrak{B}$.

Die Zerlegung von $\mathfrak{Q} = \overrightarrow{E_{II}E}$ nach den Richtungen $\mathfrak{B}X''$ und r liefert $\mathfrak{R} = \overrightarrow{EE_r}$ und $\overrightarrow{E_r E_{II}} = (da) + (dc)$.

Der Beweis ist durch das Prinzip der virtuellen Leistungen zu erbringen, wenn $\mathfrak{M}_{\mathfrak{Q}} = [\overrightarrow{\mathfrak{A}X}, \mathfrak{Q}]$, $\mathfrak{M}_{\mathfrak{R}} = [\overrightarrow{\mathfrak{B}E}, \mathfrak{R}]$, $M_{\mathfrak{Q}}\,\omega_{ad} = M_{\mathfrak{R}}\,\omega_{cd}$ und $\omega_{cd} : \omega_{ad} = \overrightarrow{\mathfrak{A}D} : \overrightarrow{\mathfrak{B}D}$ beachtet werden ([1c], S. 186, [1d], S. 10).

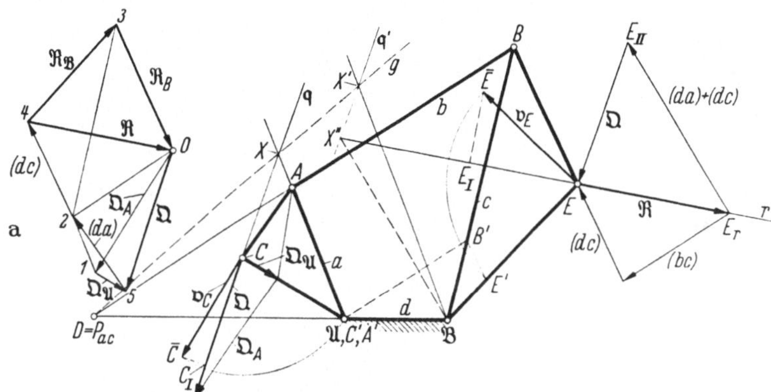

Abb. 22. Prinzip der virtuellen Leistungen, angewandt auf Doppelkurbelgetriebe
a) Kontrolle durch das Stabkraftverfahren

In Abb. 22a ist zur Kontrolle das Stabkraftverfahren zur Ermittlung von $\mathfrak{R}$ angewandt, wobei $\mathfrak{R}$ durch die Komponenten $\mathfrak{R}_B$, $\mathfrak{R}_{\mathfrak{B}}$ nach den Richtungen EB bzw. $E\mathfrak{B}$ aufgeteilt zu denken ist, ferner $\mathfrak{Q}$ nach den Richtungen CA, $C\mathfrak{A}$.

$$\mathfrak{Q}_A + (A\mathfrak{A}) + (AB) = 0; \qquad (BA) + (B\mathfrak{B}) + \mathfrak{R}_B = 0$$
$$\overrightarrow{01} + \overrightarrow{12} + \overrightarrow{20} = 0; \qquad \overrightarrow{02} + \overrightarrow{23} + \overrightarrow{30} = 0$$
$$(\mathfrak{A}A) + \mathfrak{Q}_{\mathfrak{A}} + (da) = 0; \qquad (da) + (dc) + \mathfrak{R} + \mathfrak{Q} = 0$$
$$\overrightarrow{21} + \overrightarrow{15} + \overrightarrow{52} = 0; \qquad \overrightarrow{52} + \overrightarrow{24} + \overrightarrow{40} + \overrightarrow{05} = 0$$

K. Hain [21a] benutzt die Polkonfiguration ([1d], S. 15) bei Siebengelenkgetrieben, Zehngelenkgetrieben, indem er aus der Anordnung der Pole mögliche Ersatz-Viergelenkgetriebe auswählt, die außer dem Gestell, dem An- und Abtriebsglied noch ein weiteres Glied des Getriebes enthalten. Der Durchschnittsfachmann wird wahrscheinlich die einfacheren Verfahren wählen, da der von Hain als „Polkraftverfahren" vorgezeichnete Weg das Ermitteln der Relativpole P_{ik} erfordert.

1.6 Beweglichkeit und Zwanglauf von Getriebeketten

Da die Kenntnis des Geschwindigkeitszustandes für die Lösung getriebestatischer Aufgaben beachtenswerte Vorteile bietet, erscheint es zweckmäßig, die folgenden Begriffsbestimmungen für die Beweglichkeit von kinematischen Ketten (im folgenden als Getriebeketten bezeichnet) noch kurz herauszustellen.

1.61 Beweglichkeitsgrad

Der *Beweglichkeitsgrad* x einer kinematischen Getriebekette ist die Anzahl der willkürlich wählbaren Bestimmungsstücke (Größe und Richtung der Geschwindigkeiten der Gelenkpunkte), die den Geschwindigkeitszustand der Getriebekette gegen ein ruhendes Getriebeglied e_0 (Bezugssystem) festlegen.

Ein *komplan bewegtes Getriebeglied* b (Abb. 23 a), z. B. dargestellt durch $\overline{AB}$ hat $x = 3$, da $\mathfrak{v}_A$ nach Größe und Richtung, $\mathfrak{v}_B$ dagegen entweder nach Größe oder Richtung vorgebbar sind ($\mathfrak{v}_B = \mathfrak{v}_A + \mathfrak{v}_{BA}$). In Abb. 23 a sind $\mathfrak{v}_A = A\overline{A}$

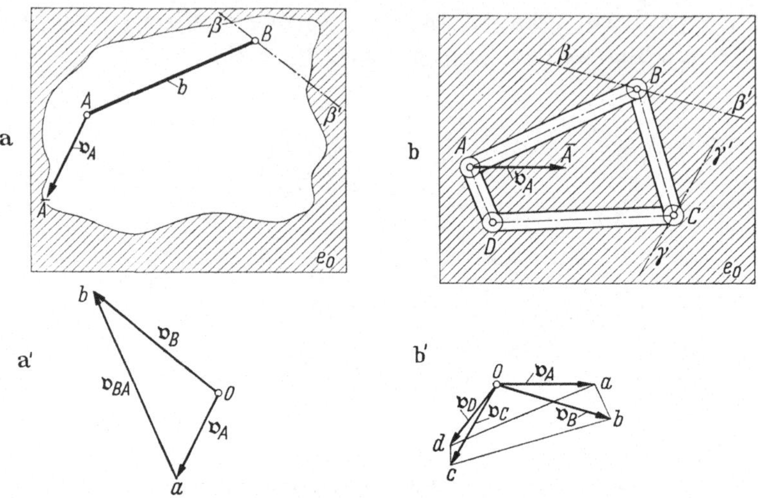

Abb. 23. Beweglichkeitsgrad x einer ebenen Getriebekette.   a) komplan bewegtes Getriebeglied: $x = 3$; b) zwangläufige Getriebekette (Mechanismus): $x = 4$;   a') und b') Geschwindigkeitspläne zu a) und b)

und $\beta\beta'$ als Bewegungsrichtung von B gegeben. Abb. 23 a' zeigt den Geschwindigkeitsplan.

Eine *zwangläufige Getriebekette* hat den *Beweglichkeitsgrad* $x = 4$.

Beispiel (Abb. 23 b): *Viergelenkige Getriebekette ABCD* mit den Gliedern $a = \overline{DA}$, $b = \overline{AB}$, $c = \overline{BC}$, $d = \overline{CD}$, beliebig komplan bewegbar gegen e_0; der Geschwindigkeitszustand gegen e_0 ist bestimmt durch $\mathfrak{v}_A$ nach Größe und Richtung, $\mathfrak{v}_B$, $\mathfrak{v}_C$ nur nach Richtung $\beta\beta'$ bzw. $\gamma\gamma'$. In Abb. 23 b' ist der dazugehörige Geschwindigkeitsplan gezeichnet.

1.62   Seiten, Stäbe, Polygone

Zur Starrheit einer ebenen, geradlinig begrenzten Figur gehören beim Dreieck 3 Seiten, beim Viereck 5 Seiten, beim Fünfeck 7 Seiten. Diese Seiten bilden entsprechend $p = 1, 2, 3 \ldots$ sich nicht überdeckende Dreiecke. Die Bedingung der Starrheit kann auch dann erfüllt sein, wenn die starre Figur nicht nur Dreiecke, sondern Dreiecke, Vierecke usw., ganz allgemein „*Polygone*" enthält.

Beispiel: Die starre Figur von Abb. 24 a hat $s = 7$ Seiten und $p = 3$ Dreiecke (Polygone). Wird der Stab $\overline{EC}$ des starren Fünfecks von Abb. 24 a durch den Stab $\overline{AC}$ ersetzt (Abb. 24 b), so bleibt das Fünfeck starr. Auf $\overline{EB}$ liegen nun zwei Polygonseiten (Seite von Dreieck ABE und Seite des Vierecks $EBCD$). Ebenso gehört Stab AC als Seite zu dem Dreieck ABC und zu dem Viereck $ACDE$.

Die starre Figur von Abb. 24 b hat also $s = 9$ Seiten und $p = 4$ Polygone.

Ganz allgemein gilt
$$s = 2p + 1 \tag{100}$$

Ist σ die Anzahl der fehlenden Stäbe, d. h. die Anzahl jener Stäbe, die einer Kette mindestens hinzuzufügen ist, um sie starr zu machen, so gilt ferner

$$x = 3 + \sigma \tag{101}$$

Beispiel: Die aus dem Dreibinder ECD und der viergelenkigen Getriebekette $ECBA$ bestehende Getriebekette (Abb. 24 c) hat wegen des einen fehlenden Stabes (z. B. EB) $\sigma = 1$ und $x = 3 + 1 = 4$.

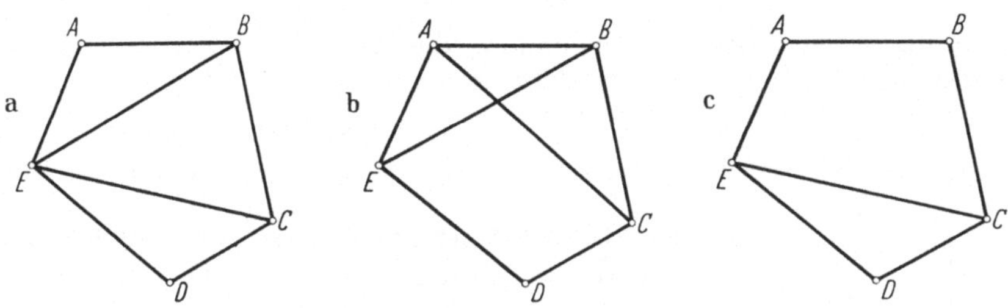

Abb. 24 a—c. Seiten, Stäbe, Polygone von Getriebeketten. a) Starre Figur enthält nur Dreiecke; b) $s = 9$ Seiten, $p = 4$ Polygone (Dreiecke, Vierecke usw.); c) Getriebekette mit beweglichem Polygon $EABC$

Da für eine *starre Figur* $\sigma = 0$ und nach Gl. (100) auch $s - 2p - 1 = 0$, so folgt

$$\sigma = s - 2p - 1 \tag{102}$$

und nach Gl. (101)

$$x = s - 2p + 2 \tag{103}$$

Für zwangläufige Getriebeketten ist wegen $x = 4$, also $\sigma = 1$ nach Gl. (102)

$$s = 2(p + 1) \tag{104}$$

1.63 Getriebeketten mit Bindern und sich kreuzenden Stäben

Die Getriebekette von Abb. 25 a hat vier starre Polygone (Binder, Scheiben), $\pi = 3$ veränderliche Polygone und $n = 8$ Glieder. Nach F. WITTENBAUER [*12*] gilt allgemein

$$x = n - 2\pi + 2 \tag{105}$$

und

$$\sigma = n - 2\pi - 1 \tag{106}$$

also wegen $\sigma = 1$ für Zwanglauf

$$n = 2(\pi + 1) \tag{107}$$

Für die Getriebekette von Abb. 25 a ist

$$x = 8 - 2 \cdot 3 + 2 = 4;$$

die Getriebekette ist zwangläufig.

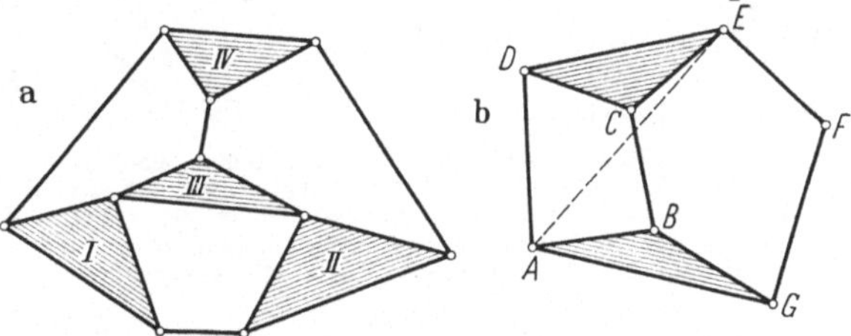

Abb. 25 a und b. Getriebeketten mit Bindern und sich kreuzenden Stäben. a) vier starre Polygone (Dreibinder), drei veränderliche Polygone; b) Kreuzende Stäbe

Beim Auftreten von k kreuzenden Stäben, z. B. Abb. 25 b, treten an Stelle von Gln. (106) und (105) die Gleichungen

$$\sigma = n - 2\pi - 1 - k \tag{108}$$

$$x = n - 2\pi + 2 - k \tag{109}$$

Wichtiger Hinweis: In den Gln. (108) und (109) sind diejenigen Werte für n und π einzusetzen, die nach Wegnahme der „kreuzenden" Stäbe entstehen.

Beispiel (Abb. 25 b). Hier ist wegen des einen kreuzenden Stabes AE also $k = 1$. Nach Wegnahme aus der Getriebekette ist $n = 6$, $\pi = 2$, also nach Gl. (109)

$$x = 6 - 2 \cdot 2 + 2 - 1 = 3$$

Die Getriebekette von Abb. 25 b (einschließlich des kreuzenden Stabes AE) ist also starr.

1.64 Schubketten und gemischte Ketten

Für Schubketten gelten nach WITTENBAUER ([*12*], S. 237)

$$x = n - \pi_s + 2 \tag{110}$$

wobei n die Anzahl der Glieder und π_s die Anzahl der von den Schiebern (Schubgelenken) gebildeten veränderlichen Polygone bedeuten. Für Zwanglauf ($x = 4$) gilt

$$n = \pi_s + 2 \tag{111}$$

Beispiel (Abb. 26): $\pi_s = 3$; $n = 5$; $x = 4$, also Zwanglauf.

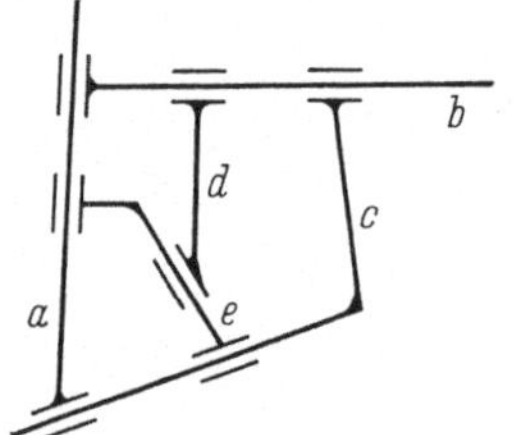

Abb. 26. Zwangläufige Schubkette mit $n = 5$ Gliedern und drei veränderlichen, nur aus Schubgelenken bestehenden veränderlichen Polygonen

1.65 Getriebeketten mit Dreh- und Schubgelenken

Für solche Ketten, z. B. nach Abb. 27 gelten

$$x = n - 2\pi - \pi_s + 2 - k \tag{112}$$

und wegen $x = 4$ für Zwanglauf

$$n - 2\pi - \pi_s - 2 - k = 0 \tag{113}$$

Hierbei sind:

π_s Anzahl der nur aus Schiebern gebildeten veränderlichen Polygone

π Anzahl der übrigen veränderlichen Polygone

Die Werte für n, π, π_s sind der Kette erst dann zu entnehmen, wenn aus ihr die kreuzenden Stäbe entfernt sind.

Im Beispiel von Abb. 27a ist $k = 0$, $n = 5$, $\pi_s = 1$, $\pi = 1$, also nach Gl. (112) $x = 4$; d. h. Zwanglauf.

Die gemischte Kette von Abb. 27b ergibt nach Wegnahme des kreuzenden Stabes e, also $k = 1$, $n = 9$ Glieder mit $\pi_s = 1$ und $\pi = 1$ und nach Gl. (112) für $x = 7$.

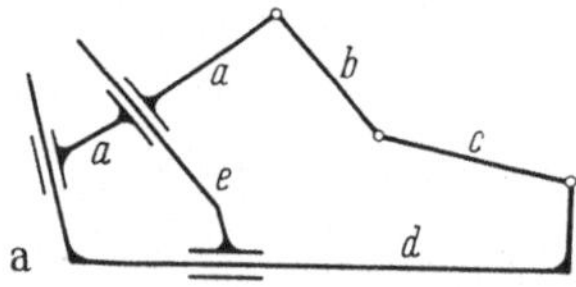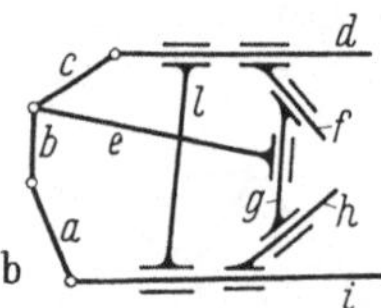

Da man in jeder geschlossenen Schubkette solche Glieder ohne weiteres weglassen kann, die nur zwei Schieber starr verbinden, z. B. Glied l, so liefert Gl. (112) mit $k = 0$, $n = 9$, $\pi_s = 0$, $\pi = 2$ wiederum $x = 7$.

Abb. 27 a und b. Getriebeketten mit Dreh- und Schubgelenken. Zu unterscheiden sind veränderliche Polygone, die nur aus Schubgelenken bestehen (Anzahl π_s) und solche, die außer Schubgelenken auch Drehgelenke enthalten (Anzahl π).
a) $\pi_s = 1$, $\pi = 1$;   b) Gemischte Kette mit kreuzendem Stab l

1.66 Zwanglaufbedingungen anderer Art

Abschließend sei noch die bekannte Formel für den Freiheitsgrad F einer ebenen Getriebekette bzw. eines ebenen Getriebes angegeben

$$F = 3(n - g - 1) + \sum f_i \tag{114}$$

Es bedeuten

n Anzahl der Glieder, g Anzahl der Gelenke, f_i Freiheitsgrad des i-ten Gelenks

bei Drehgelenken ist für jedes Gelenk $f_i = 1$.

Für zwangläufige ebene Getriebe, d. h. für $F = 1$, folgt mit $\sum f_i = g$ das bekannte

Kriterium von M. Grübler

$$2g - 3n + 4 = 0 \tag{115}$$

Auch kann

$$F = x - 3 \tag{116}$$

gesetzt werden; Gl. (114) geht dann über in

$$x = 3(n - g) + \sum f_i \tag{117}$$

Für reine Schubketten ist dagegen (Gl. 114) in

$$F = 2(n - g - 1) + \sum f_i \tag{118}$$

abzuwandeln.

Gemischte Ketten aus Dreh- und Schubgelenken können bezüglich ihres Beweglichkeitsgrades unter gewissen Einschränkungen [5] auch nach Gl. (114) untersucht werden.

1.67   Gleichgewicht der kinematischen Kette

Eine ebene kinematische Kette sei gegenüber dem festen Bezugssystem e_0 frei bewegbar und stehe unter der Einwirkung von Kräften $\mathfrak{P}_\lambda$, die in z Gelenken dieser Kette angreifen. (Vgl. z. B. Abb. 23 b.) Wie viele dieser Kräfte sind nach Größe und Wirkungslinie frei wählbar, wenn die kinematische Kette im Gleichgewicht verharren soll?

Da sich im Falle des Gleichgewichtes die Kette wie ein starres System verhalten wird, müssen die $\mathfrak{P}_\lambda$ einmal die bekannten drei Gleichgewichtsbedingungen erfüllen, zum anderen müßten die zur Starrheit erforderlichen und noch fehlenden Stäbe von der Anzahl σ je die Stabkraft Null besitzen, was σ weitere einschränkende Bedingungen liefert.

Die Anzahl y der frei wählbaren Bestimmungsstücke der Kräfte ist also

$$y = 2z - 3 - \sigma \tag{119}$$

oder gemäß Gl. (108)

$$y = 2z - n + 2\pi - 2 + k \tag{120}$$

Die übrigen $(2z - y)$ Bestimmungsstücke der Kräfte $\mathfrak{P}_\lambda$ können dann durch Konstruktion ermittelt werden.

Beispiel: Geschlossene fünfgelenkige Getriebekette (Abbildung 28). Die fünfgelenkige Getriebekette $ABCDE$ stehe unter der Einwirkung von fünf Kräften $\mathfrak{P}_1$, $\mathfrak{P}_2, \ldots, \mathfrak{P}_5$, die untereinander im Gleichgewicht stehen sollen.

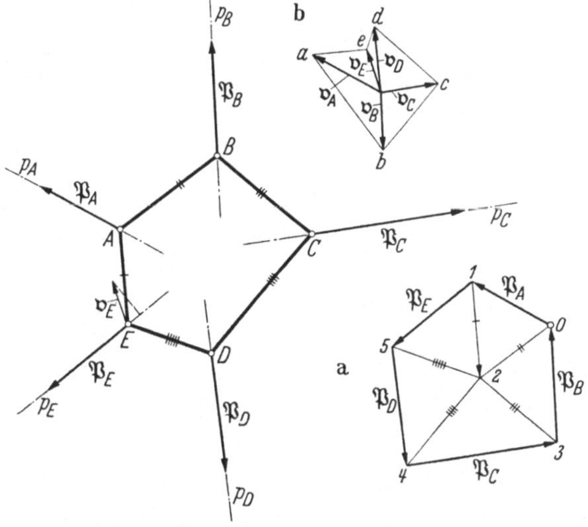

Abb. 28. Gleichgewicht an einer gegenüber dem Gestell beweglichen geschlossenen Fünfgelenkkette.   a) Kräftepolygon; b) Geschwindigkeitsplan

Mit $z = 5$, $n = 5$, $\pi = 1$, $k = 0$ folgt aus Gl. (120) also $y = 5$. Von diesen fünf frei verfügbaren Bestimmungsstücken seien die Wirkungslinien p_A, p_B, p_C, p_D der Kräfte $\mathfrak{P}_A$ bis $\mathfrak{P}_D$, und von $\mathfrak{P}_A$ außerdem der Betrag $|\mathfrak{P}_A| = P_A$ gewählt. Gesucht $\mathfrak{P}_B$, $\mathfrak{P}_C$, $\mathfrak{P}_D$, $\mathfrak{P}_E$.

Der Kräfteplan (Abb. 28a) ist nach den folgenden Vektorgleichungen konstruierbar.

$$\mathfrak{P}_A + (AE) + (AB) = 0; \qquad (BA) + (BC) + \mathfrak{P}_B = 0$$
$$\overrightarrow{01} + \overrightarrow{12} + \overrightarrow{20} = 0; \qquad \overrightarrow{02} + \overrightarrow{23} + \overrightarrow{30} = 0$$
$$(CB) + (CD) + \mathfrak{P}_C = 0; \qquad (DC) + (DE) + \mathfrak{P}_D = 0$$
$$\overrightarrow{32} + \overrightarrow{24} + \overrightarrow{43} = 0; \qquad \overrightarrow{42} + \overrightarrow{25} + \overrightarrow{54} = 0$$

Ergebnis:

$$(ED) + (EA) + \mathfrak{P}_E = 0$$
$$\overrightarrow{52} + \overrightarrow{21} + \overrightarrow{15} = 0$$

Kontrolle nach dem Prinzip der virtuellen Leistungen: Nach Gl. (101) hat die fünfgelenkige Getriebekette wegen $\sigma = 2$ den Beweglichkeitsgrad $x = 3 + 2 = 5$; dies folgt mit $n = 5$ und $\pi = 1$ auch aus Gl. (105).

Es wurden als Bewegungsrichtungen $\alpha, \beta, \gamma, \delta$ von A, B, C, D die Wirkungslinien p_A, p_B, p_C, p_D angenommen und außerdem von $\mathfrak{v}_A$ der Betrag v_A vorgeschrieben.

Abb. 28b zeigt den Geschwindigkeitsplan mit $\mathfrak{v}_A = \overrightarrow{oa}$, $\mathfrak{v}_B = \overrightarrow{ob}$, $\mathfrak{v}_C = \overrightarrow{oc}$, $\mathfrak{v}_D = \overrightarrow{od}$, $\mathfrak{v}_E = \overrightarrow{oe}$.

$$\sum \mathfrak{P}_i \mathfrak{v}_i = \mathfrak{P}_A \mathfrak{v}_A + \mathfrak{P}_B \mathfrak{v}_B + \mathfrak{P}_C \mathfrak{v}_C + \mathfrak{P}_D \mathfrak{v}_D + \mathfrak{P}_E \mathfrak{v}_E = 0$$

wobei die Leistungen der Kräfte $\mathfrak{P}_B$, $\mathfrak{P}_D$ und $\mathfrak{P}_E$ negativ sind.

1.68　Gleichgewicht am Getriebe

Wird ein beliebiges Glied einer kinematischen Kette (Getriebekette) festgehalten, d. h. zum „Standglied" oder Maschinengestell gemacht, so entsteht hieraus beim Antrieb eines Gliedes ein *Getriebe*.

Das Gestell besitze z_g Gelenke, also z_g Lagerkräfte, und muß für sich im Gleichgewicht sein. Es verbleiben für das Gestell also $y_g = 2z_g - 3$ Bestimmungsstücke frei wählbar.

Mit den z_b bewegten Gelenken des Getriebes, an denen weitere Kräfte angreifen sollen, ist die Gesamtzahl der Gelenke, an denen Kräfte angreifen

$$z = z_g + z_b \tag{121}$$

und nach Gl. (119)

$$y = 2(z_g + z_b) - 3 - \sigma \tag{122}$$

Die Anzahl der frei wählbaren Bestimmungsstücke für die an den bewegten Gelenken angreifenden Kräfte ist folglich

$$y_I = y - y_g = 2z_b - \sigma \tag{123}$$

und wegen $\sigma = 1$ für den Sonderfall des Zwanglaufes

$$y_{II} = 2z_b - 1 \tag{124}$$

Ergebnis: Es können also alle an bewegten Gelenken eines zwangläufigen Getriebes angreifenden Kräfte bis auf eine, die sog. „Gleichgewichtskraft" $\mathfrak{R}$, nach Betrag und Wirkungslinie beliebig angenommen werden.

Von $\mathfrak{R}$ selbst kann entweder die Wirkungslinie r oder ihr Betrag $R = |\mathfrak{R}|$ beliebig gewählt werden.

Beispiel: Viergelenkgetriebe $\mathfrak{A} A B \mathfrak{B}$ mit $\mathfrak{A}\mathfrak{B}$ als Gestell. Mit $z_g = 2$ ist für die Auflagerkräfte (da), (dc) also $y_g = 2 \cdot 2 - 3 = 1$ Bestimmungsstück, z. B. Wirkungslinie von (dc) beliebig wählbar (vgl. [*12*], S. 403, Fig. 473, 473a).

2.　Kraftreduktion in ebenen Getrieben

2.1　Die reduzierte Kraft

Nach Gl. (91) gilt für die Gleichgewichtskraft $\mathfrak{R}$, die den an den Gliedern des Getriebes wirkenden Kräften $\mathfrak{P}_i$ das Gleichgewicht hält

$$\mathfrak{R} \mathfrak{v}_A + \sum \mathfrak{P}_i \mathfrak{v}_i = 0 \tag{125}$$

wobei A einen beliebigen Punkt eines beliebigen Getriebegliedes a bedeutet, für das oft eine im Gestell angeordnete Kurbel $a = \overline{\mathfrak{A}A}$ gewählt wird. Bringt man in diesem Punkt A eine Kraft

$$\mathfrak{P}^* = -\mathfrak{R} \qquad (126)$$

an, so gilt nach Gl. (125)

$$\mathfrak{P}^* \mathfrak{v}_A = \sum \mathfrak{P}_i \mathfrak{v}_i \qquad (127)$$

Dies besagt, daß die augenblickliche Leistung der Kraft $\mathfrak{P}^*$ gleich ist der Gesamtleistung, die von den Kräften $\mathfrak{P}_i$ in das Getriebe eingeleitet wird. $\mathfrak{P}^*$ ist also die in A anzuordnende Kraft, welche leistungsmäßig die Gesamtwirkung der äußeren Kräfte $\mathfrak{P}_i$ ersetzt. $\mathfrak{P}^*$ *heißt die nach dem* „*Reduktionspunkt*“ A *reduzierte Kraft der äußeren Kräfte* $\mathfrak{P}_i$.

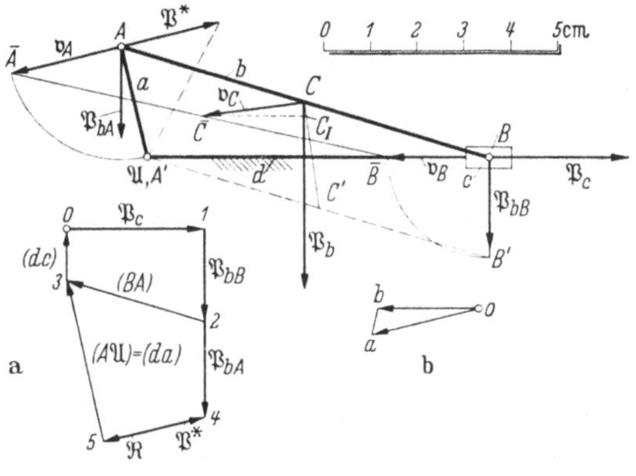

$\mathfrak{P}^*$ ist bestimmbar: Entweder als $-\mathfrak{R}$, d. h. durch Zeichnen von Kräfteplänen und Ermitteln der Gleichgewichtskraft $\mathfrak{R}$ oder nach Gl. (127) bei Annahme eines beliebigen Geschwindigkeitszustandes durch Ermitteln der Summe der Leistungen der von außen eingeprägten Kräfte $\mathfrak{P}_i$.

Hinweis: Da die Geschwindigkeit auf beiden Seiten der Gl. (127) eingeht, können die einzelnen Geschwindigkeiten auch in „cm“ abgegriffen und in Gl. (127) eingesetzt werden.

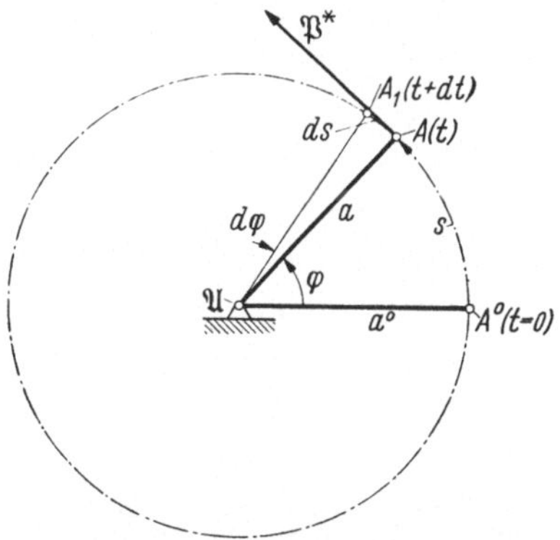

Abb. 29. Gleichgewicht am Getriebe, hier am Schubkurbelgetriebe.   a) Kräfteplan;   b) Geschwindigkeitsplan

Beispiel: In Abb. 29 sind die beiden Verfahren für die Reduktion der Kräfte $\mathfrak{P}_c$ und $\mathfrak{P}_b$ am Schieber c und an der Koppel b des Schubkurbelgetriebes a, b, c, d erläutert. Reduktionspunkt A, Richtung von $\mathfrak{P}^*$ sei senkrecht auf $\overline{\mathfrak{A}A}$.

Der Kräfteplan (Abb. 29a) liefert $\mathfrak{P}^* = -\mathfrak{R} = \overrightarrow{54}$. In Verbindung mit dem Geschwindigkeitszustand (Abb. 29b) bzw. gedrehten Geschwindigkeiten folgt aus Gl. (127) $\mathfrak{P}^* \cdot 2,4 = 4 \cdot 0,3 + (-3 \cdot 2,15)$; $\mathfrak{P}^* = -2,2$ cm $\stackrel{\wedge}{=} -22$ kg   mit $M_k = 0,1$ cm/kg.

2.2   Arbeit der äußeren Kräfte

Die reduzierte Kraft $\mathfrak{P}^*$ vom Betrag $|\mathfrak{P}^*| = P^*$ ist mit wechselnder Getriebestellung veränderlich.

Ist φ der im Bogenmaß gemessene Kurbelwinkel und befindet sich der Reduktionspunkt A zur Zeit $t = 0$ in A^0, zur Zeit t in A, so daß der Kreisbogen A^0A den Weg s des Reduktionspunktes darstellt (Abb. 30), so liefert

$$s = a\varphi, \qquad ds = a\,d\varphi \qquad (128a, b)$$

für das Differential dA der Arbeit A der reduzierenden Kraft $\mathfrak{P}^*$

$$dA = P^*\,ds \qquad (129)$$

Abb. 30. Einführung der sog. „reduzierten“ Kraft $\mathfrak{P}^*$, Arbeit der reduzierten Kraft, $A = $ Reduktionspunkt, $s = $ Weg des Reduktionspunktes

und für die Gesamtarbeit A beim kontinuierlichen Übergang aus der Lage $s_1 = a\,\varphi_1$ in die Lage $s_2 = a\,\varphi_2$

$$A = A_{1 \div 2} = \int\limits_{s_1}^{s_2} P^* \, ds = \int\limits_{\varphi_1}^{\varphi_2} P^* \, a \, d\varphi \tag{130}$$

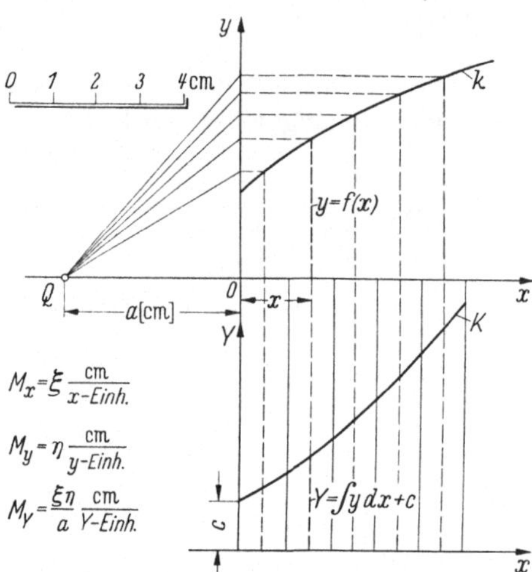

Abb. 31. Grundlagen zur graphischen Integration. Ermitteln von $Y = \int y\,dx + c$ aus $y = f(x)$; $k = $ Differentialkurve, $K = $ Integralkurve

oder nach Einführung des nach der Kurbel a reduzierten Kraftmomentes M^* bezüglich $\mathfrak{A}$

$$M^* = P^* \, a \tag{131}$$

auch

$$A = \int\limits_{\varphi_1}^{\varphi_2} M^* \, d\varphi \tag{132}$$

Ist also $\mathfrak{P}^*$ zeichnerisch für die einzelnen Getriebestellungen als Funktion $P^*(s)$ bestimmt worden, so kann A durch graphische Integration gemäß Abbildung 31 aus dem P^*-s-Diagramm ermittelt werden (Abbildung 32). Zum

Kräftemaßstab:

$$M_P = k \text{ cm/kg} \tag{133}$$

Wegmaßstab:

$$M_s = \alpha \text{ cm/m} \tag{134}$$

und der in „cm" einzusetzenden Hilfsstrecke a gehört der Maßstab für die mechanische Arbeit

$$M_A = \frac{k\,\alpha}{a} \text{ cm/mkg} \tag{135}$$

2.21 Beispiel: Kraftreduktion am Viergelenkgetriebe (Abb. 33)

Gegeben: Viergelenkgetriebe $\mathfrak{A}AB\mathfrak{B}$ mit folgenden Abmessungen:

$$a = \overline{\mathfrak{A}A} = 1000 \text{ mm}$$
$$b = \overline{AB} = 2200 \text{ mm}$$
$$c = \overline{\mathfrak{B}B} = 1600 \text{ mm}$$
$$\overline{\mathfrak{A}\mathfrak{B}'} = 1540 \text{ mm}$$
$$\overline{\mathfrak{B}'\mathfrak{B}} = 420 \text{ mm}$$
$$\overline{\mathfrak{A}S_a} = 500 \text{ mm}$$
$$\overline{A S_b} = 550 \text{ mm}$$
$$\overline{\mathfrak{B}S_c} = 1280 \text{ mm}$$
$$\sphericalangle\, \mathfrak{A}\mathfrak{B}'\mathfrak{B} = 90°$$

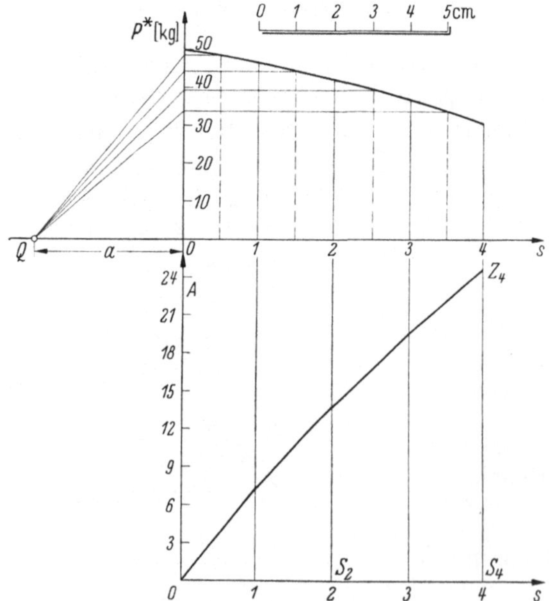

Abb. 32. Ermitteln des Arbeit-Weg-Diagramms (A-s-Diagramm) aus dem Diagramm der reduzierten Kraft P^*, deren Verlauf in Abhängigkeit vom Weg s des Reduktionspunktes gegeben ist. Kräftemaßstab: $M_P = 0{,}1$ cm/kg, Wegmaßstab: $M_s = (40/3)$ cm/m, Maßstab für die mechanische Arbeit A: $M_A = 1/3$ cm/mkg, Konstante $a = 4$ cm

Die sämtlichen parallelen Drehachsen k_{ad}, k_{ba}, k_{cb}, k_{cd} seien horizontal angeordnet.

Ausgangsstellung $(A_0 \equiv A)$ des Viergelenkgetriebes $\varphi_0 = \sphericalangle\, x\, \mathfrak{A} A_0 = 17°$, tg $17° = 0{,}3057$. Stellung Nr. 16 durch $\overline{A_0 A_{16}} = 1864$ mm oder $\sphericalangle A_0 \mathfrak{A} A_{16} = 137{,}5°$. Weg des Reduktionspunktes A, gemessen von A_0 aus auf Kreisbogen α bis A_{16} ist $s_{0 \div 16} = 2400$ mm. Weg-Intervalle $\varDelta s = s_{0 \div 1} = s_{1 \div 2} = \ldots = 150$ mm.

Gewichte und Massen:

$G_a = 25$ kg; $m_a = 2{,}55$ kgs²/m
$G_b = 40$ kg; $m_b = 4{,}08$ kgs²/m
$G_c = 10$ kg; $m_c = 1{,}02$ kgs²/m

Massenträgheitsmomente:

$I_{sa} = 0{,}179$ kgms²; $I_{a\mathfrak{A}} = I_a = 0{,}816$ kgms²; $i_{sa} = 0{,}265$ m
$I_{sb} = 1{,}12$; kgms² $i_{sb} = 0{,}524$ m
$I_{sc} = 0{,}88$ kgms²; $I_{c\mathfrak{B}} = 2{,}55$ kgms²; $i_{sc} = 0{,}937$ m

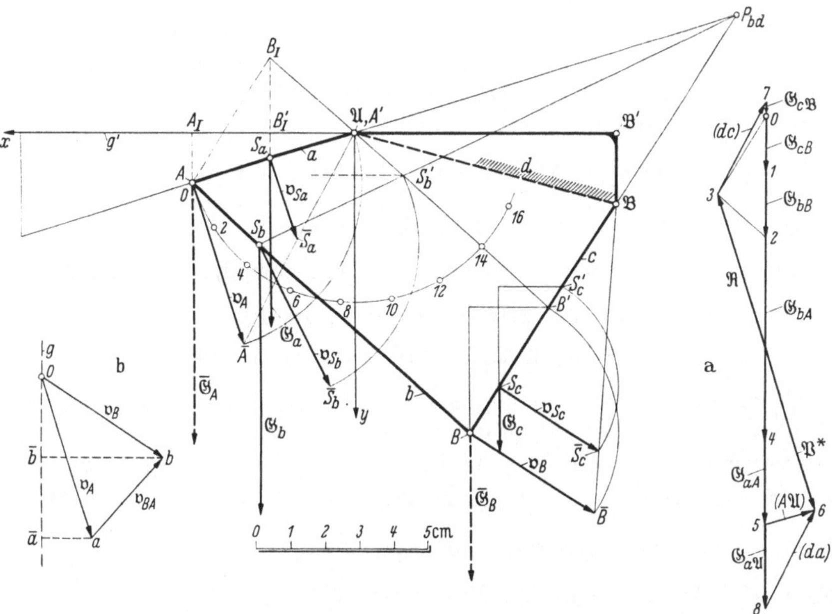

Abb. 33. Ermitteln der reduzierten Kraft $\mathfrak{P}^*$ der Gewichte $\mathfrak{G}_i$ eines Viergelenkgetriebes für die Kurbelzapfenmitte A als Reduktionspunkt. Statische Aufteilung der Gewichte auf die Gelenke.   a) Kräfteplan; b) Geschwindigkeitsplan

Gesucht: a) Reduzierte Kraft $\mathfrak{P}^*$ der Gewichte $\mathfrak{G}_a$, $\mathfrak{G}_b$, $\mathfrak{G}_c$ mit der Kurbelzapfenmitte A als Reduktionspunkt und der Wirkungslinie $p^* \perp \overline{\mathfrak{A} A}$ für die Stellungen $0 \div 4$.

b) Die mechanische Arbeit A aus dem P^*-s-Diagramm in Abhängigkeit vom Weg s des Reduktionspunktes A und die mechanische Arbeit $A_{0 \div 4}$ während des Überganges aus der Stellung 0 in die Stellung 4.

2.211 Getriebestatische Lösung zu a. Aufteilung von $\mathfrak{G}_a = \mathfrak{G}_{aA} + \mathfrak{G}_{a\mathfrak{A}}$ nach A und $\mathfrak{A}$, von $\mathfrak{G}_b = \mathfrak{G}_{bA} + \mathfrak{G}_{bB}$ nach A und B, desgl. $G_c = \mathfrak{G}_{cB} + \mathfrak{G}_{c\mathfrak{B}}$ nach B und $\mathfrak{B}$.

Man erhält: $G_{a\mathfrak{A}} = G_{aA} = 12{,}5$ kg, $G_{bA} = 30$ kg, $G_{bB} = 10$ kg, $G_{cB} = 8$ kg, $G_{c\mathfrak{B}} = 2$ kg.

Im Kräfteplan (Abb. 33a) mit Kräftemaßtsab $M_P = \tfrac{1}{5}$ cm/kg gelten:

$$\mathfrak{G}_{cB} + \mathfrak{G}_{bB} + (BA) + (B\mathfrak{B}) = 0$$
$$\overrightarrow{01} + \overrightarrow{12} + \overrightarrow{23} + \overrightarrow{30} = 0$$

und für die Gleichgewichtskraft $\mathfrak{R}$ in A und senkrecht $\overline{A\mathfrak{A}}$.

$$(AB) + \mathfrak{G}_{bA} + \mathfrak{G}_{aA} + (A\mathfrak{A}) + \mathfrak{R} = 0$$
$$\overrightarrow{32} + \overrightarrow{24} + \overrightarrow{45} + \overrightarrow{56} + \overrightarrow{63} = 0$$

Ergebnis:

$$\mathfrak{P}^* = -\mathfrak{R} = \overrightarrow{36}; \qquad P^* = 49{,}36\ \text{kg}$$

2.212 Lösung nach dem Prinzip der virtuellen Leistungen. Gewählt sei $\mathfrak{v}_A = A\overline{A}$, in der Zeichnung dargestellt durch die Kurbellänge $\overline{\mathfrak{A}A}$. Ermitteln von $\mathfrak{v}_{S_a}$, $\mathfrak{v}_B$, $\mathfrak{v}_{S_b}$, $\mathfrak{v}_{S_c}$ nach Abb. 33 oder nach Plan analog Abb. 15a als Vektoren $\mathfrak{v}_{S_a} = \overrightarrow{os_a}$, $\mathfrak{v}_B = \overrightarrow{ob}$, $\mathfrak{v}_{S_b} = \overrightarrow{os_b}$, $\mathfrak{v}_{S_c} = \overrightarrow{os_c}$. Projizieren dieser Geschwindigkeitspunkte s_a, b, s_b, s_c auf die durch o zu den parallelen Wirkungslinien der Gewichte $\mathfrak{G}_i$ gezeichnete parallele Gerade g nach $\overline{s}_a$, b, $\overline{s}_b$, $\overline{s}_c$ und dann die folgenden Leistungsprodukte bilden

$$\mathfrak{P}^*\,\mathfrak{v}_A = \sum \mathfrak{G}_i\,\mathfrak{v}_i = \mathfrak{G}_a\,\mathfrak{v}_{s_a} + \mathfrak{G}_b\,\mathfrak{v}_{s_b} + \mathfrak{G}_c\,\mathfrak{v}_{s_c}$$
$$P^*\,\overline{o\,a} = G_a\,\overline{o\,\overline{s}_a} + G_b\,\overline{o\,\overline{s}_b} + G_c\,\overline{o\,\overline{s}_c}$$

Mit den in „cm" abgegriffenen Strecken der Geschwindigkeiten folgt

$$P^* \cdot 5 = 25 \cdot 2{,}45 + 40 \cdot 4{,}15 + 10 \cdot 1{,}95$$
$$P^* = 49{,}35\ \text{kg mit Richtungssinn von } \mathfrak{v}_A$$

Ist $\mathfrak{P}^*$ für mehrere Kurbelstellungen 0, 1, 2, 3 $\ldots$ zu ermitteln, so ist — wie hier ausgeführt — zweckmäßig wie folgt zu verfahren.

Man vereinigt die Kräfte $\mathfrak{G}_{aA}$ und $\mathfrak{G}_{bA}$ in A zur Kraft $\overline{\mathfrak{G}}_A = \mathfrak{G}_{aA} + \mathfrak{G}_{bA}$ und ebenso die Kräfte $\mathfrak{G}_{bB}$ und $\mathfrak{G}_{cB}$ zu $\overline{\mathfrak{G}}_B = \mathfrak{G}_{bB} + \mathfrak{G}_{cB}$ in B und erhält $\mathfrak{P}^*$ aus

$$\mathfrak{P}^*\,\mathfrak{v}_A = \overline{\mathfrak{G}}_A\,\mathfrak{v}_A + \overline{\mathfrak{G}}_B\,\mathfrak{v}_B$$

mit $\overline{G}_A = 42{,}5$ kg, $\overline{G}_B = 18$ kg. Projizieren von $\mathfrak{v}_A = \overrightarrow{oa}$, $\mathfrak{v}_B = \overrightarrow{ob}$ auf die Kraftrichtung g des Geschwindigkeitsplanes (Abb. 33b) liefert $\overline{o\overline{a}} = 4{,}75$ cm und $\overline{o\overline{b}} = 2{,}38$ cm und damit

$$P^* \cdot 5 = 42{,}5 \cdot 4{,}80 + 18 \cdot 2{,}38, \qquad P^* = 49{,}36\ \text{kg}$$

Noch zweckmäßiger ist die Benutzung des Planes der gedrehten Geschwindigkeiten mit

$$\mathfrak{v}_A^\prime = \overrightarrow{A\mathfrak{A}}, \qquad \mathfrak{v}_B = \overrightarrow{AB_I}, \qquad \overline{AB_I}\ \ \overline{B\mathfrak{B}}, \qquad \overline{A'B'}\ \ \overline{AB}$$

wobei die gedrehten Geschwindigkeiten $\mathfrak{v}_A^\prime$ und $\mathfrak{v}_B^\prime$ auf die um $90°$ gedrehte Kraftrichtung g' nach $\overrightarrow{A_I\mathfrak{A}}$ und $\overrightarrow{A_IB_I'}$ zu projizieren sind; d. h.

$$P^* \cdot \overline{A\mathfrak{A}} = \overline{G}_A \cdot \overline{A_I\mathfrak{A}} + \overline{G}_B \cdot \overline{A_IB_I'}$$

Hinweis: Derartige Vorüberlegungen sind immer dann angebracht, wenn P^* für mehrere Getriebestellungen zu ermitteln ist, und zwar durch Ziehen einer

Kleinstzahl von Hilfslinien. Hierdurch wird geringerer Zeichenaufwand und größere Genauigkeit der zeichnerischen Lösung erreicht.

Die Durchführung der Kraftreduktion für die Stellungen $0 \div 4$ liefert

Zahlentafel I

Stellung	0	1	2	3	4
P (in kg)	49,36	46,53	41,83	37,13	30,55

$$(136)$$

und das $P^*\text{-}s$-Diagramm von Abb. 32. Aus diesem ist in bekannter Weise die dazugehörige Integralkurve, d. h. die $A\text{-}s$-Kurve der von den Gewichten $\mathfrak{G}_i$ verrichteten mechanischen Arbeit, ermittelt worden.

Aus

$$Kräftema\beta stab: \quad M_P = \frac{1}{10}\,\frac{cm}{kg}$$

$$Wegma\beta stab: \quad M_s = \frac{40}{3}\,\frac{cm}{m}$$

folgt mit $a = 4$ cm nach Gl. (135).

Maßstab der mechanischen Arbeit:

$$M_A = \frac{\dfrac{1}{10}\cdot\dfrac{40}{3}}{a} = \frac{1}{3}\,\frac{cm}{mkg}$$

also nach Abb. 32

$$A_{0\div 4} = \frac{\overline{S_4 Z_4}}{M_A} = \frac{8,25}{(1/3)} = 24,75 \text{ mkg}$$

$$A_{0\div 2} = \frac{\overline{S_2 Z_2}}{M_A} = \frac{4,6}{(1/3)} = 13,8 \text{ mkg}$$

2.213 Kontrollen: a) Durch *Simpsonsche Regel:* Mit der Breite h des Abszissenintervalls, der Anfangsordinate y_a, der Mittelordinate y_m und der Endordinate y_e gilt

$$\int\limits_{x_a}^{x_e} f(x)\,dx \sim \frac{h}{6}\,(y_a + 4\,y_m + y_e) \tag{137}$$

also

$$A_{0\div 2} = \int\limits_{s_0=0}^{s_2} P^*\,ds = \frac{0,3}{6}\,(49,36 + 4\cdot 46,53 + 41,83) = 13,87 \text{ mkg}$$

$$A_{2\div 4} = \int\limits_{s_2}^{s_4} P^*\,ds = \frac{0,3}{6}\,(41,83 + 4\cdot 37,13 + 30,55) = 11,05 \text{ mkg}$$

und

$$A_{0\div 4} = A_{0\div 2} + A_{2\div 4} = \mathbf{24{,}92\ mkg}$$

was mit dem durch graphische Integration gefundenen Wert von 24,75 mkg gut übereinstimmt.

b) *Aus der Verlagerung der Schwerpunkte S_i:* Sind in dem $x\,y$-Koordinatensystem von Abb. 34 $y_{i,a}$ die Ordinaten der Schwerpunkte S_i der einzelnen Glieder einer Ausgangsstellung und $y_{i,e}$ die entsprechenden Ordinaten in einer anderen

Getriebestellung (Endstellung), so ist im vorliegenden Sonderfall

$$A_{a \div e} = \sum G_i (y_{i,e} - y_{i,a}) = \sum G_i \Delta y_i$$

Es sind also die einzelnen Gewichte G_i mit den vertikalen Senkwegen der dazugehörigen Schwerpunkte S_i zu multiplizieren. (Vorzeichen für Heben bzw. Senken beachten!)

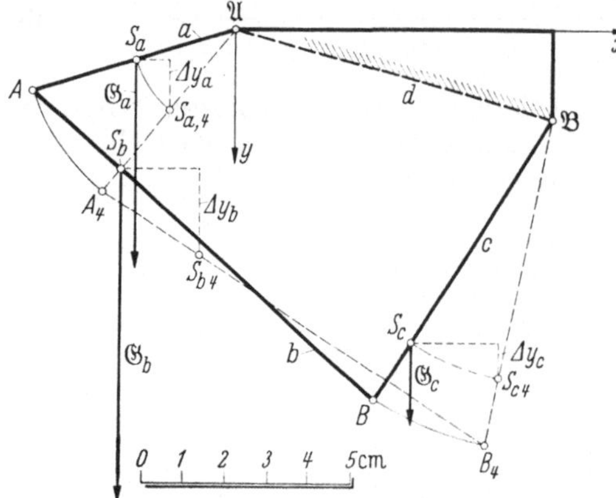

Abb. 34. Ermitteln der Arbeit A der reduzierten Kraft $\mathfrak{P}^*$ im Beispiel der Abb. 33 aus den von den Schwerpunkten der einzelnen Glieder in vertikaler Richtung zurückgelegten Wegen

Im vorliegenden Beispiel ist mit den Δy_i von Abb. 34

$$A_{0 \div 4} = 25 \cdot (0{,}24)$$
$$+ 40(0{,}42) + 10(0{,}17)$$
$$A_{0 \div 4} = 24{,}5 \text{ mkg}$$

was mit den obigen Ergebnissen hinreichend genau übereinstimmt.

2.3 Kraftmomente an Getriebegliedern

Die bereits behandelten Beispiele zur Ermittlung der Gleichgewichtskraft $\mathfrak{R}$ sind gleichzeitig Beispiele für Kraftreduktion, da $\mathfrak{P}^* = -\mathfrak{R}$.

Wirkt an einem beliebig komplan bewegten Getriebeglied b ein Kraftmoment $\mathfrak{M}$ vom Betrag $|\mathfrak{M}| = M$, so ist sein Anteil $\mathfrak{P}^*_{\mathfrak{M}}$ an der nach A reduzierten Kraft $\mathfrak{P}^*$ durch

$$\mathfrak{P}^*_{\mathfrak{M}} \mathfrak{v}_A = \mathfrak{M} \overline{\omega} \tag{138}$$

bestimmt. Hierbei bedeutet $\overline{\omega}$ die Winkelgeschwindigkeit des betreffenden Getriebegliedes gegenüber dem Gestell d.

Für zwei Punkte A, B von b (z. B. Abb. 33) gilt

$$\omega = |\overline{\omega}| = \omega_{bd} = \frac{v_{BA}}{\overline{AB}} \tag{139}$$

also

$$P^*_{\mathfrak{M}} v_A = M \frac{v_{BA}}{\overline{AB}}$$

oder nach Aufteilung von $\mathfrak{M}$ als Kräftepaar $(\mathfrak{R}, -\mathfrak{R})$ mit $\mathfrak{R}$ in A, $-\mathfrak{R}$ in B, $\mathfrak{R} \perp AB$ und $M = K \cdot \overline{AB}$ auch

$$P^*_{\mathfrak{M}} v_A = K v_{BA} \tag{140}$$

Für den Richtungssinn von $\mathfrak{P}^*_{\mathfrak{M}}$ ist der Drehsinn von $\mathfrak{M}$ und $\overline{\omega}$ zu beachten. Sind beide Drehsinne positiv oder beide negativ, d. h. im Uhrzeigersinn bzw. im Gegensinn des Uhrzeigers wirkend, so ist $P^*_{\mathfrak{M}} v_A$ positiv, andernfalls haben $\mathfrak{P}^*_{\mathfrak{M}}$ und $\mathfrak{v}_A$ verschiedenen Richtungssinn.

Beispiel: Schubkurbelgetriebe (Abb. 35). An der Koppel $b = \overline{AB}$ des Schubkurbelgetriebes von Abb. 35 greife das Moment $\mathfrak{M}$ vom Betrag $M = +16$ mkg (Uhrzeigersinn) an. Außerdem wirke in B an c in der Schubrichtung $\mathfrak{A}B$ die Kraft $\mathfrak{Q}$ mit $Q = |\mathfrak{Q}| = 50$ kg. Gesucht wird die reduzierte Kraft $\mathfrak{P}^*$ in A von a in der Wirkungslinie von $\mathfrak{v}_A$.

Gegeben: $a = \overline{\mathfrak{A}A} = 300$ mm, $b = \overline{AB} = 800$ mm, $\sphericalangle A\mathfrak{A}B = 30°$, *Zeichenmaßstab:* $M_z = 10$ cm/m.

Gewählt: $\overline{\omega}_{ad} = +1\ s^{-1}$, *Kräftemaßstab.* $M_P = 0{,}1$ cm/kg, *Geschwindigkeits-maßstab:* $M_v = M_z/\omega_{ad} = 10$ cm/ms^{-1}

Lösung 1:

Ersetze $|\mathfrak{M}| = M = 16$ mkg mit $Kb = M$ durch das Kräftepaar $(\mathfrak{K}, -\mathfrak{K})$, also $K = 16/0{,}8 = 20$ kg, verteile die Kräfte $\mathfrak{K}$ nach A und $-\mathfrak{K}$ nach B und zeichne den Kräfteplan von Abb. 35a.

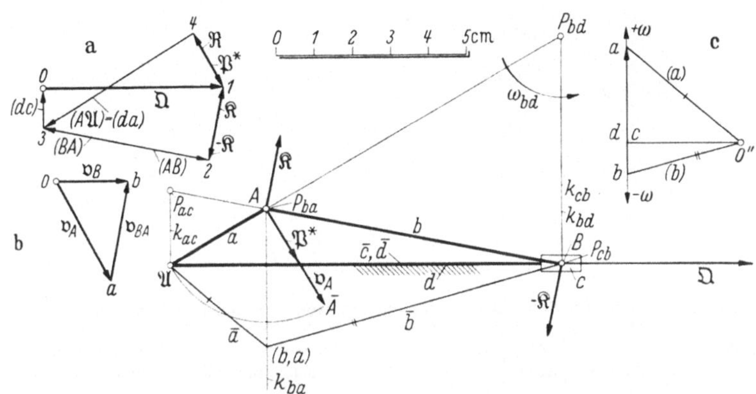

Abb. 35. Ermitteln der reduzierten Kraft $\mathfrak{P}^*$ aus der Abtriebskraft $\mathfrak{Q}$ am Glied c und einem an der Koppel b wirkenden Moment $\mathfrak{M}$ des Kräftepaares $\mathfrak{K}, -\mathfrak{K}$. a) Kräfteplan; b) Geschwindigkeitsplan; c) Winkelgeschwindigkeitsplan

Gleichgewichtskraft $\mathfrak{K} = \overrightarrow{14}$.
Reduzierte Kraft

$$\boxed{\mathfrak{P}^* = -\mathfrak{K} = \overrightarrow{41} = 16{,}3\ \text{kg}}$$

Lösung 2:

$$\mathfrak{P}^*\,\mathfrak{v}_A = \mathfrak{M}\,\overline{\omega}_{bd} + \mathfrak{Q}\,\mathfrak{v}_B$$

Aus dem Geschwindigkeitsplan (Abb. 35b) folgt

$$v_A = 0{,}3 \cdot 1 = 0{,}3\ \text{ms}^{-1}, \qquad \omega_{bd} = \frac{v_{BA}}{\overline{AB}} = \frac{2{,}6/10}{8/10} = 0{,}325\ \text{s}^{-1}$$

$$\overline{\omega}_{bd} = -0{,}325\ \text{s}^{-1}, \qquad\qquad v_B = 0{,}203\ \text{ms}^{-1}$$

also

$$P^* \cdot 0{,}3 = (+16)\,(-0{,}325) + 50 \cdot 0{,}203; \qquad P = +16{,}5\ \text{kg}$$

Kontrollen: $\omega_{bd} = v_A/\overline{AP_{bd}}$ oder $\overline{\omega}_{bd} = \overrightarrow{db}$ des Winkelgeschwindigkeitsplanes ([*1 d*], S. 11, 85) von Abb. 35c mit $M_\omega = 2{,}5$ cm/s^{-1}.

2.31 Anwendungsgebiete der Kraftreduktion

Die reduzierte Kraft $\mathfrak{P}^*$ der äußeren Kräfte $\mathfrak{P}_i$ wird in Verbindung mit der *sog. „reduzierten Masse m^*"* zur Lösung der *I. Wittenbauerschen Grundaufgabe* benötigt (vgl. z. B. Ziff. 3,36).

Auch können die Verfahren der Kraftreduktion zur zeichnerischen Ermittlung der genannten reduzierten Masse m^* und von dm^*/ds dienen (vgl. Ziff. 5).

3. Kinetische Energie des Getriebes

3.1 Kinetische Energie des komplan bewegten Getriebegliedes (Abb. 36)

Dreht sich das komplan bewegte Glied b gegenüber dem Gestell d momentan um den Pol $P = P_{bd}$ mit der Winkelgeschwindigkeit $\overline{\omega} = \overline{\omega}_{bd}$ vom Betrag

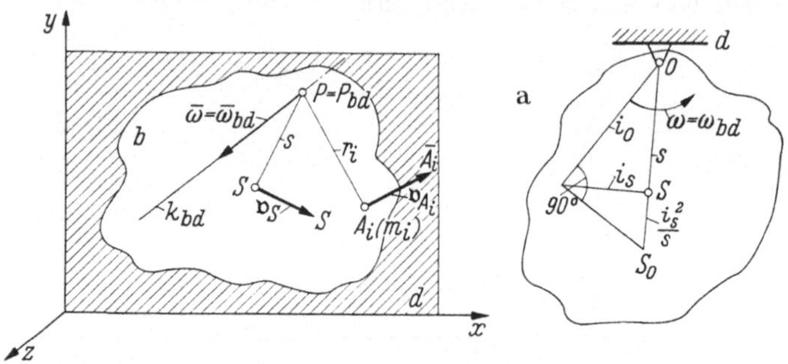

Abb. 36. Komplan bewegtes Getriebeglied b, drehend um Momentanpol P mit Winkelgeschwindigkeit $\overline{\omega}$. Schwerpunktsgeschwindigkeit v_S. Bestimmungsstücke für Berechnung der kinetischen Energie L des Getriebegliedes aus Schwerpunktsgeschwindigkeit v_S und Massenträgheitsmoment I_S für die zur Momentandrehachse k_{bd} parallele Schwerpunktsachse. a) Sonderfall: Um festen Drehpunkt O rotierendes Getriebeglied

$|\overline{\omega}| = \omega$, so hat die Masse m_i im Punkt A_i von b im Abstand $r_i = \overline{PA_i}$ die kinetische Energie

$$L_i = \frac{m_i}{2}\, v_{A_i}^2 = \frac{m_i}{2}\,(\omega\, r_i)^2 = \frac{m_i\, r_i^2}{2}\,\omega^2$$

Die gesamte kinetische Energie L von b ist also

$$L = \frac{\sum m_i\, r_i^2}{2}\,\omega^2 = \frac{I_P}{2}\,\omega^2 \tag{141}$$

Hierbei bedeutet

$$\sum m_i\, r_i^2 = I_P \tag{142}$$

das *Massenträgheitsmoment* von b für die durch P gelegte momentane Drehachse k_{bd}.

Werden eingeführt:

$I_s =$ Massenträgheitsmoment von b für die Achse $k_s \| k_{bd}$ durch Schwerpunkt S von b

$m =$ Masse des Getriebegliedes b

$i_s = \sqrt{\dfrac{I_s}{m}} =$ Trägheitshalbmesser von I_s für die Achse durch S

$v_s =$ Geschwindigkeit des Schwerpunktes bezüglich des Gestells d

$s = \overline{PS} =$ Abstand des Schwerpunktes S vom Momentanpol P

so liefert der *Steinersche Satz*

$$I_P = m\, s^2 + I_s \tag{143}$$

unter Beachtung von

$$v_s = s\,\omega$$

gemäß Gl. (141)

$$L = \frac{m\, s^2}{2}\,\omega^2 + \frac{I_s}{2}\,\omega^2 = \frac{m}{2}\,(s\,\omega)^2 + \frac{I_s}{2}\,\omega^2$$

$$\boxed{L = \frac{m}{2}\, v_s^2 + \frac{I_s}{2}\,\omega^2} \tag{144}$$

oder wegen

$$I_s = m\, i_s^2 \tag{145}$$

auch

$$L = \frac{m}{2}\,(v_s^2 + i_s^2\,\omega^2) \tag{146}$$

$$L = \frac{m}{2}\,v_s^2\left[1 + \left(\frac{i_s}{s}\right)^2\right] \tag{147}$$

$$L = \frac{m}{2}\,\omega^2\,[i_s^2 + s^2] = \frac{m\,i_P^2}{2}\,\omega^2 \tag{148}$$

mit

$$\boxed{i_P^2 = i_s^2 + s^2} \tag{149}$$

d. h. mit

$i_p =$ Trägheitshalbmesser von b für die Achse k_{bd} durch P

3.11 Sonderfall

Im Gestell d bei 0 drehbar gelagerte Getriebeglieder b (Abb. 36a) haben die kinetische Energie

$$L = \frac{I_0}{2}\,\omega^2 = \frac{m\,i_0^2}{2}\,\omega^2 \tag{150}$$

mit

$I_0 = m\,i_0^2 =$ Massenträgheitsmoment des Getriebegliedes für die Drehachse 0 des gestellfesten Gelenks

$\omega =$ Winkelgeschwindigkeit des gestellgelagerten Gliedes b gegenüber dem Gestell d

$i_0 =$ Trägheitshalbmesser von Glied b bezüglich Achse durch 0

Anmerkung: Für die folgende Untersuchung sollen die nachstehenden Bezeichnungen gelten:

$I_b = m\,i_b^2$ Massenträgheitsmoment des beliebig komplan bewegten Getriebegliedes b für die Drehachse durch den Schwerpunkt S_b von b

   i_b Trägheitshalbmesser von I_b

   ω_λ Winkelgeschwindigkeit des λ-ten komplan bewegten Getriebegliedes gegenüber dem Gestell

   I_μ Massenträgheitsmoment für Drehachse eines gestellfest gelagerten Getriebegliedes

   ω_μ Winkelgeschwindigkeit des μ-ten gestellfest gelagerten Getriebegliedes

   v_λ Schwerpunktgeschwindigkeit des λ-ten komplan bewegten Getriebegliedes

3.2   Kinetische Energie des Getriebes

Die kinetische Energie L^* eines ebenen Getriebes ist gleich der Summe der kinetischen Energien der einzelnen Getriebeglieder.

$$L^* = \sum L_\lambda + \sum L_\mu$$

$$L^* = \sum \left(\frac{m_\lambda}{2}\,v_\lambda^2 + \frac{I_\lambda}{2}\,\omega_\lambda^2\right) + \sum \frac{I_\mu}{2}\,\omega_\mu^2 \tag{151}$$

3.21   Beispiel: Viergelenkgetriebe (Abb. 33)

Für das in Ziff. 2.21 behandelte Viergelenkgetriebe und den dort angenommenen Geschwindigkeitszustand $\omega_{ad} = 1\,\mathrm{s}^{-1}$ ist die kinetische Energie L^* zu berechnen.

Unter Beachtung von: Zeichenmaßstab $M_z = 5$ cm/m, Geschwindigkeitsmaßstab $M_v = 5$ cm/ms^{-1} werden der Abb. 33 entnommen:

$$v_{S_b} = 0,926 \, \frac{\mathrm{m}}{\mathrm{s}}, \qquad \omega_{bd} = \frac{v_{BA}}{\overline{AB}} = \frac{3,3/5}{11/5} = 0,3 \ \mathrm{s}^{-1}$$

$$\omega_{ad} = 1 \, \mathrm{s}^{-1}, \qquad \omega_{cd} = \frac{v_B}{\overline{B\mathfrak{B}}} = \frac{4,4/5}{8/5} = 0,55 \ \mathrm{s}^{-1}$$

Mit den gegebenen Massenträgheitsmomenten von Ziff. 2.21 folgt

$$L^* = \frac{m_b}{2} \, v_{sb}^2 + \frac{I_b}{2} \, \omega_{bd}^2 + \frac{I_{a\mathfrak{A}}}{2} \, \omega_{ad}^2 + \frac{I_{c\mathfrak{B}}}{2} \, \omega_{cd}^2$$

$$L^* = \frac{4,08}{2} \cdot 0,926^2 + \frac{1,12}{2} \cdot 0,3^2 + \frac{0,816}{2} \cdot 1^2 + \frac{2,55}{2} \cdot 0,55^2$$

$$L^* = 1,749 \qquad + 0,050 \qquad + 0,408 \qquad + 0,386 = 2,593 \ \mathrm{kgm}$$

3.3   Die reduzierte Masse. Massenreduktion

Denkt man sich in einem Punkt eines Getriebegliedes, zumeist im Kurbelzapfenmittelpunkt A einer im Gestell angeordneten Kurbel a vom Halbmesser a und der Geschwindigkeit v_A, eine fiktive Masse m^* „punktförmig" konzentriert, so hat diese Punktmasse m^* die kinetische Energie

$$L' = \frac{m^*}{2} \, v_A^2 \tag{152}$$

Man kann nun m^* so bestimmen, daß diese Masse die gleiche kinetische Energie wie die gesamte getriebliche Anordnung besitzt, daß also

$$L' = L^* \tag{153}$$

d. h.

$$\boxed{\frac{m^*}{2} \, v_A^2 = L^*, \qquad m^* = \frac{2}{v_A^2} \, L^*} \tag{154a, b}$$

In diesem Fall heißt die so erhaltene Punktmasse m^* die nach dem Reduktionspunkt A „*reduzierte Masse*". Die Verfahren zur Ermittlung von m^* werden als „*Massenreduktion*" bezeichnet.

Aus Gl. (151) folgt wegen $v_A = a\,\omega$

$$m^* = \sum \left[m_\lambda \left(\frac{v_\lambda}{v_A} \right)^2 + \frac{I_\lambda}{a^2} \left(\frac{\omega_\lambda}{\omega} \right)^2 \right] + \sum \frac{I_\mu}{a^2} \left(\frac{\omega_\mu}{\omega} \right)^2 \tag{155}$$

d. h. die „*reduzierte*" Masse ist nur von dem Verhältnis der Geschwindigkeiten bzw. Winkelgeschwindigkeiten, also vom Betrag der eingeleiteten Winkelgeschwindigkeit unabhängig.

Folgerung: Die Größe der reduzierten Masse m^* ist — abgesehen von der beliebigen Wahl des Reduktionspunktes — bereits durch die Getriebestellung, d. h. durch die gegenseitige Anordnung der Getriebeglieder bestimmt und somit beim kontinuierlichen Durchlaufen der einzelnen Getriebestellungen eine Funktion des Kurbelwinkels φ der Reduktionskurbel bzw. des Weges s des Reduktionspunktes

$$m^* = m^*(\varphi) \quad \text{bzw.} \quad m^* = m^*(s) \tag{156a, b}$$

3.31 Beispiel: Viergelenkgetriebe (Abb. 33)

Nach Ziff. 3.21 war

$$L^* = 2{,}593 \text{ kgm}, \qquad a = 1\,\text{m}. \qquad v_A = a\,\omega_{ad} = 1 \cdot 1 = 1\,\text{ms}^{-1}$$

also nach Gl. (154 b)

$$m^* = 5{,}186 \text{ kgs}^2/\text{m} \sim 5{,}19 \text{ kgs}^2/\text{m}$$

Die Massenreduktion für die in Ziff. 2.212 angegebenen Getriebestellungen $0 \div 4$ liefert

Zahlentafel II

Masse in kgs²/m	Stellung				
	0	1	2	3	4
m^*	5,19	5,40	5,60	5,799	6,03

Abb. 37 zeigt das dazugehörige m^*-s-Diagramm, dessen Auswertung in Verbindung mit dem P^*-s-Diagramm bzw. dem A-s-Diagramm die Lösung der *I. Wittenbauerschen Grundaufgabe* ermöglicht (Ziff. 4.32).

3.4 Statische Ersatzmassen

Wie F. WITTENBAUER ([12], S. 139 ff.) gezeigt hat, kann es — insbesondere für die zeichnerischen Verfahren — Vorteile bieten, sog. *statische Ersatzmassen* einzuführen.

Hierzu wird die auf das ganze Getriebeglied stetig verteilte Masse m durch einzelne Punktmassen $m_A = m_1$, $m_B = m_2$, $m_C = m_3 \ldots$ in Punkten A, B, $C \ldots$ dieses Gliedes in der Weise ersetzt, daß die Summe der Beträge dieser Ersatzmassen gleich ist der Masse m des Getriebegliedes und der Schwerpunkt S_m dieser Ersatzmassen mit dem Schwerpunkt S der gegebenen Massenanordnung zusammenfällt.

Die so vorgenommene Aufteilung der Gesamtmasse auf einzelne Ersatzpunkte, für die meist die Zapfenmitten der Gelenke gewählt werden, geschieht also nach *statischen* Grundlagen. Solche gedachten Punktmassen werden deshalb *statische Ersatzmassen* genannt.

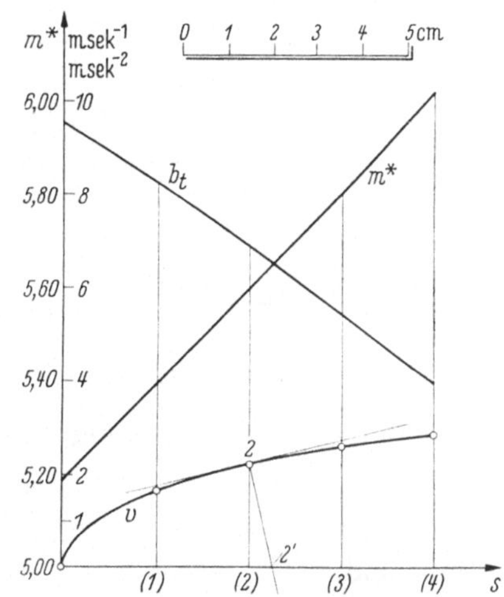

Abb. 37. Reduzierte Masse m^* der Glieder a, b, c des Viergelenkgetriebes von Abb. 33 in Abhängigkeit vom Weg s des Reduktionspunktes A. Maßstab für Masse m $M_m = 10$ cm/kgs²m^{-1}, Maßstab für den Weg s $M_s = (40/3)$ cm/m, Maßstab für die Beschleunigung $M_b = 1$ cm/ms^{-2}. Diagramme für Tangentialbeschleunigung b_t und Geschwindigkeit v des Reduktionspunktes A in Abhängigkeit vom Weg s

Es ist leicht ersichtlich, daß diese statischen Ersatzmassen in dynamischer Hinsicht keinen vollwertigen Ersatz bieten können, daß es vielmehr gewisser Korrekturglieder bedarf, wenn mit ihrer Hilfe dynamische Größen, z. B. kinetische Energie, D'ALEMBERTsche Trägheitskräfte zu bestimmen sind.

Nach der Definition der statischen Ersatzmassen gelten also für ein rechtwinkliges xy-Koordinatensystem, dessen Ursprung mit dem Schwerpunkt S des

Getriebegliedes zusammenfällt:

$$m_1 \; + m_2 \; + m_3 \; + \cdots = m; \qquad \sum m_i \; = m \tag{157a}$$

$$m_1 x_1 + m_2 x_2 + m_3 x_3 + \cdots = 0; \qquad \sum m_i x_i = 0 \tag{157b}$$

$$m_1 y_1 + m_2 y_2 + m_3 y_3 + \cdots = 0; \qquad \sum m_i y_i = 0 \tag{157c}$$

Hierbei sind $x_1 y_1$, $x_2 y_2$, $x_3 y_3$, $\ldots$ die rechtwinkligen Koordinaten der Ersatz-punkte mit den in ihnen angeordneten statischen Ersatzmassen m_1, m_2, m_3, $\ldots$

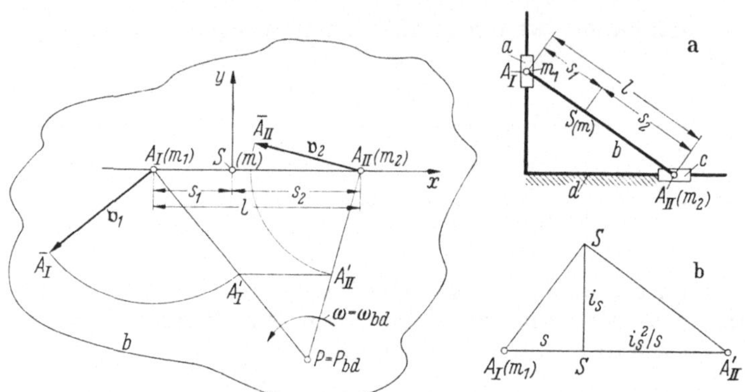

Abb. 38. Zwei statische Ersatzmassen m_1 in A_I und m_2 in A_{II} auf einer Geraden durch den Schwer-punkt S des Getriebegliedes b von der Masse m.　　a) Glied b als Koppel einer feststehenden Kreuzschleife; b) Sonderfall: Zwei statische Ersatzmassen m_1 im beliebig gewählten Punkt A_I mit $A_I S = s$ auf einer Geraden durch S, A'_{II} im Abstand $\overline{S A'_{II}} = i_s^2/s$. Zusammenhang mit sog. dynamischen Ersatzmassen und mit dem Schwingungsmittelpunkt des in A_I drehbar angeordneten Getriebegliedes b

Zwei statische Ersatzmassen. Solche sind nach Abb. 38a auf einer Geraden durch S des Getriebegliedes so anzuordnen, daß für m_1 in A_I und m_2 in A_{II} mit

$$\overline{A_I S} = s_1, \qquad \overline{A_{II} S} = s_2, \qquad \overline{A_I A_{II}} = l$$

nach Gl. (157a, b) die Bedingungen

$$m_1 \; + \; m_2 \; = m$$
$$- m_1 s_1 + m_2 s_2 = 0$$

erfüllt sind.

Ergebnis:

$$m_1 = \frac{s_2}{l} m, \qquad m_2 = \frac{s_1}{l} m \tag{158a, b}$$

3.41　Kinetische Energie eines binären Gliedes

Bezüglich des Schwerpunktes S haben diese beiden statischen Ersatzmassen das Massenträgheitsmoment

$$I_{st} = m_1 s_1^2 + m_2 s_2^2 = \frac{s_2}{l} m s_1^2 + \frac{s_1}{l} m s_2^2 \tag{159}$$
$$I_{st} = m s_1 s_2$$

Nach Gl. (144) folgt für die kinetische Energie $\bar{L}$ dieser Massenpunktgruppe

$$\bar{L} = \frac{m}{2} v_s^2 + \frac{m s_1 s_2}{2} \omega^2 \tag{160}$$

diese ist mit

$$\overline{L} = \frac{m_1}{2}\, v_1^2 + \frac{m_2}{2}\, v_2^2 \tag{161}$$

identisch, wobei v_1, v_2 die Geschwindigkeiten der beiden Ersatzpunkte bedeuten. Andererseits ist die kinetische Energie der wirklichen Massenanordnung des Getriebegliedes nach Gl. (144)

$$L = \frac{m}{2}\, v_s^2 + \frac{I_s}{2}\, \omega^2 \tag{162}$$

Aus Gl. (160) und (162) folgt

$$L - \overline{L} = \frac{I_s}{2}\, \omega^2 - \frac{m\, s_1\, s_2}{2}\, \omega^2 = \frac{m\, i_s^2}{2}\, \omega^2 - \frac{m\, s_1\, s_2}{2}\, \omega^2$$

$$L = \overline{L} + \frac{m}{2}\, \omega^2 (i_s^2 - s_1\, s_2) = \overline{L} + L_2 \tag{163}$$

oder nach Gl. (161)

$$\boxed{\, L = \frac{m_1}{2}\, v_1^2 + \frac{m_2}{2}\, v_2^2 + \frac{m\, \omega^2}{2}\, (i_s^2 - s_1\, s_2) \,} \tag{164}$$

Ergebnis: Die kinetische Energie eines komplan bewegten Getriebegliedes ist also gleich der Summe der kinetischen Energien der beiden in den Ersatzpunkten angeordneten statischen Ersatzmassen und der nach

$$L_2 = \frac{m\, \omega^2}{2}\, (i_s^2 - s_1\, s_2) \tag{165}$$

zu berechnenden Zusatzenergie (Korrekturglied).

Hinweis: Das Korrekturglied kann für $i_s^2 < s_1 s_2$ auch negative Werte annehmen.

3.411 Beachtenswerter Sonderfall. Das Korrekturglied L_2 entfällt für den Sonderfall

$$i_s^2 - s_1\, s_2 = 0 \tag{166}$$

wenn also bei der beliebigen Wahl von $\overline{A_I S} = s_1$ der zweite Ersatzpunkt A_{II} durch

$$\overline{A_{II} S} = s_2 = \frac{i_s^2}{s_1} \tag{167}$$

festgelegt ist. In diesem Fall ist der Abstand $l' = \overline{A_I A_{II}}$ nicht mehr beliebig wählbar, sondern durch

$$l' = s_1 + \frac{i_s^2}{s_1} \tag{168}$$

bestimmt (Abb. 38b). Die dazugehörigen Ersatzmassen sind dann

$$m_1 = \frac{m\, i_s^2}{s_1^2 + i_s^2}\,, \qquad m_2 = \frac{m\, s_1^2}{s_1^2 + i_s^2} \tag{169a, b}$$

Dieser Sonderfall ist für die Theorie des physikalischen Pendels von Bedeutung. Wird das Getriebeglied in A_I im Gestell drehbar gelagert, so ist A_{II} der sog. *Schwingungsmittelpunkt* für die Aufhängung in A_I, und l' nach Gl. (168) ist die sog. *reduzierte Pendellänge*; ferner ist m_2 nach Gl. (169b) die nach A_{II} reduzierte Masse.

Die Masse m_1, m_2 nach Gl. (169 a, b) sind dann gleichzeitig sog. *dynamische Ersatzmassen* (vgl. Ziff. 3.5).

3.412 Massenreduktion am Viergelenkgetriebe. Vereinfachtes Verfahren. Der Vorteil der Gl. (164), (165) soll am Beispiel des Viergelenkgetriebes von Abb. 33 erläutert werden, und zwar in Abb. 39 für die Getriebestellung 3.

Gegebene Größen: Beispiel Ziff. 221

$$m_a = 2{,}55 \text{ kgs}^2/\text{m}, \quad I_{a\mathfrak{A}} = 0{,}816 \text{ kgms}^2,$$

$$m_b = 4{,}08 \text{ kgs}^2/\text{m}, \quad i_{sb} = 0{,}524 \text{ m}, \quad \overline{A S_b} = s_1 = 550 \text{ mm}, \quad \overline{B S_b} = s_2 = 1650 \text{ mm}$$

$$m_c = 1{,}02 \text{ kgs}^2/\text{m}, \quad I_{c\mathfrak{B}} = 2{,}55 \text{ kgms}^2$$

Aufteilung der Massen auf die Gelenke A, B.
Reduzierte Masse von a in A: $m_a^* = I_{a\mathfrak{A}}/a^2 = 0{,}816 \text{ kgs}^2/\text{m}$
Reduzierte Masse von c in B: $m_c^* = I_{c\mathfrak{B}}/c^2 = 0{,}966 \text{ kgs}^2/\text{m}$

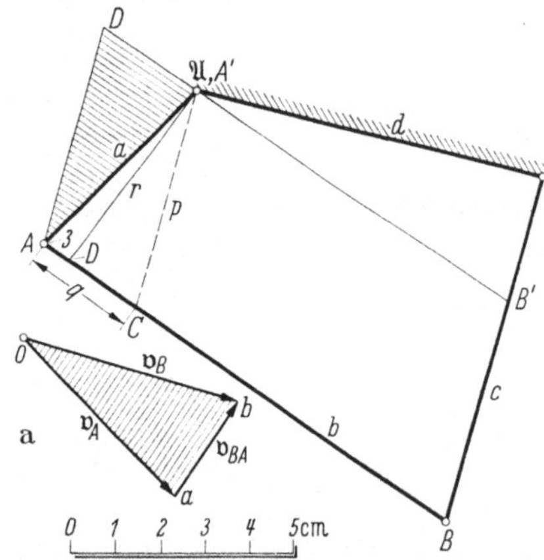

Abb. 39. Vereinfachtes Verfahren für die Massenreduktion am Viergelenkgetriebe von Abb. 33

Statische Ersatzmassen von b in A und B nach Gl. (158 a, b):

$$m_{bA} = 3{,}055 \text{ kgs}^2/\text{m},$$
$$m_{bB} = 1{,}020 \text{ kgs}^2/\text{m}$$

Zusammenfassung der Massen in A und B:

$$\overline{m}_A = m_a^* + m_{bA} = 3{,}871 \text{ kgs}^2/\text{m}$$
$$\overline{m}_B = m_c^* + m_{bB} = 2{,}016 \text{ kgs}^2/\text{m}$$

Nach Geschwindigkeitsplan (Abb. 39 a) und mit

$$M_z = 5 \text{ cm/m}, \qquad M_v = 5 \text{ cm/ms}^{-1}$$

folgt:

$$v_A = 1 \text{ ms}^{-1}, \qquad v_B = 1{,}012 \text{ ms}^{-1}$$

$$\omega_{bd} = \frac{v_{BA}}{\overline{AB}} = \frac{2{,}53/5}{11/5} = 0{,}23 \text{ s}^{-1}$$

Korrekturglied L_2 für die Ersatzmassen m_{bA}, m_{bB}:

$$L_2 = m_b (i_{sb}^2 - s_1 s_2) \frac{\omega_{bd}^2}{2} = \frac{m_b (i_{sb}^2 - s_1 s_2) v_{BA}^2}{2 b^2}$$

Kinetische Energie des Getriebes:

$$L^* = \frac{\overline{m}_A}{2} v_A^2 + \frac{\overline{m}_B}{2} v_B^2 + \frac{m_b (i_{sb}^2 - s_1 s_2) v_{BA}^2}{2 b^2}$$

Also reduzierte Masse m^* des Getriebes in A:

$$m^* = \overline{m}_A + \overline{m}_B \left(\frac{v_B}{v_A}\right)^2 + \frac{m_b (i_{sb}^2 - s_1 s_2)}{b^2} \cdot \left(\frac{v_{BA}}{v_A}\right)^2$$

Zieht man in Abb. 39 durch $\mathfrak{A}$ zu $\overline{\mathfrak{B}B}$ die Parallele mit Schnittpunkt C auf AB, so folgt mit $\overline{oa} = \overline{A\mathfrak{A}}$ aus $\triangle oab \cong \triangle \mathfrak{A}AC$ und $\overline{\mathfrak{A}C} = p$, $\overline{AC} = q$

$$\left(\frac{v_B}{v_A}\right) = \frac{p}{a}, \qquad \left(\frac{v_{BA}}{v_A}\right) = \frac{q}{a}$$

und

$$m^* = \overline{m}_A + \frac{\overline{m}_B}{a^2} p^2 + \frac{m_b (i_{sb}^2 - s_1 s_2)}{b^2 a^2} q^2 \qquad (170)$$

Zahlenbeispiel:
$$m^* = 3{,}871 + 0{,}080\,64\,p^2 - 0{,}021\,34\,q^2 \qquad (170\,\text{a})$$

In diese Formel sind die Größen p und q aus der Zeichnung in „cm" abzugreifen und in „cm" einzusetzen; mit $p = 5{,}06$ cm, $q = 2{,}53$ cm wird $m^* = 5{,}799$ kgs²/m erhalten.

Praktischer Hinweis: Die Aufstellung einer Formel nach Art von Gl. (170a) wird sich dann lohnen, wenn die Massenreduktion für zahlreiche Getriebestellungen, z. B. 12 oder 16, durchzuführen ist.

Die wenigen Hilfslinien — hier nur die einzige $\mathfrak{A}\,C$ — lassen sehr gute Genauigkeit des Ergebnisses m^* erwarten. Es handelt sich hierbei um eine Art „*Arbeitsvorbereitung*" für die Durchführung einer zeichnerischen Lösung. Der Vorteil der Verwendung statischer Ersatzmassen ist offensichtlich.

3.42 Drei statische Ersatzmassen

Enthält das Getriebe „*Dreibinder*", d. h. ein Glied mit drei Gelenken, so wird die Gesamtmasse m zweckmäßig nach den drei Gelenkzapfenmitten A_I, A_{II}, A_{III} durch Ersatzmassen m_1, m_2, m_3 statisch aufgeteilt (Bild 40).

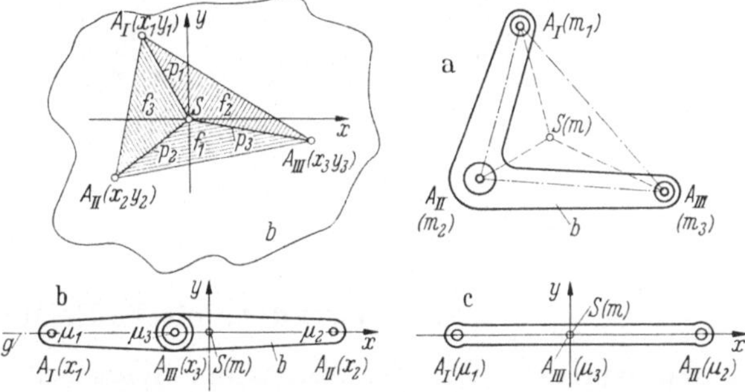

Abb. 40. Drei statische Ersatzmassen in den Gelenkzapfenmitten eines Dreibinders nach Art von Abb. a). b) Drei dynamische Ersatzmassen auf einer Geraden durch den Schwerpunkt S; c) Sonderfall zu b): Ersatzmasse μ_3 nach Schwerpunkt S verlegt

Für das xy-Koordinatensystem durch den Schwerpunkt S gelten dann

$$m_1 \; + m_2 \; + m_3 \; = m \qquad (171\,\text{a})$$
$$m_1\,x_1 + m_2\,x_2 + m_3\,x_3 = 0 \qquad (171\,\text{b})$$
$$m_1\,y_1 + m_2\,y_2 + m_3\,y_3 = 0 \qquad (171\,\text{c})$$

Auflösung nach m_1, m_2, m_3 liefert

$$m_1 = \frac{\begin{vmatrix} m & 1 & 1 \\ 0 & x_2 & x_3 \\ 0 & y_2 & y_3 \end{vmatrix}}{\begin{vmatrix} 1 & 1 & 1 \\ x_1 & x_2 & x_3 \\ y_1 & y_2 & y_3 \end{vmatrix}} = \frac{m\begin{vmatrix} x_2 & y_2 \\ x_3 & y_3 \end{vmatrix}}{\begin{vmatrix} 1 & 1 & 1 \\ x_1 & x_2 & x_3 \\ y_1 & y_2 & y_3 \end{vmatrix}} = \frac{m \cdot 2f_1}{2F} = \frac{m\,f_1}{F} \qquad (172)$$

wobei f_1, F die Flächeninhalte der Dreiecke $A_{II}A_{III}S$ bzw. $A_1A_{II}A_{III}$ bedeuten. In entsprechender Weise werden m_2, m_3 gefunden.

Ergebnis:

$$\boxed{\; m_1 = \frac{f_1}{F}\,m, \qquad m_2 = \frac{f_2}{F}\,m, \qquad m_3 = \frac{f_3}{F}\,m \;} \qquad (172\text{a, b, c})$$

Die kinetische Energie $\overline{L}$ dieser statischen Ersatzmassen ist mit

$$\overline{A_I S} = p_1, \qquad \overline{A_{II} S} = p_2, \qquad \overline{A_{III} S} = p_3$$
$$\overline{L} = \frac{m_1}{2}\,v_1^2 + \frac{m_2}{2}\,v_2^2 + \frac{m_3}{2}\,v_3^2 = \frac{m}{2}\,v_s^2 + \frac{I_{sl}}{2}\,\omega^2 \qquad (173)$$

und

$$I_{st} = m\, i_{st}^2 = m_1\, p_1^2 + m_2\, p_2^2 + m_3\, p_3^2 \tag{174}$$

Für die kinetische Energie L der wirklichen Massenanordnung gilt nach Gl. (144)

$$L = \frac{m}{2}\, v_s^2 + \frac{I_s}{2}\, \omega^2 \tag{175}$$

Also

$$L - \overline{L} = \frac{I_s}{2}\, \omega^2 - \frac{I_{st}}{2}\, \omega^2 = \left(\frac{m\, i_s^2}{2} - \frac{m\, i_{st}^2}{2} \right) \omega^2$$

$$L = \overline{L} - \frac{m\, i_{st}^2\, \omega^2}{2} \left[1 - \left(\frac{i_s}{i_{st}} \right)^2 \right] = \overline{L} + L_K \tag{176}$$

mit dem Korrekturglied

$$L_K = - \frac{m\, i_{st}^2\, \omega^2}{2} \left[1 - \frac{m\, i_s^2}{\sum m_i\, p_i^2} \right] = - \frac{m\, i_{st}^2\, \omega^2}{2} \cdot k \tag{177}$$

wobei

$$k = 1 - \frac{m\, i_s^2}{\sum m_i\, p_i^2} \tag{178}$$

gesetzt worden ist.

3.5   Drei dynamische Ersatzmassen

Das Korrekturglied L_K nimmt den Wert Null an, wenn $k = o$, also

$$\sum m_i\, p_i^2 = m\, i_s^2 \tag{179}$$

Bezüglich der Ermittlung der kinetischen Energie des Getriebegliedes werden in diesem Sonderfall die statischen Ersatzmassen zu *dynamischen Ersatzmassen*, d. h.

$$L = \frac{m_1}{2}\, v_1^2 + \frac{m_2}{2}\, v_2^2 + \frac{m_3}{2}\, v_3^2 \tag{180}$$

Ergänzt man das Gleichungssystem (171 a, b, c) durch die Gl. (179), wobei zum Unterschied die m_i mit μ_i bezeichnet werden sollen, so folgt für drei dynamische Ersatzmassen μ_1, μ_2, μ_3

$$
\begin{aligned}
\mu_1 \cdot 1 \quad &+ \quad \mu_2 \cdot 1 \quad + \quad \mu_3 \cdot 1 \quad - m \cdot 1 = 0 \\
\mu_1\, x_1 \quad &+ \quad \mu_2\, x_2 \quad + \quad \mu_3\, x_3 \quad - m \cdot 0 = 0 \\
\mu_1\, y_1 \quad &+ \quad \mu_2\, y_2 \quad + \quad \mu_3\, y_3 \quad - m \cdot 0 = 0 \\
\mu_1(x_1^2 + y_1^2) &+ \mu_2(x_2^2 + y_2^2) + \mu_3(x_3^2 + y_3^2) - m \cdot i_s^2 = 0
\end{aligned}
\tag{181 a, b, c, d}
$$

Dieses in μ_1, μ_2, μ_3 und $-m$ homogene lineare Gleichungssystem hat nur dann von Null verschiedene Lösungen, wenn

$$
\begin{vmatrix}
1 & 1 & 1 & 1 \\
x_1 & x_2 & x_3 & 0 \\
y_1 & y_2 & y_3 & 0 \\
(x_1^2 + y_1^2) & (x_2^2 + y_2^2) & (x_3^2 + y_3^2) & i_s^2
\end{vmatrix} = 0 \tag{182}
$$

Diese Bedingung ist anschreibbar in der Form

$$
\begin{vmatrix}
x_1 & x_2 & x_3 \\
y_1 & y_2 & y_3 \\
x_1^2 + y_1^2 - i_s^2 & x_2^2 + y_2^2 - i_s^2 & x_3^2 - y_3^2 - i_s^2
\end{vmatrix} = 0 \tag{183}
$$

und zeigt, daß die drei Ersatzpunkte A_I, A_{II}, A_{III} der dynamischen Ersatzmassen μ_1, μ_2, μ_3 nicht beliebig wählbar sind, sondern daß bei der Annahme der Punkte A_I, A_{II} der dritte Ersatzpunkt A_{III} (x_3, y_3) auf dem durch Gl. (183) bestimmten Kreis K liegen muß. A_I und A_{II} liegen dabei ebenfalls auf K. Für allgemeine „Dreibinder" bieten dynamische Ersatzpunkte also keinen bemerkenswerten Vorteil.

Lediglich bei Dreibindern, deren drei Gelenke auf einer Geraden g angeordnet sind, die außerdem durch den Schwerpunkt S geht (Abb. 40b) kann die Verwendung dynamischer Ersatzmassen zweckmäßig sein.

3.51 Sonderfall. Allgemeines

Mit g als x-Achse reduziert sich gemäß Abb. 40b das Gleichungssystem (181a, b, c, d) auf

$$\mu_1 \cdot 1 + \mu_2 \cdot 1 + \mu_3 \cdot 1 - m = 0$$

$$\mu_1 x_1 + \mu_2 x_2 + \mu_3 x_3 = 0 \qquad \text{(184a, b, c)}$$

$$\mu_1 x_1^2 + \mu_2 x_2^2 + \mu_3 x_3^2 - m\, i_s^2 = 0$$

Ergebnis:

$$\mu_1 = \frac{m}{D}\,(x_3 - x_2)\,(x_2\, x_3 + i_s^2)$$

$$\mu_2 = \frac{m}{D}\,(x_1 - x_3)\,(x_3\, x_1 + i_s^2) \qquad \text{(185a, b, c)}$$

$$\mu_3 = \frac{m}{D}\,(x_2 - x_1)\,(x_1\, x_2 + i_s^2)$$

wobei

$$D = (x_1 - x_2)\,(x_2 - x_3)\,(x_3 - x_1) \qquad \text{(186)}$$

3.52 Sonderfall. Eine Ersatzmasse im Schwerpunkt

Für binäre Glieder mit den Gelenken A_I und A_{II}, dem Schwerpunkt S auf der Verbindungsgeraden der beiden Zapfenmitten A_I, A_{II} folgt bei Aufteilung von m auf $A_I(\mu_1)$, $A_{II}(\mu_2)$, $S(\mu_3)$ mit $\overline{A_I A_{II}} = l$, $\overline{A_I S} = s_1$, $\overline{A_{II} S} = s_2$ nach Abb. 40c wegen $x_3 = 0$

$$\mu_1 = \frac{m\, i_s^2}{x_1(x_2 - x_1)} = \frac{m\, i_s^2}{s_1\, l}$$

$$\mu_2 = \frac{m\, i_s^2}{x_2(x_2 - x_1)} = \frac{m\, i_s^2}{s_2\, l} \qquad \text{(187a, b, c)}$$

$$\mu_3 = \frac{m\,(x_1\, x_2 + i_s^2)}{x_1\, x_2} = m\left(1 - \frac{i_s^2}{s_1\, s_2}\right)$$

3.53 Hinweis

Für n dynamische Ersatzmassen sind $3\,n$ Bestimmungsstücke erforderlich. Zur Verfügung stehen vier Gleichungen. Es sind also

$$\zeta = 3\,n - 4 \qquad \text{(188)}$$

Bestimmungsstücke frei wählbar.

Beispiel: a) $n = 3$, $\zeta = 5$, z. B. x_1, y_1, x_2, y_2 und x_3 (vgl. Ziff. 3.5)
b) $n = 4$, $\zeta = 3 \cdot 4 - 4 = 8$

Bei einem „Vierbinder" des Getriebes wären also vier dynamische Ersatzmassen in den Gelenken mit Vorteil zu verwenden.

3.54 Zahlenbeispiel. Viergelenkgetriebe von Ziff. 3.412 (Abb. 33)

Aufteilung der Massen m_a, m_c wie in Ziff. 3.412 mit $m_a^* = 0{,}816$ kgs²/m, $m_c^* = 0{,}996$ kgs²/m. Aufteilung der Masse m_b nach Gl. (187a, b, c) durch die dynamischen Ersatzmassen

$$\mu_1 = 0{,}9259 \text{ kgs}^2/\text{m} \text{ in } A$$
$$\mu_2 = 0{,}3086 \text{ kgs}^2/\text{m} \text{ in } B$$
$$\mu_3 = 2{,}8455 \text{ kgs}^2/\text{m} \text{ in } S_b$$

Damit Aufteilung in A, B, S_b:

$$\overline{\mu}_A = m_a^* + \mu_1 = 1{,}7419 \text{ kgs}^2/\text{m}$$
$$\overline{\mu}_B = m_c^* + \mu_2 = 1{,}3046 \text{ kgs}^2/\text{m}$$
$$\mu_{S_b} = \mu_3 \quad\;\; = 2{,}8456 \text{ kgs}^2/\text{m}$$

Also

$$m^* = \overline{\mu}_A + \overline{\mu}_B \left(\frac{v_B}{v_A}\right)^2 + \mu_3 \left(\frac{v_{S_b}}{v_A}\right)^2$$

und mit den Abmessungen von Abb. 39 und $r = \overline{\mathfrak{A}D}$, wobei $\overline{AD}:\overline{AC}=\overline{AS_b}:\overline{AB}$,

$$m^* = 1{,}7419 + 0{,}0522\, p^2 + 0{,}1138\, r^2$$

mit p und r in „cm", $p = 5{,}06$ cm, $r = 4{,}85$ cm. Für Stellung 3: $m^* = 5{,}753$ kgs²/m, was hinreichend genau mit dem früheren Ergebnis übereinstimmt.

4. Das d'Alembertsche Prinzip

4.1 Die d'Alembertsche Trägheitskraft

Soll nach Abb. 41 dem Körper vom Gewicht G in kg und der Masse

$$m = \frac{G}{g}, \quad [m] = \frac{\text{kgs}^2}{\text{m}} \tag{189}$$

unter der Einwirkung der Kraft $\mathfrak{P}$ vom Betrag $|\mathfrak{P}| = P$ die Beschleunigung $\mathfrak{b}$ vom Betrag $|\mathfrak{b}| = b$ erteilt werden, so besteht zwischen P, m, b das bekannte Grundgesetz der Dynamik

$$P = m\, b \tag{190}$$

oder

$$P - m\, b = 0 \tag{190a}$$

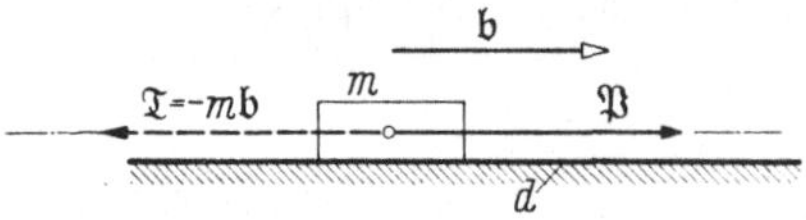

Abb. 41. Massenpunkt m unter der Einwirkung einer Kraft $\mathfrak{P}$. Grundgesetz der Dynamik. Einführung der d'ALEMBERTschen Trägheitskraft $\mathfrak{T} = -m\,\mathfrak{b}$

Gl. (190) kann wie folgt interpretiert werden. Die an der Masse m angreifend gedachte und im entgegengesetzten Richtungssinn von $\mathfrak{b}$ wirkende Kraft

$$\mathfrak{T} = -m\,\mathfrak{b} \tag{191}$$

vom Betrag $|\mathfrak{T}| = mb$ hält sich gemäß Gl. (190) mit der von außen auf die Masse m eingeprägten Kraft $\mathfrak{P}$ das Gleichgewicht. Vektoriell angeschrieben gilt also

$$\mathfrak{P} + \mathfrak{T} = 0 \quad \text{bzw.} \quad \mathfrak{P} + (-m\,\mathfrak{b}) = 0 \tag{192}$$

Nach der Einführung der Kraft $\mathfrak{T}$ an der Masse m ist somit das dynamische Problem auf eine Gleichgewichtsermittlung, d. h. auf eine Aufgabe der Statik, zurückführbar.

Die Kraft $\mathfrak{T} = -m\mathfrak{b}$ heißt die der beschleunigten Masse zugeordnete Trägheitskraft.

Der Weiterausbau dieser Deutungsmöglichkeit ergibt ganz allgemein

4.2 Das d'Alembertsche Prinzip

Wird jedem mit der Beschleunigung $\mathfrak{b}_i$ bewegten Massenpunkt m_i der Glieder eines Getriebes die entsprechende Trägheitskraft $\mathfrak{T}_i = -m_i\mathfrak{b}_i$ zugeordnet, so hält die Gesamtheit $\Sigma\mathfrak{T}_i$ dieser Trägheitskräfte $\mathfrak{T}_i$ den von außen eingeprägten Kräften $\mathfrak{P}_i$, d. h. der Gesamtheit der am Getriebe wirkenden äußeren Kräften $\Sigma\mathfrak{P}_i$, das Gleichgewicht.

Dieses von d'Alembert erkannte Prinzip bildet die Grundlage für die analytischen und graphischen Verfahren der Getriebedynamik. Die Trägheitskräfte sollen gelegentlich auch als die *d'Alembertschen Kräfte* bezeichnet werden.

4.3 Rollengetriebe (Zugmittelgetriebe)

(Anwendung des d'Alembertschen Prinzips)

4.31 Beschleunigungsverhältnisse

Das in Abb. 42 dargestellte Rollengetriebe (Zugmittelgetriebe) mit der in $\mathfrak{A}$ des Gestells d drehbar gelagerten Rolle a vom Halbmesser r, der losen Rolle c vom Halbmesser r, dem Zugkraftorgan (Seil) e von der Länge l trägt am Seilende A das Gewicht G_1, am Rollenzapfen C das Gewicht G_2, das Gewicht der Rolle c einbezogen. Unter der Annahme der Abwärtsbewegung von G_1 ist bei Vernachlässigung der Trägheitskräfte der Massen der drehenden Rollen die Beschleunigung $\mathfrak{b}_1$ des Gewichtes G_1 zu ermitteln. Mit den Abständen $\overline{S_I A_0} = x_1$, $\overline{CC_0} = x_2$ folgt für die Wegkoordinaten von A und C

$$x_1 + 2x_2 + 2r\pi = l$$

für die Geschwindigkeiten

$$\dot{x}_1 + 2\dot{x}_2 = 0,$$
$$\mathfrak{v}_1 + 2\mathfrak{v}_2 = 0, \quad \text{d. h.} \quad v_2 = \frac{v_1}{2} \qquad (193\,\mathrm{a})$$

und die Beschleunigungen

$$\ddot{x}_1 + 2\ddot{x}_2 = 0;$$
d. h.
$$\mathfrak{b}_1 + 2\mathfrak{b}_2 = 0, \quad \mathfrak{b}_2 = -\frac{\mathfrak{b}_1}{2} \qquad (193\,\mathrm{b})$$

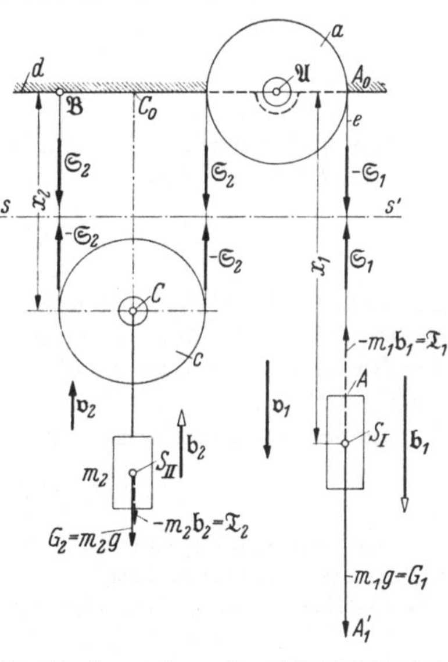

Abb. 42. Anwendung des d'Alembertschen Prinzips auf ein Rollengetriebe

An den Massen m_1, m_2 werden nun in S_I und S_{II} die Trägheitskräfte $\mathfrak{T}_1 = -m_1\mathfrak{b}_1$ bzw. $\mathfrak{T}_2 = -m_2\mathfrak{b}_2$ von den Beträgen $m_1\mathfrak{b}_1$ bzw. $m_2\mathfrak{b}_2 = m_2(\mathfrak{b}_1/2)$ angebracht. Für einen Schnitt ss' sind außerdem die Seilkräfte $\mathfrak{S}_i$ einzuführen, die — bei Vernachlässigung der Reibkräfte — sämtlich gleich groß sind und den Betrag $|\mathfrak{S}_i| = S$ besitzen.

Für das nach d'Alembert erforderliche Gleichgewicht gilt

$$\mathfrak{G}_1 + \mathfrak{T}_1 + \mathfrak{S}_1 = 0$$

am Seilende A

$$m_1 g - m_1 \mathfrak{b}_1 - S = 0$$

an der Rolle c:

$$m_2 g + m_2 \frac{\mathfrak{b}_1}{2} - 2S = 0$$

Elimination von S liefert

$$b_1 = \frac{4\,m_1\,g - 2\,m_2\,g}{4\,m_1 + m_2} = \frac{m_1\,g - \dfrac{m_2\,g}{2}}{m_1 + \dfrac{m_2}{4}} = \frac{G_1 - \dfrac{G_2}{2}}{m_1 + \dfrac{m_2}{4}} \qquad (194)$$

Das Ergebnis Gl. (194) gestattet eine bemerkenswerte Deutung.

4.32 Kraft- und Massenreduktion. I. Wittenbauersche Grundaufgabe

Kraftreduktion von $\mathfrak{G}_1$, $\mathfrak{G}_2$ nach A bzw. S_I liefert

$$\mathfrak{G}_1\,\mathfrak{v}_1 + \mathfrak{G}_2\,\mathfrak{v}_2 = \mathfrak{P}^*\,\mathfrak{v}_1; \qquad G_1\,v_1 - G_2\,\frac{v_1}{2} = P^*\,v_1$$

$$P^* = G_1 - \frac{G_2}{2} \qquad (195\,\text{a})$$

Massenreduktion nach A bzw. S_I ergibt

$$\frac{m_1}{2}\,v_1^2 + \frac{m_2}{2}\left(\frac{v_1}{2}\right)^2 = \frac{m^*}{2}\,v_1^2$$

$$m^* = m_1 + \frac{m_2}{4} \qquad (195\,\text{b})$$

In diesem Sonderfall, bei dem die reduzierte Masse m^* einen konstanten Wert hat, folgt aus Gl. (194)

$$b_1 = \frac{P^*}{m^*}; \qquad P^* = m^*\,b_1 \qquad (196)$$

Für veränderliche, d. h. vom Weg s des Reduktionspunktes abhängige reduzierte Masse m^* ist der Zusammenhang zwischen P^*, m^* und der Beschleunigung b_1 des Reduktionspunktes nicht mehr von der einfachen Form der Gl. (196) (vgl. hierzu Ziff. 5).

Die hier behandelte Aufgabe ist gleichzeitig ein einfaches Beispiel für die sog.

I. Wittenbauersche Grundaufgabe

d. h. die Ermittlung des Verlaufes der Geschwindigkeits- und Beschleunigungsverhältnisse in einem Getriebe aus den Massen der Getriebeglieder und den auf das Getriebe von außen eingeprägten Kräften.

4.4 Zwei Punktmassen an einem drehbar gelagerten Hebel

Der gewichtslos gedachte und bei 0 im Gestell d gelagerte Hebel b (Abb. 43) trage in seinen Endpunkten A und B die punktförmig angenommenen Massen m_1 bzw. m_2. Es ist diejenige in C der Mittellinie $\overline{AB}$ senkrecht zu $\overline{AB}$ wirkende Kraft $\mathfrak{R}$ zu bestimmen, die in der gezeichneten Lage dem Hebel b gegenüber d bei der gegebenen Winkelgeschwindigkeit $\omega = \omega_{bd}$ die Winkelbeschleunigung $\varepsilon = \varepsilon_{bd}$ erteilt.

Zahlenbeispiel:

$$\overline{AO} = r_1 = 0{,}5\,\text{m}, \qquad \overline{BO} = r_2 = 0{,}3\,\text{m}, \qquad \overline{OC} = c = 0{,}2\,\text{m}$$

$$\overline{\omega} = +3\,\text{s}^{-1}, \qquad \overline{\varepsilon} = +10\,\text{s}^{-2}$$

$$m_1 = 0{,}9\,\text{kgs}^2/\text{m}, \qquad G_1 = 8{,}829\,\text{kg}; \qquad m_2 = 0{,}4\,\text{kgs}^2/\text{m}, \qquad G_2 = 3{,}924\,\text{kg}$$

Zeichenmaßstab:

$$M_z = 10\,\text{cm/m}$$

Geschwindigkeitsmaßstab:

$$M_v = 2\,\text{cm/ms}^{-1}$$

Beschleunigungsmaßstab:

$$M_b = \frac{M_v^2}{M_z} = \frac{4}{10} = 0,4\,\frac{\text{cm}}{\text{ms}^{-2}}$$

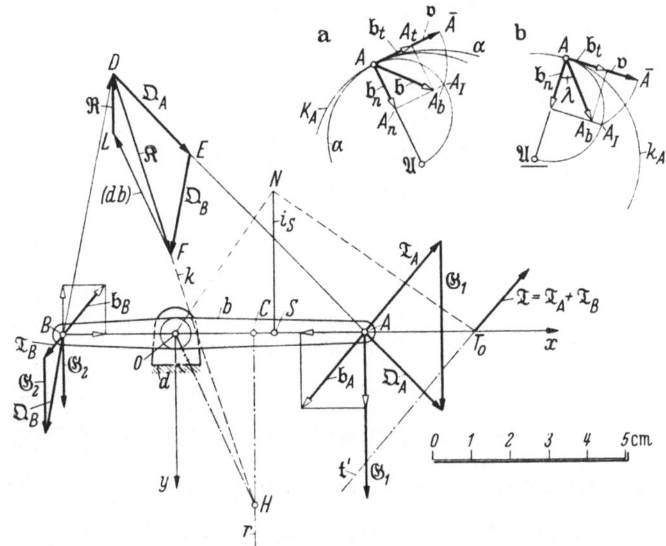

Abb. 43. Zwei Punktmassen an drehbar gelagertem Hebel
a) Beschleunigungsvektor bei Bewegung auf beliebiger Bahnkurve;   b) bei Bewegung auf einem Kreis

4.41   Einige getriebedynamische Grundlagen

Der Punkt A, durchlaufend in Abb. 43a die Bahnkurve α vom Krümmungshalbmesser $\varrho = \overline{A\,\mathfrak{A}}$ mit der Geschwindigkeit $\mathfrak{v} = \overrightarrow{A\,\bar{A}}$, besitzt in dieser Lage die Beschleunigung

$$\mathfrak{b} = \overrightarrow{A\,A_b} = \mathfrak{b}_n + \mathfrak{b}_t \tag{197}$$

mit der Normalbeschleunigung $\mathfrak{b}_n = \overrightarrow{A\,A_n}$ vom Betrag

$$|\mathfrak{b}_n| = \mathfrak{b}_n = \frac{v^2}{\varrho} \tag{198a}$$

und der Tangentialbeschleunigung $\mathfrak{b}_t = \overrightarrow{A\,A_t}$ vom Betrag

$$|\mathfrak{b}_t| = \mathfrak{b}_t = \frac{dv}{dt} \tag{198b}$$

Für den Sonderfall der Bewegung von A auf einem Kreis k_A, z. B. für den Kurbelzapfen A von Abb. 43b, gelten wegen $\varrho = \text{const}$ mit

$$\omega = \frac{d\varphi}{dt} = \dot{\varphi}, \quad v = \varrho\,\omega \tag{198c}$$

und

$$\varepsilon = \frac{d^2\varphi}{dt^2} = \ddot{\varphi} \tag{198d}$$

die folgenden Formeln

$$b_n = \frac{v^2}{\varrho} = \varrho\,\omega^2 = v\,\omega \tag{198e}$$

$$b_t = \frac{d(\varrho\,\omega)}{dt} = \varrho\,\frac{d\omega}{dt} = \varrho\,\varepsilon \tag{198f}$$

$$b = \sqrt{b_n^2 + b_t^2} = \varrho\,\sqrt{\omega^4 + \varepsilon^2} \tag{198g}$$

$$\operatorname{tg}\lambda = \frac{b_t}{b_n} = \frac{\varepsilon}{\omega^2} \tag{198h}$$

4.42   Rechnerische Lösung

Nach den Gln. (198e, f, g) werden ermittelt

$$b_{n_A} = 0{,}5\cdot 3^2 = 4{,}5\,\text{ms}^{-2}, \qquad b_{t_A} = 0{,}5\cdot 10 = 5\,\text{ms}^{-2}, \qquad b_A = 6{,}727\,\text{ms}^{-2}$$

$$b_{n_B} = 0{,}3\cdot 3^2 = 2{,}7\,\text{ms}^{-2}, \qquad b_{t_B} = 0{,}3\cdot 10 = 3\,\text{ms}^{-2}, \qquad b_B = 4{,}036\,\text{ms}^{-2}$$

Die D'ALEMBERTschen Trägheitskräfte

$$\mathfrak{T}_A = -\,m_1\,\mathfrak{b}_A \quad \text{vom Betrag} \quad |\mathfrak{T}_A| = m_1\,b_A = 6{,}064\,\text{kg}$$

$$\mathfrak{T}_B = -\,m_2\,\mathfrak{b}_B \quad \text{vom Betrag} \quad |\mathfrak{T}_B| = m_2\,b_B = 1{,}614\,\text{kg}$$

haben bezüglich des eingezeichneten xy-Koordinatensystems die Komponenten

$$\mathfrak{T}_A(+\,m_1\,r_1\,\omega^2 \mid -\,m_1\,r_1\,\varepsilon), \qquad \mathfrak{T}_B(-\,m_2\,r_2\,\omega^2 \mid +\,m_2\,r_2\,\varepsilon)$$

Die äußeren Kräfte, hier die Gewichte der Massen m_A und m_B mit den Komponenten

$$\mathfrak{G}_1(0 \mid +\,m_1\,g), \qquad \mathfrak{G}_2(0 \mid +\,m_2\,g),$$

die Gelenkkraft (db) mit den noch unbekannten Komponenten $(X_0 \mid Y_0)$ und die gesuchte Kraft $\mathfrak{R}\,(0 \mid R)$ müssen mit den D'ALEMBERT-Kräften im Gleichgewicht stehen. Hieraus folgen

$$\sum X_i = 0, \qquad\qquad m_1\,r_1\,\omega^2 - m_2\,r_2\,\omega^2 + X_0 = 0 \tag{199a}$$

$$\sum Y_i = 0, \quad -\,m_1\,r_1\,\varepsilon + m_2\,r_2\,\varepsilon + m_1\,g + m_2\,g + Y_0 + R = 0 \tag{199b}$$

Für 0 als Bezugspunkt:

$$\sum \mathfrak{M}_i = 0; \quad -\,m_1\,r_1\,\varepsilon\,r_1 - m_2\,r_2\,\varepsilon\,r_2 + m_1\,g\,r_1 - m_2\,g\,r_2 + R\,c = 0 \tag{199c}$$

wobei X_0, Y_0, R zunächst als positive Werte angenommen wurden. Ihr Vorzeichen muß sich aus der Berechnung ergeben.

Auflösung der Gln. (199a, b, c) ergibt

$$R = \frac{m_1\,r_1^2 + m_2\,r_2^2}{c}\,\varepsilon + \frac{G_2\,r_2 - G_1\,r_1}{c} \quad = -\,3{,}136\,\text{kg} \tag{200a}$$

$$X_0 = (m_2\,r_2 - m_1\,r_1)\,\omega^2 \quad = -\,2{,}970\,\text{kg} \tag{200b}$$

$$Y_0 = (m_1\,r_1 - m_2\,r_2)\,\varepsilon - R - G_1 - G_2 = -\,6{,}317\,\text{kg} \tag{200c}$$

Gl. (200a) gestattet eine bemerkenswerte Deutung, wenn die Massen m_1, m_2 durch m^* und die Gewichte $\mathfrak{G}_1$, $\mathfrak{G}_2$ als äußere Kräfte durch $\mathfrak{P}^*$ mit Wirkungslinie $\perp \overline{OC}$ nach C reduziert werden.

$$\frac{m_1 r_1^2}{2}\,\omega^2 + \frac{m_2 r_2^2}{2}\,\omega^2 = \frac{m^*}{2}\,(c\,\omega)^2$$

$$m^* = \frac{m_1 r_1^2 + m_2 r_2^2}{c^2} = \frac{I_0}{c^2} = 6{,}525\,\frac{\text{kgs}^2}{\text{m}} \tag{201}$$

$$+\, G_1\,(r_1\,\omega) - G_2\,(r_2\,\omega) = P^*(c\,\omega)$$

$$P^* = \frac{G_1\,r_1 - G_2\,r_2}{c} = 16{,}186\ \text{kg} \tag{202}$$

und nach Gl. (200a)

$$R = m^*\,c\,\varepsilon - P^*$$

oder wegen $b_{t_C} = b_t = c\varepsilon$ auch

$$\boxed{R + P^* + (-m^*\,b_t) = 0; \qquad R + P^* = m^*\,b_t} \tag{203}$$

Nach Gl. (203) reicht also die nach C reduzierte äußere Kraft P^* nicht aus, um den geforderten Beschleunigungszustand zu erzwingen. Erst durch Hinzufügen der Zusatzkraft R wird dies erreicht.

Auch hier kann nach Gl. (203) nur deshalb verfahren werden, weil im vorliegenden Fall $m^* = \text{const}$ ist. Vgl. hierzu den allgemeinen Fall von Ziff. 5.

4.43 Die II. Wittenbauersche Grundaufgabe

Das vorliegende Beispiel erläutert gleichzeitig die Lösung der sog. *II. Wittenbauerschen Grundaufgabe*, die für die technische Anwendung von großer Bedeutung ist. Diese grundlegende Aufgabe tritt dann auf, wenn einem Getriebe ein bestimmter Bewegungszustand, z. B. gegeben durch Winkelgeschwindigkeit und Winkelbeschleunigung der Antriebskurbel, aufgezwungen werden soll und die hierzu in der Kurbelzapfenmitte angreifende und senkrecht zur Kurbelmittellinie wirkende Kraft $\mathfrak{R}$ (Tangentialkraft) zu bestimmen ist.

4.44 Der Trägheitsmittelpunkt

Ferner läßt das Beispiel von Abb. 43 bereits gewisse Eigenschaften der Trägheitskräfte eines Getriebegliedes erkennen, wenn dieses bei demselben Geschwindigkeitszustand einem „veränderlichen" Beschleunigungszustand unterworfen wird.

Bei der Massenanordnung des Hebels b (Abb. 43) hat die resultierende Trägheitskraft $\mathfrak{T}$ die Komponenten

$$X = m_1\,r_1\,\omega^2 - m_2\,r_2\,\omega^2, \qquad Y = -\,m_1\,r_1\,\varepsilon + m_2\,r_2\,\varepsilon \tag{204a, b}$$

Die Gleichung der Wirkungslinie t' von $\mathfrak{T}$ wird nach dem allgemeinen Momentensatz bezüglich O gebildet; sie lautet für die laufenden Koordinaten x, y von t'

$$Y\,x - X\,y = (-\,m_1\,r_1\,\varepsilon)\,r_1 - (m_2\,r_2\,\varepsilon)\,r_2$$

und mit Gl. (204a, b) nach Umformung

$$y = \frac{\varepsilon}{\omega^2}\left(x - \frac{m_1\,r_1^2 + m_2\,r_2^2}{m_1\,r_1 - m_2\,r_2}\right) \tag{205}$$

Die Koordinaten $x_s = \overrightarrow{OS}$, $y_s = 0$ des Schwerpunktes S der Massen m_1, m_2 sind

$$x_s = \frac{m_1 r_1 + (-m_2 r_2)}{m_1 + m_2} = \frac{m_1 r_1 - m_2 r_2}{m} \tag{206}$$

Setzt man noch für den Drehpunkt O

$$I_0 = m\, i_0^2 = m_1 r_1^2 + m_2 r_2^2, \qquad m_1 + m_2 = m \tag{207a, b}$$

und nach dem STEINERschen Satz

$$I_0 = I_s + m\, x_s^2 \quad \text{bzw.} \quad i_0^2 = i_s^2 + x_s^2 \tag{208}$$

so geht Gl. (205) über in

$$y = \frac{\varepsilon}{\omega^2}\left(x - \frac{i_0^2}{x_s}\right) \tag{209a}$$

bzw.

$$y = \frac{\varepsilon}{\omega^2}\left[x - \left(x_s + \frac{i_s^2}{x_s}\right)^2\right] \tag{209b}$$

Die Wirkungslinie t' der resultierenden D'ALEMBERTschen Trägheitskraft $\mathfrak{T}$ ist also eine Gerade von der Steigung $\operatorname{tg}\lambda = \varepsilon/\omega^2$ und geht durch den Punkt T_0 mit $\overline{OT}_0 = x_s + i_s^2/x_s$ oder wegen $\overline{OS} = x_s$ auch bestimmt durch

$$\overline{ST}_0 = \frac{i_s^2}{x_s} \tag{210}$$

Der so gefundene und vom Geschwindigkeits- und Beschleunigungszustand unabhängige Punkt T_0 auf der Geraden durch O und S sei „*Trägheitsmittelpunkt*" genannt. Im vorliegenden speziellen Beispiel fällt er sogar mit dem sog. „*Trägheitspol*" zusammen, der in Ziff. 4.55 behandelt wird.

4.45 Zeichnerische Lösung

In Abb. 43 werden zunächst die Gewichte $\mathfrak{G}_A = \mathfrak{G}_1$ und $\mathfrak{G}_B = \mathfrak{G}_2$ als äußere Kräfte, desgl. die in Ziff. 4.42 berechneten Trägheitskräfte $\mathfrak{T}_A$ und $\mathfrak{T}_B$ in A bzw. B angetragen und zu den Kräften $\mathfrak{D}_A = \mathfrak{T}_A + \mathfrak{G}_1$, $\mathfrak{D}_B = \mathfrak{T}_B + \mathfrak{G}_2$ zusammengesetzt, deren Wirkungslinien sich in D schneiden. Aus $\overrightarrow{DE} = \mathfrak{D}_A$ und $\overrightarrow{EF} = \mathfrak{D}_B$ folgt $\overrightarrow{DF} = \mathfrak{D}_A + \mathfrak{D}_B$, d. h. die Wirkungslinie k der Resultierenden $\mathfrak{R}$ aus den äußeren Kräften (Gewichten) und den D'ALEMBERT-Kräften. Am Hebel b müssen sich $\mathfrak{R}$, (db) und die gesuchte Kraft $\mathfrak{R}$ das Gleichgewicht halten, also

$$\mathfrak{R} + (db) + \mathfrak{R} = 0$$

wobei die Wirkungslinie von (db) außer durch O auch durch den Schnittpunkt H der Wirkungslinien k und r geht. Die durch F zu OH und durch D zu r gezeichneten Parallelen schneiden sich in L und bestimmen $\mathfrak{R} = \overrightarrow{LD}$ und $(db) = \overrightarrow{FL}$.

Abb. 43 zeigt noch die *Konstruktion des Trägheitsmittelpunktes* T_0 aus $x_s = \overline{OS} = 0{,}254$ m und $i_s = 0{,}369$ m, berechnet aus Gl. (208) mit $I_0 = 0{,}261$ kgms^2 und $i_0 = 0{,}448$ m. Man macht $\overline{SN} = i_s$, $\overline{SN} \perp \overline{OS}$, verbindet N mit O; die in N zu $\overline{NO}$ gezeichnete Senkrechte schneidet die Gerade durch O, S in T_0. Kontrolle: $\mathfrak{T} = \mathfrak{T}_A + \mathfrak{T}_B$ geht durch T_0.

4.5 Die d'Alembertsche Trägheitskraft des komplan bewegten Getriebegliedes

Abb. 44 zeigt das gegenüber dem Gestell d bewegte Getriebeglied b mit Schwerpunkt S von der Masse m und vom Massenträgheitsmoment

$$I_s = m\, i_s^2 \tag{211}$$

für die durch den Schwerpunkt S gelegte Achse.

Vom Bewegungszustand seien ferner gegeben:

$$\overline{\omega} = \overline{\omega}_{bd} = \text{Winkelgeschwindigkeit von } b \text{ gegenüber } d \text{ mit } |\overline{\omega}| = \omega$$
$$\overline{\varepsilon} = \overline{\varepsilon}_{bd} = \text{Winkelbeschleunigung von } b \text{ gegenüber } d \text{ mit } |\overline{\varepsilon}| = \varepsilon$$
$$\mathfrak{b}_S = \text{Beschleunigung des Schwerpunktes } S$$
$$A_i = \text{beliebiger Punkt von } b$$
$$m_i = \text{Masse in } A_i$$
$$\mathfrak{b}_{A_i} = \text{Beschleunigung von } A_i$$
$$\mathfrak{T}_i = -\, m_i \mathfrak{b}_{A_i} = \text{Trägheitskraft der Punktmasse } m_i \text{ in } A_i$$
$$\mathfrak{r}_i = \overrightarrow{SA_i} = \text{Ortsvektor von } A_i \text{ für } S \text{ als Bezugspunkt}$$

Für den Beschleunigungsvektor $\mathfrak{b}_{A_i}$ gilt ([*1c*], S. 68) und ([*1d*], S. 77)

$$\mathfrak{b}_{A_i} = \mathfrak{b}_S + \mathfrak{b}_{nA_iS} + \mathfrak{b}_{tA_iS} \tag{212a}$$

bzw.

$$\mathfrak{b}_{A_i} = \mathfrak{b}_S + (-\,\omega^2\, \mathfrak{r}_i) + [\overline{\varepsilon}\, \mathfrak{r}_i] \tag{212b}$$

also

$$\mathfrak{T}_i = -\, m_i \mathfrak{b}_{A_i} = -\, m_i \mathfrak{b}_S + m_i(\omega^2\, \mathfrak{r}_i) - m_i[\overline{\varepsilon}\, \mathfrak{r}_i]$$
$$\mathfrak{T}_i = -\, m_i \mathfrak{b}_S + \omega^2(m_i\, \mathfrak{r}_i) - [\overline{\varepsilon},\, m_i\, \mathfrak{r}_i] \tag{213}$$

Die Zusammensetzung dieser Kräfte $\mathfrak{T}_i$ für alle Massenpunkte A_i liefert zunächst für die *resultierende Trägheitskraft* $\mathfrak{T}$ des Getriebegliedes b

$$\mathfrak{T} = \sum \mathfrak{T}_i = -\sum m_i\, \mathfrak{b}_S + \omega^2 \sum m_i\, \mathfrak{r}_i - \sum [\overline{\varepsilon},\, m_i\, \mathfrak{r}_i]$$
$$\mathfrak{T} = -m\, \mathfrak{b}_S + \omega^2 \sum m_i\, \mathfrak{r}_i - [\overline{\varepsilon},\, \sum m_i\, \mathfrak{r}_i]$$

Da S als Schwerpunkt vorausgesetzt wurde, gilt

$$\sum m_i\, \mathfrak{r}_i = 0 \tag{214}$$

also

$$\boxed{\mathfrak{T} = -\, m\, \mathfrak{b}_S} \tag{215}$$

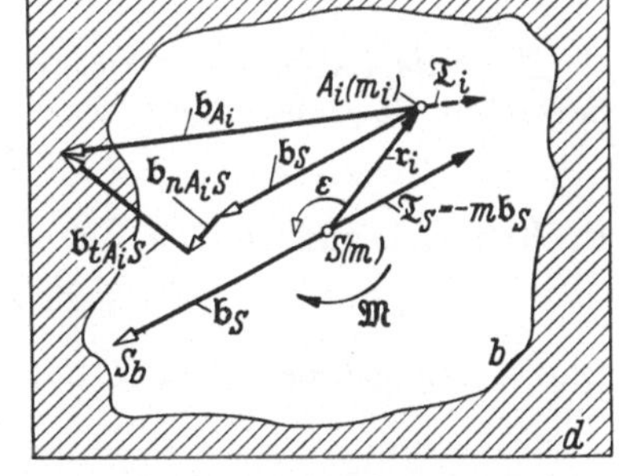

Abb. 44. Gegen Gestell d komplan bewegtes Getriebeglied b mit Schwerpunktsbeschleunigung $\mathfrak{b}_S$, D'ALEMBERTscher Trägheitskraft $\mathfrak{T}_S = -m\, \mathfrak{b}_S$. Beschleunigung $\mathfrak{b}_{A_i}$ eines beliebigen Gliedpunktes A_i von Glied b

Zur Bestimmung der Lage der Wirkungslinie t von $\mathfrak{T}$ wird nach dem Momentensatz das Moment von $\mathfrak{T}$ bezüglich S als Summe der Momente $\mathfrak{M}_i$ von $\mathfrak{T}_i$ bezüglich S gebildet; d. h.

$$\mathfrak{M} = \sum \mathfrak{M}_i = \sum [\mathfrak{r}_i\, \mathfrak{T}_i] \tag{216}$$

oder mit Gl. (213)

$$\mathfrak{M} = \sum [\mathfrak{r}_i,\, -m_i\, \mathfrak{b}_S + \omega^2(m_i\, \mathfrak{r}_i) - [\overline{\varepsilon},\, m_i\, \mathfrak{r}_i]]$$
$$= -[\sum m_i\, \mathfrak{r}_i,\, \mathfrak{b}_S] + \omega^2 \sum [\mathfrak{r}_i,\, m_i\, \mathfrak{r}_i] - \sum [\mathfrak{r}_i,\, [\overline{\varepsilon},\, m_i\, \mathfrak{r}_i]]$$

Wegen Gl. (214) und $[\mathfrak{r}_i,\, m_i\, \mathfrak{r}_i] = 0$ folgt unter Beachtung von

$$[\mathfrak{a}\,[\mathfrak{b}\, \mathfrak{c}]] = (\mathfrak{c}\, \mathfrak{a})\, \mathfrak{b} - (\mathfrak{b}\, \mathfrak{a})\, \mathfrak{c}$$

und $\bar{\varepsilon} \perp \mathfrak{r}_i$ für

$$\mathfrak{M} = -\left(\sum m_i\, r_i^2\right)\bar{\varepsilon} = -I_S\,\bar{\varepsilon} = -m\,i_S^2\,\bar{\varepsilon} \tag{217}$$

Ist in Abb. 45a T_w ein Punkt der Wirkungslinie t von $\mathfrak{T}$ mit $\overrightarrow{ST_w} = \mathfrak{R}$, so gilt

$$\mathfrak{M} = [\mathfrak{R}\,\mathfrak{T}] = [\mathfrak{R},\, -m\,\mathfrak{b}_S] \tag{218}$$

also nach Gl. (217)

$$[\mathfrak{R},\, -m\,\mathfrak{b}_S] = -I_S\,\bar{\varepsilon} = -m\,i_S^2\,\bar{\varepsilon}$$

bzw.

$$[\mathfrak{R}\,\mathfrak{b}_S] = i_S^2 \cdot \bar{\varepsilon} \tag{219}$$

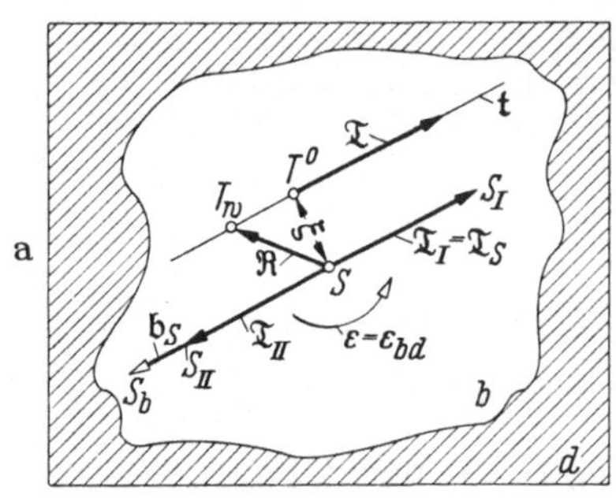

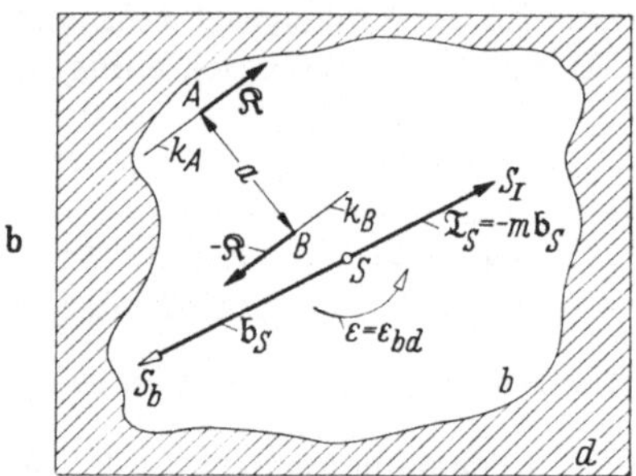

Abb. 45a und b.   a) Vektor der resultierenden D'ALEMBERTschen Trägheitskraft $\mathfrak{T} = -m\,\mathfrak{b}_S$, wirkend im Abstand ξ von der Richtungsgeraden des Vektors der Schwerpunktsbeschleunigung $\mathfrak{b}_S$;
b) Resultierende Gesamtwirkung der D'ALEMBERTschen Trägheitskräfte des komplan bewegten Getriebegliedes b, bestehend aus Einzelkraft $\mathfrak{T}_S = -m\,\mathfrak{b}_S$, angreifend im Schwerpunkt S, und aus dem Kräftepaar $\mathfrak{R}$, $-\mathfrak{R}$ vom Betrag $I_S\varepsilon$ und drehend im Gegensinn der Winkelbeschleunigung $\bar{\varepsilon}$

Mit $\xi = \overline{ST^0}$ als Abstand des Schwerpunktes S von t folgt aus Gl. (219)

$$\xi\, b_S = i_S^2\, \varepsilon$$

$$\xi = \frac{i_S^2\, \varepsilon}{b_S} \tag{220}$$

Ergebnis (Abb. 45a): Der resultierende Trägheitskraftvektor eines komplan bewegten Getriebegliedes ist ein Vektor

$$\mathfrak{T} = -m\,\mathfrak{b}_S \tag{221}$$

Er besitzt bezüglich des Schwerpunktes S das Moment

$$\mathfrak{M} = -I_S\,\bar{\varepsilon} = -m\,i_S^2\,\bar{\varepsilon} \tag{222}$$

Die Wirkungslinie t von $\mathfrak{T}$ hat von S den Abstand

$$\xi = \frac{i_S^2\, \varepsilon}{b_S} \tag{223}$$

und ist parallel zu $\mathfrak{b}_S$ so anzuordnen, daß das Moment des in t liegenden Vektors $\mathfrak{T}$ für S als Bezugspunkt den entgegengesetzten Richtungssinn der Winkelbeschleunigung $\bar{\varepsilon}$ besitzt.

4.51   D'Alembert-Kraft des eben bewegten Getriebegliedes. Einzelkraft und Kräftepaar

Bringt man in Abb. 45a in S die sich gegenseitig aufhebenden Kräfte

$$\mathfrak{T}_S = \mathfrak{T}_I = \overrightarrow{S\,S_I} = -m\,\mathfrak{b}_S \quad \text{und} \quad \mathfrak{T}_{II} = \overrightarrow{S\,S_{II}} = +m\,\mathfrak{b}_S$$

an, so ist das System der Kräfte $\mathfrak{T}$, $\mathfrak{T}_I = \mathfrak{T}_S$ und $\mathfrak{T}_{II}$ der D'ALEMBERT-Kraft $\mathfrak{T}$ äquivalent. Die resultierende Wirkung der D'ALEMBERTschen Trägheitskraft ist also ersetzbar durch

$$\textit{Einzelkraft:} \ \ \mathfrak{T}_S = -m\,\mathfrak{b}_S, \ \text{angreifend im Schwerpunkt } S \tag{224}$$

$$\textit{Kräftepaar:} \ \ \mathfrak{T} = -m\,\mathfrak{b}_S, \ \mathfrak{T}_{II} = +m\,\mathfrak{b}_S \tag{225}$$

vom Moment

$$\boxed{\mathfrak{M} = -I_S\,\bar{\varepsilon} = -m\,i_S^2\,\bar{\varepsilon}} \tag{226}$$

auch ersetzbar durch ein im Gegensinn von $\bar{\varepsilon}$ drehendes Kräftepaar $\mathfrak{K}_A = \mathfrak{K}$, $\mathfrak{K}_B = -\mathfrak{K}$ mit parallelen Wirkungslinien k_A, k_B durch A, B und vom Abstand a (Abb. 45 b).

Der Betrag $|\mathfrak{K}_A| = |\mathfrak{K}_B| = K$ wird aus

$$Ka = I_S\,\varepsilon \quad \text{oder} \quad Ka = m\,i_S^2\,\varepsilon \tag{227}$$

berechnet, also:

$$K = \frac{I_S\,\varepsilon}{a} = \frac{m\,i_S^2\,\varepsilon}{a} = m\left(\frac{i_S^2}{a}\right)\varepsilon = m\,\mathfrak{b}_S\left(\frac{\xi}{a}\right) \tag{228}$$

4.52 Statische Aufteilung von $\mathfrak{T}$ auf zwei Gelenke

Sind A und B zwei Gelenkpunkte des Getriebegliedes b mit S auf der Geraden durch diese Gelenke (Abb. 46), so kann $\mathfrak{T}$ mit $s_A = \overline{SA}$, $s_B = \overline{SB}$, $l = \overline{AB}$ nach A, B statisch wie folgt aufgeteilt werden.

$$\overline{\mathfrak{K}}_A = \mathfrak{K}_1 + \mathfrak{K} = -m\,\mathfrak{b}_S\left(\frac{s_B}{l} + \frac{\xi}{a}\right) \tag{229a}$$

$$\overline{\mathfrak{K}}_B = \mathfrak{K}_2 + (-\mathfrak{K}) = -m\,\mathfrak{b}_S\left(\frac{s_A}{l} - \frac{\xi}{a}\right) \tag{229b}$$

Beim Aufstellen solcher Formeln ist selbstverständlich der jeweilige Drehsinn von $\bar{\varepsilon}$ zu beachten. Eine andere Aufteilung von $\mathfrak{T}$ auf die Gelenke A, B mit Benutzung der Gleichung

$$\mathfrak{b}_B = \mathfrak{b}_A + \mathfrak{b}_{BA}$$

zeigt Ziff. 4.571.

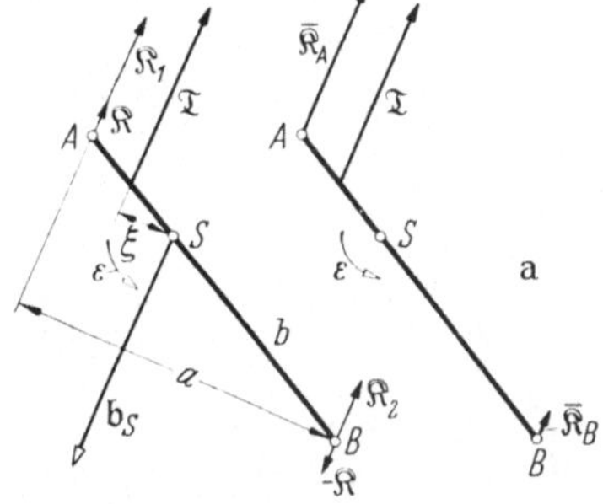

Abb. 46. Statische Aufteilung der resultierenden Trägheitskraft $\mathfrak{T}$ auf zwei Gelenke A, B des Getriebegliedes b

4.53 Sonderfall. Im Gestell drehbar gelagertes Glied

Das in d um $\mathfrak{A}$ drehbar angeordnete Getriebeglied b, z. B. Kurbel oder Schwinge, besitzt die Schwerpunktsbeschleunigung $\mathfrak{b}_S = \overrightarrow{SS_b}$, die Trägheitskraft $\mathfrak{T} = -m\,\mathfrak{b}_S$ in der Wirkungslinie t, die $\mathfrak{A}S$ in T_0 schneidet. Aus $\triangle\,S\,T^0\,T_0 \sim \triangle\,SS_tS_b$ folgt mit $\overline{ST_0} = \bar{\xi}$ und $\overline{\mathfrak{A}S} = s$

$$\frac{\bar{\xi}}{\xi} = \frac{b_S}{s\,\varepsilon}; \quad \bar{\xi} = \frac{b_S}{s\,\varepsilon}\,\xi = \frac{b_S}{s\,\varepsilon}\cdot\frac{i_S^2\,\varepsilon}{b_S}$$

$$\boxed{\bar{\xi} = \frac{i_S^2}{s}} \tag{230}$$

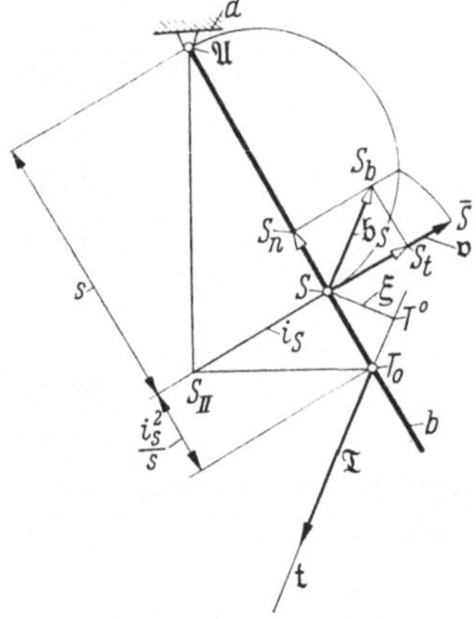

Abb. 47. Trägheitskraft $\mathfrak{T}$ eines im Gestell drehbar gelagerten Getriebegliedes. Der Trägheitsmittelpunkt T_0 als Angriffspunkt der resultierenden Trägheitskraft $\mathfrak{T}$

T_0 sei „*Trägheitsmittelpunkt*" genannt (vgl. Ziff. 4.44) und ist zeichnerisch nach Abb. 47 zu ermitteln ($\overline{SS_{II}} = i_S$, $S_{II}T_0 \perp \mathfrak{A}S_{II}$).

4.54 Zeichnerisches Ermitteln der Wirkungslinie der Trägheitskraft

In Abb. 48 besitze Punkt A des Getriebegliedes b die Geschwindigkeit $\mathfrak{v}_A$ und die Beschleunigung $\mathfrak{b}_A = \overrightarrow{AA_b}$; Glied b habe bezüglich des Gestells d die Winkelgeschwindigkeit $\overline{\omega} = \overline{\omega}_{bd}$ und die Winkelbeschleunigung $\overline{\varepsilon} = \overline{\varepsilon}_{bd}$. Für die Beschleunigung $\mathfrak{b}_S$ des Schwerpunktes S im Abstand $l = \overline{AS}$ gilt

$$\mathfrak{b}_S = \mathfrak{b}_A + \mathfrak{b}_{nSA} + \mathfrak{b}_{tSA}$$

mit
$$\mathfrak{b}_{nSA} = l\omega^2, \qquad \mathfrak{b}_{tSA} = l\varepsilon,$$
$$\mathfrak{b}_A = \overrightarrow{SS_I}, \qquad \mathfrak{b}_{nSA} = \overrightarrow{S_I S_{II}} \, \| \, \overline{AS},$$
$$\mathfrak{b}_{tSA} = \overrightarrow{S_{II} S_b} \perp \overline{AS} \quad \text{und} \quad \mathfrak{b}_S = \overrightarrow{SS_b}$$

Man zeichne den Trägheitsmittelpunkt T_0 mittels $\overline{SS_{III}} = i_S \perp AS$ und $\overline{S_{III}T_0} \perp \overline{AS_{III}}$, schneidet die in T_0 zu $\overline{AT_0}$ gezeichnete Senkrechte mit der Geraden durch S, S_{II} in T^*. Die durch T^* zu $\mathfrak{b}_S = \overrightarrow{SS_b}$ gezeichnete Parallele ist die Wirkungslinie t des Trägheitskraftvektors $\mathfrak{T}$.

Beweis: Viereck $S\,T_0\,T^*\,T^0$ ist ein Kreisviereck, $\triangle S_{II}S_bS \sim \triangle T^0 S T_0$; also $\quad l\varepsilon : b_S = \overline{S\,T^0} : (i_S^2/l)$; $\overline{S\,T^0} = i_S^2 \varepsilon / b_S = \xi$; vergleiche Gl. (220).

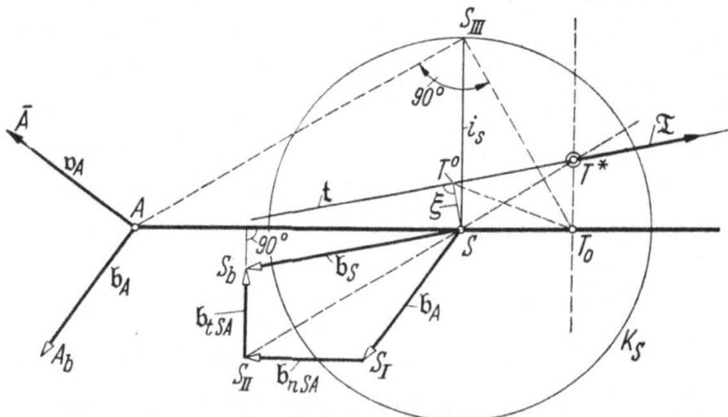

Abb. 48. Der Trägheitspol T^* zu gegebenem Geschwindigkeitszustand und zur beliebig veränderlichen Winkelbeschleunigung ε des Gliedes b. Trägheitsmittelpunkt T_0, zugeordnet den Punkten A und S, festgelegt durch Abstand $\overline{AS}$ und Trägheitshalbmesser i_S

4.55 Der Trägheitspol

Werden in Abb. 48 die Größen $\mathfrak{b}_A$, $\overline{\omega}$ konstant gehalten, dafür $\overline{\varepsilon}$ als veränderlich gedacht, so liefert die Konstruktion für alle veränderlichen Werte $\overline{\varepsilon}$ den gleichen Punkt T^*. Die Wirkungslinien t der Trägheitskraftvektoren $\mathfrak{T}$ schneiden sich also für alle beliebig wählbaren $\overline{\varepsilon}$ stets im gleichen Punkt. Der Punkt T^* heißt der *Trägheitspol* des Getriebegliedes b in der gezeichneten Stellung.

Sonderfall: T^* aus W, P und S. Wird als Gliedpunkt A von b der Momentanpol $P = P_{bd}$ gewählt, so ist $\mathfrak{b}_A$ durch $\mathfrak{b}_P = [\mathfrak{u}\,\overline{\omega}]$ zu ersetzen. Durch die weitere Annahme des Wendepols W ist dann der Trägheitspol T^* bestimmt.

Man zeichne den Trägheitsmittelpunkt T_0 bezogen auf die Punkte P und S als Antipol von P bezüglich des um S mit i_S als Halbmesser geschlagenen Kreises K_S und schneide die in T_0 zu $\overline{PT_0}$ gezeichnete Senkrechte g_1 mit der Geraden g_2 durch Wendepol W und Schwerpunkt S in T^*.

Beweis: Macht man $\mathfrak{v}_S = S\,\overline{S}$ in Abb. 49 gleich der Länge $\overline{PS} = l$, so wird $\mathfrak{b}_P = \overrightarrow{PW}$ und S_{II} von Abb. 48 fällt mit W zusammen.

Hinweise: Die Gerade g_1 kann als Antipolare des Pols P bezüglich K_S angesprochen werden. Sie ist wegen $i_P^2 = i_S^2 + l^2$ gleichzeitig die Polare des Schwerpunktes S bezüglich des Kreises K_P um P mit Halbmesser i_p und hat für das eingetragene recht-

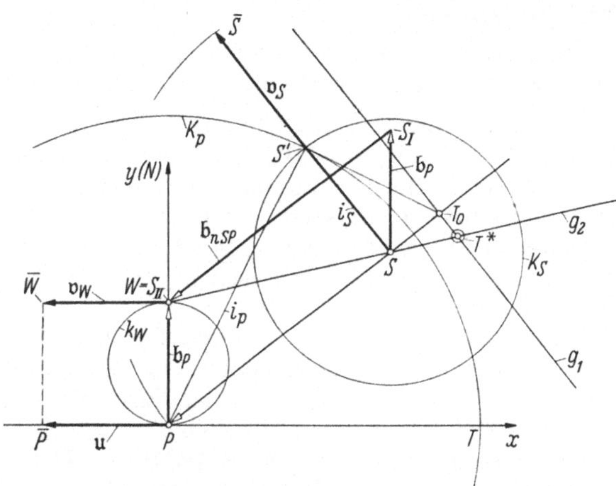

winklige xy-System die Gleichung

$$g_1 \equiv x\,x_S + y\,y_S - i_P^2 = 0 \tag{231}$$

Mit $\overline{PW} = \delta = $ Wendekreis-durchmesser $ = (u/\omega)$ folgt für die Gleichung der Geraden g_2 durch W und S

$$g_2 \equiv x(y_S - \delta) - y\,x_S + \delta\,x_S = 0 \tag{232}$$

also für das Strahlenbüschel sämtlicher Wirkungslinien t_i der möglichen $\mathfrak{T}_i$

$$x(y_S - \delta) - y\,x_S + \delta\,x_S + \zeta(x\,x_S + y\,y_S - i_P^2) = 0 \tag{233}$$

Abb. 49. Trägheitspol T^*, ermittelt aus Wendepol W, Schwerpunkt S, als Schnittpunkt der Geraden durch S und W mit der Antipolaren g_1 des Momentanpols P bezüglich des Kreises K_S um S vom Trägheitshalbmesser i_S

Hierbei ist ζ eine beliebig wählbare dimensionslose Größe. Für $\zeta = \varepsilon/\omega^2$ liefert Gl. (233) die Gleichung der Wirkungslinie t von $\mathfrak{T}$.

Für die Lösung der *I. Wittenbauerschen Grundaufgabe* ist es zweckmäßig nach M. Grübler, die Schwerpunktsbeschleunigung $\mathfrak{b}_S$ in die sog. *Wendebeschleunigung*

$$\mathfrak{b}_{\omega S} = -\,\omega^2\,\overrightarrow{WS} \tag{234}$$

und die *Triebbeschleunigung*

$$\mathfrak{b}_{\varepsilon S} = [\bar{\varepsilon}\,\overrightarrow{PS}] \tag{235}$$

zu zerlegen, d. h. Zerlegung von $\mathfrak{b}_S$ in eine Komponente in Richtung $\overrightarrow{SW}$ und in eine zweite senkrecht $\overrightarrow{PS}$ (Abbildung 50).

$$\mathfrak{b}_S = -\,\omega^2 \cdot \overrightarrow{WS} + [\bar{\varepsilon}\,\overrightarrow{PS}]$$
$$= \mathfrak{b}_{\omega S} + \mathfrak{b}_{\varepsilon S} \tag{236}$$

Die D'Alembertsche Kraft ist dann

$$\mathfrak{T} = m\,\omega^2\,\overrightarrow{WS} + (-m[\bar{\varepsilon}\,\overrightarrow{PS}])$$
$$= \mathfrak{T}_\omega + \mathfrak{T}_\varepsilon \tag{237}$$

Der Vorteil besteht darin, daß bei gegebenem oder bereits ermitteltem Geschwindigkeitszustand die Komponente $\mathfrak{T}_\omega$ nach Größe, Richtung und Richtungssinn bekannt ist und ihre zugeordnete Wirkungslinie $\overrightarrow{WS}$

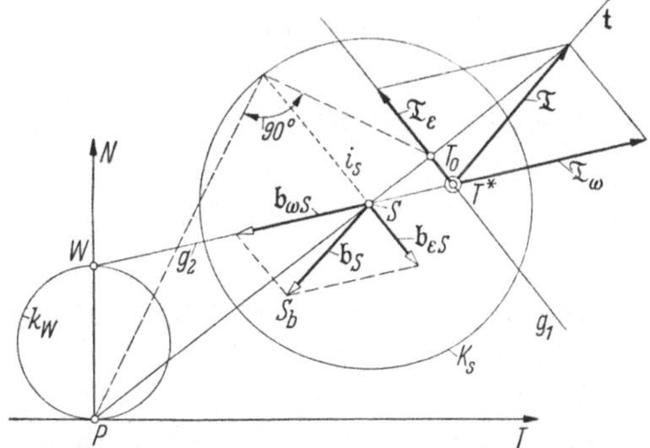

Abb. 50. Resultierende Trägheitskraft $\mathfrak{T}$, gehend durch Trägheitspol T^* und zerlegt in die Komponenten $\mathfrak{T}_\varepsilon$ senkrecht $\overrightarrow{PS}$ und $\mathfrak{T}_\omega$ mit der Geraden durch W, S als Wirkungslinie. Triebbeschleunigung $\mathfrak{b}_{\varepsilon S}$ und Wendebeschleunigung $\mathfrak{b}_{\omega S}$

durch T^* geht. Von $\mathfrak{T}_\varepsilon$ kennt man dagegen nur die zu $\overrightarrow{PS}$ senkrechte und durch T^* gehende Wirkungslinie.

Der Trägheitspol T^* wurde von H. WINTER [32] aufgefunden. O. TOLLE [31] gab einen umfassenden Bericht über die zahlreichen bekannt gewordenen Konstruktionsverfahren für den Trägheitspol.

Wichtiger Hinweis:

Werden die Voraussetzungen für Abb. 48 dahingehend abgewandelt, daß die Beschleunigung des Punktes A veränderlich angenommen wird, A_b von $\mathfrak{b}_A = \overrightarrow{AA_b}$ also auf einer Parallelen zu $\mathfrak{v}_A$ wandert, so durchläuft der bisherige Punkt T^* die in T_0 zu $A\,T_0$ errichtete Senkrechte $n\,n'$.

Ist b Glied eines zwangläufigen Getriebes, z. B. die Koppel eines Schubkurbelgetriebes, so existiert auch in diesem Fall für das System der resultierenden D'ALEMBERTschen Trägheitskräfte $\mathfrak{T}_b$ von b ein Trägheitspol T_z^*, der dann aus einem gewählten Beschleunigungszustand $(\mathfrak{b}_A, \mathfrak{b}_S)$ in folgender Weise gefunden wird:

Die durch S zu $\mathfrak{v}_A$ gezeichnete Parallele $S\,Y$ schneidet $n\,n'$ im Punkt C. Ermittle ferner den Schnittpunkt T_b der durch T_0 zur Beschleunigung $\mathfrak{b}_{SA}$ gezeichneten Parallelen T_0Z mit der durch S zu $\mathfrak{b}_A$ gelegten Parallelen SX. Die durch C und T_b zu $\mathfrak{v}_S$ bzw. $\mathfrak{b}_S$ gezeichneten Parallelen schneiden sich im gesuchten Trägheitspol T_z^* des zwangläufig geführten Getriebegliedes b.

Man beachte ferner, daß die Konstruktion des Trägheitspols T^* nach Abb. 49 für beide Fälle gilt, d. h. T_z^* ist dann mit T^*, ermittelt nach Abb. 49, identisch.

4.56   Beispiele

4.561 Doppelschieber. In Abb. 51 ist ein *Doppelschiebergetriebe* in Form der feststehenden *rechtwinkligen Kreuzschleife* dargestellt. Die Koppel $b = \overline{A\,B}$ wird durch die Gleitsteine a, c längs $O\,y$ bzw. $O\,x$ geführt.

Gegeben:	Gewicht der Koppel b	G	$= 1{,}177$ kg
	Massenträgheitsmoment	I_S	$= 0{,}01$ kgms^2
	Trägheitshalbmesser	i_S	$= 0{,}289$ m
	Masse der Koppel b	m	$= 0{,}12$ kgs^2/m
	Länge der Koppel	$\overline{A\,B} = b = 1$ m	
	Ausgangsstellung	$\overline{O\,A} = 0{,}6$ m	
	Bewegungszustand	v_A	$= 0$
		b_A	$= 6$ ms^{-2}
Maßstäbe:	Zeichnung	M_z	$= 10$ cm/m
	Geschwindigkeit	M_v	$= \sqrt{5}$ cm/ms^{-1}
	Beschleunigung	M_b	$= 0{,}5$ cm/ms^{-2}
	Kräfte	M_k	$= 10$ cm/kg

Gesucht: Kraft $\mathfrak{R}$ in B (Wirkungslinie $O\,x$), die den gegebenen Bewegungszustand erzwingt.

Lösung: Beschleunigung $\mathfrak{b}_B$ aus $\mathfrak{b}_B = \mathfrak{b}_A + \mathfrak{b}_{nBA} + \mathfrak{b}_{tBA}$, wobei wegen $\mathfrak{v}_A = 0$, also $\mathfrak{v}_B = 0$, $\mathfrak{v}_{BA} = 0$ auch $\mathfrak{b}_{nBA} = 0$ ist. Beschleunigungsplan: $\overrightarrow{o'a_1} = \mathfrak{b}_A$, $\overrightarrow{o'b_1} = \mathfrak{b}_B$, $\overrightarrow{o's_1} = \mathfrak{b}_S = 3{,}8$ m/s^2 mit s_1 als Mittelpunkt von $\overline{a_1 b_1}$ (Satz von MEHMKE). Winkelbeschleunigung $\varepsilon = \varepsilon_{bd} = \dfrac{b_{tBA}}{\overline{AB}} = \dfrac{a_1 b_1}{\overline{AB}} = 7{,}6$ s^{-2} (Gegen-

sinn des Uhrzeigers!); $\bar{\varepsilon} = -7{,}6\ \mathrm{s}^{-2}$. Betrag $T_S = |\mathfrak{T}_S| = m\mathfrak{b}_S = 0{,}12 \cdot 3{,}8$
$= 0{,}456\ \mathrm{kg} \,\hat{=}\, 4{,}56\ \mathrm{cm}$; Richtungssinn entgegengesetzt von $\mathfrak{b}_S = \overrightarrow{SS_b} = \overrightarrow{o's_1}$.

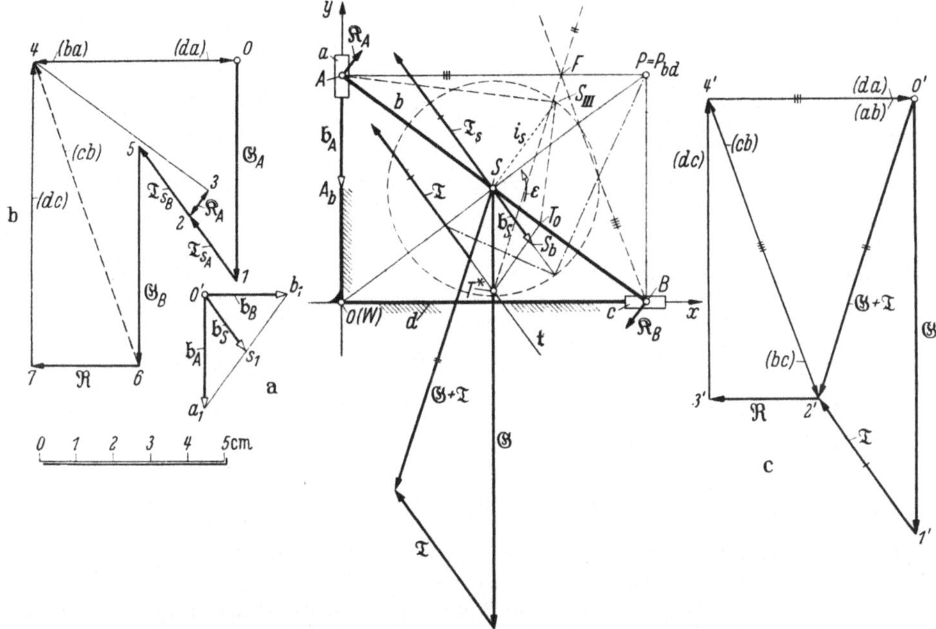

Abb. 51. Dynamik des Doppelschiebergetriebes (Kreuzschleifengetriebes). Ermitteln der Gleichgewichts-
kraft $\mathfrak{R}$ in B zu dem durch $\mathfrak{v}_A = 0$ und $\mathfrak{b}_A$ gegebenen Geschwindigkeits- und Beschleunigungszustand
(II. WITTENBAUERsche Grundaufgabe). a) Beschleunigungsplan; b) Kräfteplan mit Stabkraftverfahren;
c) Kräfteplan mit Benutzung des Trägheitspols T^*

a) *Resultierende d'Alembertsche Kraftwirkung an b:*

Einzelkraft: $\mathfrak{T}_S = -m\,\mathfrak{b}_S$ in S und
Kräftepaar: $\mathfrak{R}_A$, $\mathfrak{R}_B = -\mathfrak{R}_A$ mit Betrag

$$K = K_A = K_B = \frac{I_s\,\varepsilon}{b} = \frac{0{,}01 \cdot 7{,}6}{1} = 0{,}076\ \mathrm{kg}$$

mit im Uhrzeigersinn drehendem Moment.

$\mathfrak{T}_S$ und $\mathfrak{G}$ werden nach A und B als Kräfte $\mathfrak{T}_{SA}$, $\mathfrak{T}_{SB}$ bzw. $\mathfrak{G}_A$, $\mathfrak{G}_B$ aufgeteilt.

Gleichgewicht in A:

$$\mathfrak{G}_A + \mathfrak{T}_{SA} + \mathfrak{R}_A + (AB) + (da) = 0$$
$$\overrightarrow{01} + \overrightarrow{12} + \overrightarrow{23} + \overrightarrow{34} + \overrightarrow{40} = 0$$

Gleichgewicht in B:

$$(BA) + \mathfrak{R}_B + \mathfrak{T}_{SB} + \mathfrak{G}_B + \mathfrak{R} + (dc) = 0$$
$$\overrightarrow{43} + \overrightarrow{32} + \overrightarrow{25} + \overrightarrow{56} + \overrightarrow{67} + \overrightarrow{74} = 0$$

Gelenkkraft in A:

$$(b\,a) = \mathfrak{G}_A + \mathfrak{T}_{SA} + \mathfrak{R}_A + (AB) = \overrightarrow{01} + \overrightarrow{12} + \overrightarrow{23} + \overrightarrow{34} = \overrightarrow{04}$$

Gelenkkraft in B:

$$(b\,c) = (BA) + \mathfrak{R}_B + \mathfrak{T}_{SB} + \mathfrak{G}_B = \overrightarrow{43} + \overrightarrow{32} + \overrightarrow{25} + \overrightarrow{56} = \overrightarrow{46}$$

Gelenkkraft:

$$(da) = \overrightarrow{40}$$

Gelenkkraft:

$$(cd) = (bc) + \Re = \overrightarrow{46} + \overrightarrow{67} = \overrightarrow{47}$$

$$(dc) = \overrightarrow{74}$$

Gleichgewicht am Glied b:

$$\mathfrak{G}_A + \mathfrak{T}_S + \mathfrak{G}_B + (cb) + (ab) = 0$$

$$\overrightarrow{01} + \overrightarrow{15} + \overrightarrow{56} + \overrightarrow{64} + \overrightarrow{40} = 0$$

Gleichgewicht am Getriebe:

$$(da) + \mathfrak{G}_A + \mathfrak{T}_{SA} + \mathfrak{T}_{SB} + \mathfrak{G}_B + \Re + (dc) = 0$$

$$\overrightarrow{40} + \overrightarrow{01} + \overrightarrow{12} + \overrightarrow{25} + \overrightarrow{56} + \overrightarrow{67} + \overrightarrow{74} = 0$$

b) *Resultierende Trägheitskraft von b als Einzelkraft* $\mathfrak{T}$: Sie hat den Betrag $|\mathfrak{T}| = |\mathfrak{T}_S| = 0{,}456$ kg. Ihr Wirkungslinienabstand von S ist

$$\xi = \frac{i_s^2 \varepsilon}{b_S} = \frac{(1/12) \cdot 7{,}6}{3{,}8} = 0{,}167 \text{ m}$$

d. h., Wirkungslinie t von $\mathfrak{T}$ ist so anzuordnen, daß das Moment von $\mathfrak{T}$ bezüglich S im Uhrzeigersinn (Gegensinn von $\bar{\varepsilon}$) dreht.

Ohne Berechnung von ξ ist t von $\mathfrak{T}$ auch nach Abb. 51 wie folgt konstruierbar. Zeichne gemäß Abb. 48 $\overline{SS_{III}} = i_s$ senkrecht $\overline{AS}$ und $\overline{S_{III}T_0} \perp \overline{AS_{III}}$, trage in S die Beschleunigung b_A an und schneide ihre Wirkungslinie mit der in T_0 zu $\overline{AT_0}$ errichteten Senkrechten in T^* ($b_{n_{SA}} = 0$, da $v_A = 0$ vorausgesetzt). Die durch T^* zu b_S gezeichnete Parallele ist die gesuchte Wirkungslinie t.

Gegenüber Abb. 51 b vereinfacht sich jetzt der Kräfteplan. $\mathfrak{G}$ und $\mathfrak{T}$ schneiden sich in dieser Sonderanordnung in T^*. Zeichne in Abb. 51 c $\overrightarrow{0'1'} = \mathfrak{G}$, $\overrightarrow{1'2'} = \mathfrak{T}$, ziehe durch T^* die Wirkungslinie von $\mathfrak{G} + \mathfrak{T}$. Diese schneidet die in A zu Oy gezeichnete Senkrechte in F. Damit ist in der Geraden durch B und F die Wirkungslinie von $\Re + (dc)$ gefunden. Nach der Gleichgewichtsbedingung am Getriebe

$$\mathfrak{G} + \mathfrak{T} + \Re + (dc) + (da) = 0$$

zieht man durch $0'$ zu $\overline{FA}$ und durch $2'$ zu $\overline{FB}$ die sich in $4'$ schneidenden Parallelen und findet so $\overrightarrow{4'0'} = (da)$ und $\overrightarrow{2'4'} = \Re + (dc)$, ferner nach Zerlegung von $\overrightarrow{2'4'}$ in Richtung Ox und senkrecht Ox das Ergebnis: $\Re = \overrightarrow{2'3'}$, $(dc) = \overrightarrow{3'4'}$, $(bc) = \overrightarrow{4'2'}$, $(cb) = \overrightarrow{2'4'}$, $(ab) = (da) = \overrightarrow{4'0}$; also Gleichgewicht an b

$$(ab) + \mathfrak{G} + \mathfrak{T} + (cb) = 0$$

$$\overrightarrow{4'0'} + \overrightarrow{0'1'} + \overrightarrow{1'2'} + \overrightarrow{2'4'} = 0$$

Hinweis: Bei gegebenem Gewicht $\mathfrak{G}$ und Massenträgheitsmoment I_S kann man nach der Größe von b_S bzw. b_A fragen, für die bei $v_A = 0$ die Zusatzkraft $\Re = 0$ wird (I. WITTENBAUERsche Grundaufgabe).

In diesem Falle (Abb. 52) müssen sich $\mathfrak{G}$, $\mathfrak{T}$ (da), (dc) das Gleichgewicht halten, wobei $(da) \perp Oy$, $(dc) \perp Ox$ und die Resultierende $\mathfrak{G} + \mathfrak{T}$ durch T^*

geht. Die Führungskräfte (da), (dc) schneiden sich in P, und $\overline{PT^*}$ ist die Wirkungslinie von $\mathfrak{G} + \mathfrak{T}$. Damit ist der Kräfteplan von Abb. 52a aufstellbar.

Ergebnis: $\mathfrak{T}^0 = \overline{1''2''} = 0{,}71$ kg, $b_S^0 = 0{,}71/0{,}12 = 5{,}91$ m/s².

Die Lösung wäre auch gemäß Abb. 51 zu gewinnen, wenn dort eine zweite Beschleunigung b_A^{II} angenommen und der Kräfteplan entsprechend Abb. 51 erneut gezeichnet würde (Verfahren der ähnlichen Punktreihen). Vgl. hierzu ([*12*], S. 131) und ([*1a*], S. 457).

4.562 Rollpendel. Gemäß Abb. 53 rollt Glied b mit Rad b im Hohlrad d des Gestells d. Mit

$$\overline{\mathfrak{M}P} = \mathfrak{R} = 60 \text{ mm}$$

und

$$\overline{MP} = R = 40 \text{ mm}$$

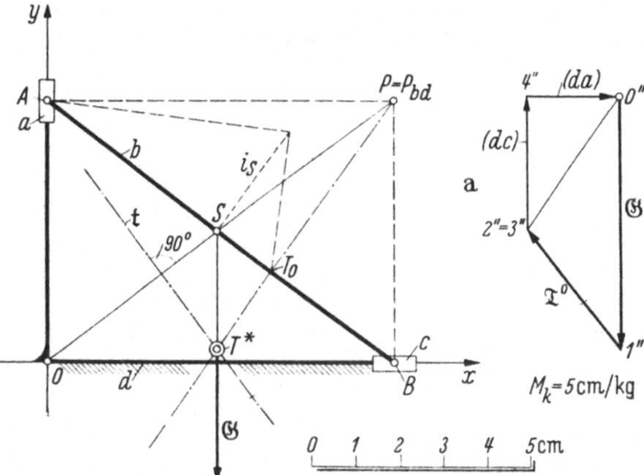

Abb. 52. I. WITTENBAUERsche Grundaufgabe für die Bewegung im Doppelschieber-Getriebe von Abb. 51. Anfangszustand $v_A = 0$. Gesucht der Beschleunigungszustand

folgt für den Wendepol W gemäß $1/R - 1/\mathfrak{R} = 1/\delta$ der Wendekreisdurchmesser $\delta = 120$ mm. Der an b angeordnete Pendelkörper habe den Schwerpunkt S mit $\overline{MS} = s = 20$ mm und $\sphericalangle SMP = 45°$.

Gegeben:

Gewicht des Pendelkörpers $G_b = G = 4{,}905$ kg, $m_b = m = 0{,}5$ kgs²/m.
Massenträgheitsmoment $I_s = 0{,}000\,313$ kgms², $i_s = 0{,}025$ m.

Maßstäbe:

$M_z = 100$ cm/m, $M_v = 20$ cm/ms⁻¹, $M_b = 4$ cm/ms⁻², $M_K = 2$ cm/kg.

Aufgabe: Aus der gegebenen Winkelgeschwindigkeit $\overline{\omega}_{bd} = \overline{\omega} = +2{,}5$ s⁻¹ ist die Winkelbeschleunigung $\overline{\varepsilon}_{bd} = \overline{\varepsilon}$ zu ermitteln.

Lösung: Man zeichnet nach Abb. 49 den Trägheitspol T^* als Schnittpunkt der Geraden g_1, g_2 und ermittelt die Trägheitskraft $\mathfrak{T}_\omega$ der Wendebeschleunigung b_{ω_S} des Schwerpunktes S, entweder zeichnerisch mit der Thaleskreiskonstruktion über $\overline{SW}$ als Durchmesser mit $\overline{SF} = v_{SW}$ oder rechnerisch als $-\omega^2 \cdot \overrightarrow{WS}$ vom Betrag $b_{\omega_S} = 0{,}625$ ms⁻². Also ist $|\mathfrak{T}_{\omega_S}| = 0{,}5 \cdot 0{,}625 = 0{,}313$ kg. Für das Gleichgewicht am Glied b, stehend unter der Einwirkung der Stützkraft $(db) \perp PT$ und der Zahnkraft (Reibkraft bei kraftschlüssigem Rollen) $\mathfrak{W} \parallel \overline{PT}$ mit Angriffspunkt in P, gilt nach D'ALEMBERT

$$\mathfrak{G} + \mathfrak{T}_\omega + \mathfrak{T}_\varepsilon + (db) + \mathfrak{W} = 0$$

Da die Wirkungslinie von $\mathfrak{T}_\omega$ durch S geht, lassen sich $\mathfrak{G}$ und $\mathfrak{T}_\omega$ zur Resultierenden $\mathfrak{G} + \mathfrak{T}_\omega$ mit der Wirkungslinie durch S zusammenfassen. Diese schneidet die Wirkungslinie $\overline{T_0T^*}$ von $\mathfrak{T}_\varepsilon$ in H. Andererseits geht die Wirkungslinie $\mathfrak{w}$ von $(db) + \mathfrak{W}$ durch P, d. h. $\mathfrak{w}$ ist die Gerade durch H und P. Im Kräfteplan (Abb. 53b) zeichnet man $\overrightarrow{01} = \mathfrak{G} + \mathfrak{T}_\omega$, ferner durch 1 und 0 die Parallelen zu $\overline{T^*H}$ bzw. $\overline{PH}$ und findet $\mathfrak{T}_\varepsilon = \overrightarrow{12}$, $(db) + \mathfrak{W} = \overrightarrow{20}$. Komponentenzerlegung von $\overrightarrow{20}$ liefert $\overrightarrow{23} = (d\,b)$ und $\overrightarrow{30} = \mathfrak{W}$; $|\mathfrak{T}_\varepsilon| = 1{,}5$ kg, $b_\varepsilon = 1{,}5/0{,}5$ $= 3$ ms^{-2}; $\varepsilon = b_\varepsilon/\overline{PS} = 3/3{,}9 = 0{,}769$ s^{-2}; $\bar{\varepsilon} = -0{,}769$ s^{-2}.

Aufgabe: Man ermittle in gleicher Weise $\bar{\varepsilon}$ für den Fall, daß das Pendel b in der gezeichneten Lage die Winkelgeschwindigkeit $\overline{\omega} = \overline{\omega}_{b\,d} = 0$ besitzt, also aus dem Ruhezustand heraus bewegt wird.

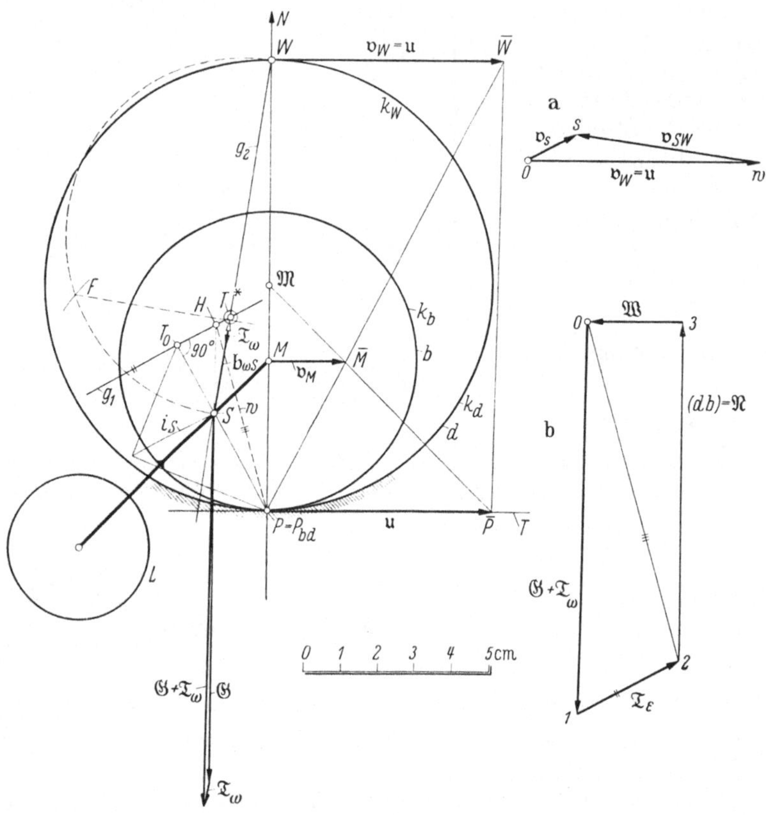

Abb. 53. Rollpendel mit gegebenem Geschwindigkeitszustand. Gesucht die Winkelbeschleunigung, die Führungskraft (Normalkraft) und die Reibungskraft.   a) Geschwindigkeitsplan;   b) Kräfteplan

4.57   Trägheitskräfte statischer Ersatzmassen

Für zusammengesetzte Kurbelgetriebe, z. B. Siebengelenkgetriebe mit Dreibindern, kann es vorteilhaft sein, die Wirkung der resultierenden Trägheitskraft auf die Gelenkzapfenmitten zu verteilen, deren Beschleunigungen als bekannt vorausgesetzt werden.

Bei drei statischen Ersatzmassen m_1, m_2, m_3 (Abb. 54) in den Gelenkzapfenmitten A_I bis A_{III} mit den Beschleunigungen $\mathfrak{b}_1 = \mathfrak{b}_{A_I}$, $\mathfrak{b}_2 = \mathfrak{b}_{A_{II}}$, $\mathfrak{b}_3 = \mathfrak{b}_{A_{III}}$ des Dreibinders $b = A_I A_{II} A_{III}$ stellt die geometrische Summe $\overline{\mathfrak{T}}$ der Trägheitskräfte $\mathfrak{T}_i = -m_i \mathfrak{b}_i$

$$\overline{\mathfrak{T}} = -m_1 \mathfrak{b}_1 + (-m_2 \mathfrak{b}_2) + (-m_3 \mathfrak{b}_3) = -\sum m_i \mathfrak{b}_i \tag{238}$$

noch nicht die Trägheitskraft des gegen d mit $\mathfrak{b}_S$ und $\bar{\varepsilon} = \bar{\varepsilon}_{b\,d}$ bewegten Getriebegliedes dar.

Mit den Bezeichnungen von Ziff. 3.42, Abb. 40, und $\mathfrak{p}_i = \overrightarrow{SA_i}$ folgt

$$\mathfrak{b}_i = \mathfrak{b}_S + (-\omega^2\,\mathfrak{p}_i) + [\bar\varepsilon\,\mathfrak{p}_i]$$

$$\overline{\mathfrak{T}}_i = -m_i\,\mathfrak{b}_S + \omega^2\,m_i\,\mathfrak{p}_i - [\bar\varepsilon,\,m_i\,\mathfrak{p}_i]$$

und

$$\overline{\mathfrak{T}} = \sum\overline{\mathfrak{T}}_i = -\sum m_i\cdot\mathfrak{b}_S + \omega^2\sum m_i\,\mathfrak{p}_i - [\bar\varepsilon,\sum m_i\,\mathfrak{p}_i]$$

mit

$$\sum m_i = m,\quad \sum m_i\,\mathfrak{p}_i = 0$$

$$\boxed{\overline{\mathfrak{T}} = -m\,\mathfrak{b}_S}\,,\quad \text{d. h.}\quad \overline{\mathfrak{T}} = \mathfrak{T} \tag{239}$$

Die resultierende Einzelkraft der Trägheitskräfte der statischen Ersatzmassen ist also gleich der resultierenden Trägheitskraft des Getriebegliedes.

Für das Moment der Kräfte $\overline{\mathfrak{T}}_i$ bezüglich S folgt

$$\overline{\mathfrak{M}} = \sum\overline{\mathfrak{M}}_i$$
$$= \sum[\mathfrak{p}_i,\, -m_i\,\mathfrak{b}_S + \omega^2\,m_i\,\mathfrak{p}_i - [\bar\varepsilon,\,m_i\,\mathfrak{p}_i]]$$

ferner bei Anwendung der Formel

$$[\mathfrak{a}[\mathfrak{b}\,\mathfrak{c}]] = (\mathfrak{c}\,\mathfrak{a})\,\mathfrak{b} - (\mathfrak{a}\,\mathfrak{b})\,\mathfrak{c}$$

$$\overline{\mathfrak{M}} = -\sum[m_i\,\mathfrak{p}_i,\,\mathfrak{b}_S] +$$
$$+ \omega^2\sum[\mathfrak{p}_i,\,m_i\,\mathfrak{p}_i] - \sum[\mathfrak{p}_i[\bar\varepsilon,\,m_i\,\mathfrak{p}_i]]$$

Die ersten beiden Summanden sind 0, also

$$\overline{\mathfrak{M}} = -\sum(m_i\,\mathfrak{p}_i\,\mathfrak{p}_i)\,\bar\varepsilon + \sum(\mathfrak{p}_i\,\bar\varepsilon)\,m_i\,\mathfrak{p}_i$$

Wegen $\mathfrak{p}_i\perp\bar\varepsilon$, also $(\mathfrak{p}_i\,\bar\varepsilon) = 0$ ist

$$\overline{\mathfrak{M}} = -\left(\sum m_i\,p_i^2\right)\bar\varepsilon \tag{240}$$

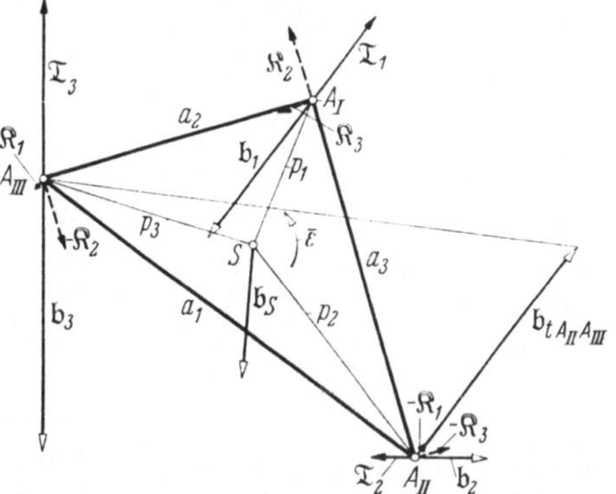

Abb. 54. Trägheitskräfte dreier statischer Ersatzmassen mit Anordnung zusätzlicher Kräftepaare

Dagegen ist das Moment der wirklichen Trägheitskraft $\mathfrak{T}$ des Gliedes b nach Gl. (217)

$$\mathfrak{M} = -m\,i_s^2\,\bar\varepsilon \tag{241}$$

Setzt man zur Abkürzung

$$\sum m_i\,p_i^2 = m\,i_{st}^2 \tag{242}$$

wobei $\sum m_i\,p_i^2$ das Massenträgheitsmoment der statischen Ersatzmassen m_i für S als Bezugspunkt und i_{st} den dazugehörigen Trägheitshalbmesser bedeutet, so ist

$$\overline{\mathfrak{M}} = -m\,i_{st}^2\,\bar\varepsilon \tag{243}$$

und

$$\mathfrak{M} = -m\,i_s^2\,\bar\varepsilon + m\,i_{st}^2\,\bar\varepsilon - m\,i_{st}^2\,\bar\varepsilon$$
$$\mathfrak{M} = -m\,i_{st}^2\,\bar\varepsilon + m\,i_{st}^2\left(1 - \left(\frac{i_s}{i_{st}}\right)^2\right)\bar\varepsilon \tag{244}$$

oder nach Gl. (178)

$$\boxed{\mathfrak{M} = -m\,i_{st}^2\,\bar\varepsilon + m\,i_{st}^2\,k\,\bar\varepsilon = \overline{\mathfrak{M}} + m\,i_{st}^2\,k\,\bar\varepsilon} \tag{245}$$

$$\boxed{\mathfrak{M} = \overline{\mathfrak{M}} + \mathfrak{M}_K} \tag{246}$$

wobei

$$\mathfrak{M}_K = m\,i_{st}^2\,k\,\bar\varepsilon \tag{247}$$

das Korrekturmoment bedeutet, durch welches das Moment der Trägheitskräfte $\overline{\mathfrak{T}}_i = -m_i \mathfrak{b}_i$ der statischen Ersatzmassen zu ergänzen ist. Ist

$$k = 1 - \left(\frac{i_s}{i_{st}}\right)^2 \tag{248}$$

positiv, so wirkt $\mathfrak{M}_K$ im Drehsinn von $\bar{\varepsilon}$, im anderen Fall bei $k < 0$ im Gegensinn von $\bar{\varepsilon}$.

Nach Gl. (244) ist $\mathfrak{M}_K = m\,i_{st}^2\,\bar{\varepsilon} - m\,i_s^2\,\bar{\varepsilon}$ und mit Gl. (242) umformbar in

$$\mathfrak{M}_K = \left(m_1\,p_1^2 + m_2\,p_2^2 + m_3\,p_3^2 - (m_1 + m_2 + m_3)\,i_s^2\right)\bar{\varepsilon}$$
$$\mathfrak{M}_K = \left(m_1(p_1^2 - i_s^2) + m_2(p_2^2 - i_s^2) + m_3(p_3^2 - i_s^2)\right)\bar{\varepsilon} \tag{249}$$

$\mathfrak{M}_K$ ist also ersetzbar durch drei Zusatzkräftepaare $(\mathfrak{K}_1,\ -\mathfrak{K}_1)$, $(\mathfrak{K}_2,\ -\mathfrak{K}_2)$ $(\mathfrak{K}_3,\ -\mathfrak{K}_3)$ von den Momenten

$$\mathfrak{M}_{K1} = m_1(p_1^2 - i_s^2)\,\bar{\varepsilon}$$
$$\mathfrak{M}_{K2} = m_2(p_2^2 - i_s^2)\,\bar{\varepsilon} \qquad \text{(250a, b, c)}$$
$$\mathfrak{M}_{K3} = m_3(p_3^2 - i_s^2)\,\bar{\varepsilon}$$

die auf die Seiten a_1, a_2, a_3 des Dreiecks $A_I A_{II} A_{III}$, d. h. auf die Gelenke A_I, A_{II}, A_{III} aufgeteilt werden können. Die Beträge K_i der Kräfte $\mathfrak{K}_i$ sind

$$K_i = \frac{m_i(p_i^2 - i_s^2)}{a_i}\,\varepsilon \tag{251}$$

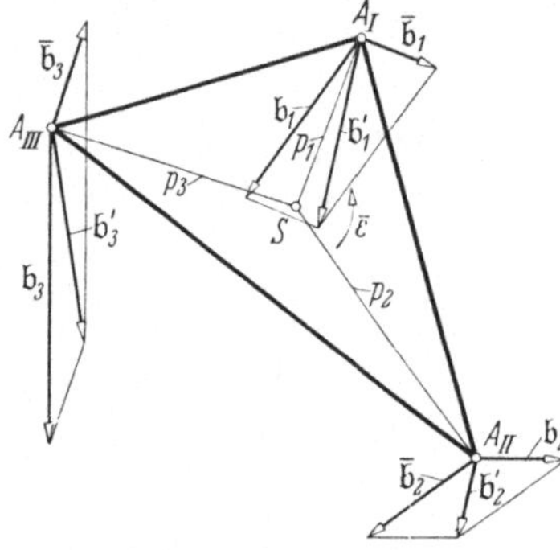

Abb. 55. Trägheitskräfte dreier statischer Ersatzmassen eines Dreibinders. Anordnungen zusätzlicher Beschleunigungen $\bar{\mathfrak{b}}_i$

Für $(p_i^2 - i_s^2) > 0$ wirken diese Kräftepaare im Sinne von $\bar{\varepsilon}$.

Der Vorteil der Verwendung von statischen Ersatzmassen ist offensichtlich, da die gesamte Trägheitskraftwirkung auf die Gelenkzapfenmitten verteilt ist.

Hinweis: Man kann auch nur ein Kräftepaar $\mathfrak{K}_K$, $-\mathfrak{K}_K$ vom Moment $\mathfrak{M}_K$ anordnen und diese Kräfte auf zwei beliebig wählbare Gelenke des Dreibinders verteilen, z. B. auf A_I, A_{II}. Eine andere Möglichkeit besteht darin, daß nach Abb. 55 in A_I, A_{II}, A_{III} die Zusatzbeschleunigungen

$$\bar{\mathfrak{b}}_i = -[\bar{\varepsilon}\,\overrightarrow{SA_i}]\,k = -[\bar{\varepsilon}\,\mathfrak{p}_i]\,k \tag{252}$$

senkrecht zu $\overrightarrow{SA_i}$ vom Betrag $p_i\,k\,\varepsilon$ angeordnet und deren Trägheitskräfte $\overline{\mathfrak{T}}_i = -m_i\bar{\mathfrak{b}}_i$ den $\mathfrak{T}_i = -m_i\mathfrak{b}_i$ ergänzend beigefügt werden. Man kann auch die Beschleunigungen $\mathfrak{b}_i' = \mathfrak{b}_i + \bar{\mathfrak{b}}_i$ bilden und für diese die Trägheitskräfte $\mathfrak{T}_i' = -m_i\mathfrak{b}_i'$ der Ersatzmassen m_i bilden.

4.571 Sonderfall 1: Zwei statische Ersatzmassen auf einer Geraden durch S (Abb. 56).

Statische Ersatzmassen: Mit $p_1 = \overline{SA_I}$, $p_2 = \overline{SA_{II}}$ und $l = \overline{A_I A_{II}}$ folgt

$$\text{in } A_I: \quad m_1 = \frac{p_2}{l}\,m \tag{253a}$$

$$\text{in } A_{II}: \quad m_2 = \frac{p_1}{l}\,m \tag{253b}$$

$$m\,i_{st}^2 = m_1\,p_1^2 + m_2\,p_2^2 = m\,p_1\,p_2; \qquad i_{st}^2 = p_1\,p_2$$

Beiwert

$$k = 1 - \frac{i_s^2}{i_{st}^2} = 1 - \frac{i_s^2}{p_1 p_2} \qquad (254)$$

Also

$$M_K = m\, i_{st}^2 k \varepsilon = m\,(p_1 p_2 - i_s^2)\,\varepsilon; \qquad (255)$$
$$\mathfrak{M}_K = m\,(p_1 p_2 - i_s^2)\,\overline{\varepsilon}$$

Zusatzkräftepaar $\mathfrak{K}$ in A_I, $-\mathfrak{K}$ in A_{II} im Abstand $p_1 + p_2 = l$ mit Kräften vom Betrag

$$K = \frac{m}{l}\,(p_1 p_2 - i_s^2)\,\varepsilon \qquad (256)$$

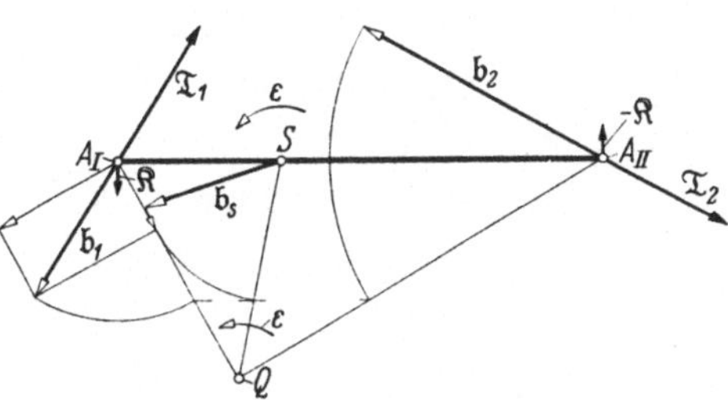

Abb. 56. Trägheitskräfte zweier statischer Ersatzmassen mit Zusatzkräftepaar $\mathfrak{K}$, $-\mathfrak{K}$

Das System der resultierenden Trägheitskräfte besteht aus $\mathfrak{T}_1 = -m_1 \mathfrak{b}_1$, $\mathfrak{T}_2 = -m_2 \mathfrak{b}_2$ und den Kräften $\mathfrak{K}$, $-\mathfrak{K}$.

Bei zwei statischen Ersatzmassen m_1, m_2 können auch die folgenden Trägheitskräfte angeordnet werden.

$$\text{In } A_I: \quad \mathfrak{T}_I = -m_1 \mathfrak{b}_{A_I} - \frac{m\,p_1 p_2\,k}{l^2}\,\mathfrak{b}_{A_{II}A_I} \qquad (256\,\mathrm{a})$$

$$\text{In } A_{II}: \quad \mathfrak{T}_{II} = -m_2 \mathfrak{b}_{A_{II}} + \frac{m\,p_1 p_2\,k}{l^2}\,\mathfrak{b}_{A_{II}A_I} \qquad (256\,\mathrm{b})$$

wie mittels $\mathfrak{b}_{A_{II}} = \mathfrak{b}_{A_I} + \mathfrak{b}_{A_{II}A_I}$ leicht zu beweisen ist.

4.572 Sonderfall 2: Drei statische Ersatzmassen in A_I, A_{II}, A_{III} auf einer Geraden durch S (Abb. 57). Sind m', m'' die Massen der Glieder $\overline{A_I A_{II}}$ bzw. $\overline{A_{II} A_{III}}$ und $\overline{A_I A_{II}} = l_{12}$, $\overline{A_{II} A_{III}} = l_{23}$, S_{12}, S_{23} ihre Schwerpunkte und $\overline{A_I S_{12}} = p_1$, $\overline{A_{II} S_{12}} = p_2$, $\overline{A_{II} S_{23}} = q_2$, $\overline{A_{III} S_{23}} = q_3$, so liefert die statische Massenaufteilung

$$\text{in } A_I: \quad m_1 = \frac{m' p_2}{l_{12}} \qquad \text{und} \quad \mathfrak{T}_1 = -m_1 \mathfrak{b}_1$$

$$\text{in } A_{II}: \quad m_2 = \frac{m' p_1}{l_{12}} + \frac{m'' q_3}{l_{23}} \quad \text{und} \quad \mathfrak{T}_2 = -m_2 \mathfrak{b}_2$$

$$\text{in } A_{III}: \quad m_3 = \frac{m'' q_2}{l_{23}} \qquad \text{und} \quad \mathfrak{T}_3 = -m_3 \mathfrak{b}_3$$

Die Einzelkräfte der Zusatzkräftepaare sind am

Teilglied $\overline{A_I A_{II}}$:

$$K_{12} = \frac{m'}{l_{12}}\,(p_1 p_2 - i_s'^2)\,\varepsilon$$

Teilglied $\overline{A_{II} A_{III}}$:

$$K_{23} = \frac{m''}{l_{23}}\,(q_2 q_3 - i_s''^2)\,\varepsilon$$

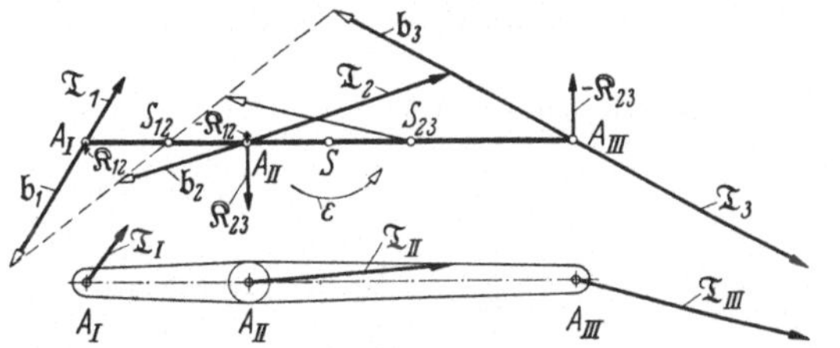

Dabei sind i_s', i_s'' die Trägheitshalbmesser für die Achsen S_{12}

Abb. 57
Trägheitskräfte dreier statischer Ersatzmassen, angeordnet auf einer Geraden durch S, ergänzt durch Zusatzkräftepaare

und S_{23} von $\overline{A_I A_{II}}$ bzw. $\overline{A_{II} A_{III}}$. Abb. 57a zeigt die Zusammenfassung der in A_I bis A_{III} auftretenden Trägheitskräfte $\mathfrak{T}_I$, $\mathfrak{T}_{II}$, $\mathfrak{T}_{III}$ des Dreibinders A_I, A_{II}, A_{III} dieser speziellen Art.

4.573 Beispiel: Doppelschieber mit Dreibinder als Koppel. In Abwandlung des Beispiels von Ziff. 4.567 (Abb. 51) sei nach Abb. 58 die Koppel b als starrer

Dreibinder ABC bzw. $A_{III}A_{II}A_I$ angenommen, der als dreieckige Platte gleicher Wandstärke ausgebildet sei.

Abmessungen; Ausgangslage:

$$\overline{OA} = 0{,}60 \text{ m}$$

Dreibinder:

$$\overline{AB} = a_1 = 1\text{ m}, \quad \overline{AC} = a_2 = 0{,}60\text{ m}, \quad \overline{BC} = a_3 = 0{,}80\text{ m}$$

$$\text{Gewicht: } G = 19{,}62 \text{ kg}, \quad \text{Masse: } m = 2 \text{ kgs}^2/\text{m}$$

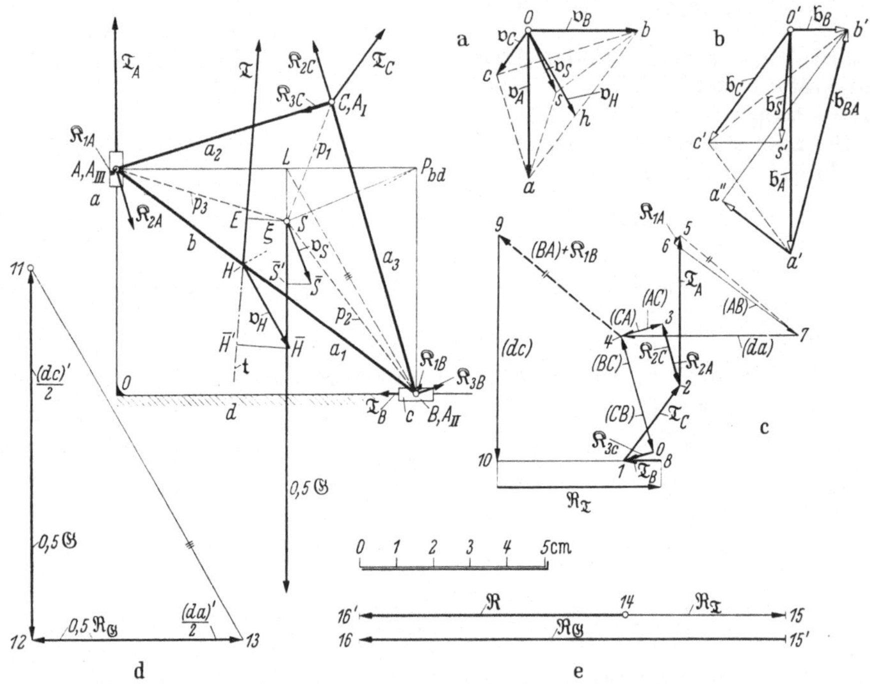

Abb. 58. Doppelschieber mit Dreibinder als Koppel. Ermitteln der Gleichgewichtskraft $\Re$ im Zapfen B (II. Wittenbauersche Grundaufgabe). a) Geschwindigkeitsplan; b) Beschleunigungsplan; c) Kräfteplan für Gleichgewichtskraft der Trägheitskräfte; d) Kräfteplan für das Gewicht $\mathfrak{G}$ als äußere Kraft

Massenträgheitsmoment:

$$I_s = \frac{m}{36}\,(a^2 + b^2 + c^2) = \frac{1}{9} = 0{,}111 \text{ kgms}^2$$

$$i_s^2 = \frac{1}{18}\,\text{m}^2 = 0{,}055 \text{ m}^2; \quad i_s = 0{,}235 \text{ m}$$

Bewegungszustand:

$$v_A = \overline{oa} = 1{,}65\,\text{ms}^{-1}, \quad b_A = \overline{o'a'} = 6\,\text{ms}^{-2} \quad (\text{in Richtung } \overrightarrow{AO})$$

Maßstäbe:

$$M_z = 10\,\text{cm/m}, \quad M_v = 3{,}16 = \sqrt{10}\,\text{cm/ms}^{-1}, \quad M_b = 1\,\text{cm/ms}^{-2}$$

Gesucht: a) Trägheitskraft $\mathfrak{T}$ des Dreibinders $A_IA_{II}A_{III}$ aus drei nach A_I, A_{II}, A_{III} aufgeteilten statischen Ersatzmassen m_1, m_2, m_3.

b) Gleichgewichtskraft $\mathfrak{R}_{\mathfrak{T}}$ der Trägheitskraft $\mathfrak{T}$ im Zapfen B mit Wirkungslinie von $\mathfrak{v}_B$.

c) Gleichgewichtskraft $\mathfrak{R}_{\mathfrak{G}}$ in B der in S angreifenden äußeren Kraft $\mathfrak{G}$.

d) Gleichgewichtskraft $\mathfrak{R}$ in B für die gesamte Kräfteanordnung.

e) Kontrolle von $\mathfrak{R}$ mittels des Prinzips der virtuellen Leistungen.

Lösung zu a):
Schwerpunktsabstände:

$$p_1^2 = \overline{A_I S}^2 = \;\;1/9\;\; = 0{,}1111 \text{ m}^2$$

$$p_2^2 = \overline{A_{II} S}^2 = 2{,}92/9 = 0{,}3244 \text{ m}^2$$

$$p_3^2 = \overline{A_{III} S}^2 = 2{,}08/9 = 0{,}2311 \text{ m}^2$$

Statische Ersatzmassen:

$$m_1 = m_2 = m_3 = m/3 = (2/3) \text{ kgs}^2/\text{m}$$

Momente und Kräfte der Zusatzkräftepaare nach Gl. (251):

$$M_{K_1} = \frac{1}{27}\,\varepsilon, \qquad M_{K_2} = \frac{4\cdot 84}{27}\,\varepsilon, \qquad M_{K_3} = \frac{3{,}16}{27}\,\varepsilon$$

$$K_1 = \frac{1}{27}\,\varepsilon, \qquad K_2 = \frac{4\cdot 84}{27\cdot 0{,}6}\,\varepsilon, \qquad K_3 = \frac{3{,}16}{27\cdot 0{,}8}\,\varepsilon$$

Geschwindigkeits- und Beschleunigungsverhältnisse zu ermitteln nach [1d] im Geschwindigkeitsplan (Abb. 58a) und Beschleunigungsplan (Abb. 58b).

Ergebnisse:

$$b_B = 1{,}5 \text{ ms}^{-2}, \qquad b_C = 3{,}8 \text{ ms}^{-2}, \qquad b_S = 3 \text{ ms}^{-2}$$

$$\varepsilon = \frac{b_{tBA}}{\overline{AB}} = \frac{\overline{a' b'}}{\overline{AB}} = 5{,}7 \text{ s}^{-2}; \qquad \bar{\varepsilon} = -5{,}7 \text{ s}^{-2} \quad \text{(Gegensinn des Uhrzeigers)}$$

Trägheitskräfte:

$$|\mathfrak{T}_A| = m_3 b_A = 4 \text{ kg}, \qquad K_1 = 0{,}211 \text{ kg}$$
$$|\mathfrak{T}_B| = m_2 b_B = 1 \text{ kg}, \qquad K_2 = 1{,}7 \text{ kg}$$
$$|\mathfrak{T}_C| = m_1 b_C = 2{,}52 \text{ kg}, \quad K_3 = 0{,}834 \text{ kg}$$

Kräftemaßstab: $M_K = 1$ cm/kg.

b) *Kräfteplan für $\mathfrak{R}_{\mathfrak{T}}$.*

Vorbemerkung: Der Dreibinder ABC kann aus drei Gliedern (Stäben) $\overline{AB}$, $\overline{BC}$, $\overline{AC}$ mit Gelenkbolzen A, B, C aufgefaßt werden, so daß mit dem Stabkraftverfahren gearbeitet werden kann, wobei das Gleichgewicht in jedem Einzelgelenk A, B, C zu erzwingen ist (Abb. 58c).

Gelenk C:

$$\mathfrak{R}_{3C} + \mathfrak{T}_C + \mathfrak{R}_{2C} + (CA) + (CB) = 0$$
$$\overrightarrow{01} + \overrightarrow{12} + \overrightarrow{23} + \overrightarrow{34} + \overrightarrow{40} = 0$$

Gelenk A:

$$(AC) + \mathfrak{R}_{2A} + \mathfrak{T}_A + \mathfrak{R}_{1A} + (AB) + (da) = 0$$
$$\overrightarrow{43} + \overrightarrow{32} + \overrightarrow{25} + \overrightarrow{56} + \overrightarrow{67} + \overrightarrow{74} = 0$$

Gelenk B:

$$\mathfrak{T}_B + \mathfrak{R}_{3B} + (BC) + (BA) + \mathfrak{R}_{1B} + (dc) + \mathfrak{R}_{\mathfrak{T}} = 0$$
$$\overrightarrow{81} + \overrightarrow{10} + \overrightarrow{04} + \overrightarrow{49} \qquad \overrightarrow{9\,10} + \overrightarrow{10\,8} = 0$$

mit $\overrightarrow{49} = \overrightarrow{75}$

Ergebnis:

$$R_{\mathfrak{T}} = |\overrightarrow{10\,8}| = 4{,}3 \, \text{kg}$$

Lösung zu c): Gleichgewicht am Glied $b = ABC$, gestützt durch die Führungskräfte $(da)'$ in A und $(dc)'$ in B. Wirkungslinien von $(da)'$ und $\mathfrak{G}$ schneiden sich in L, also ist die Gerade durch B, L die Wirkungslinie von $(dc)' + \mathfrak{R}_{\mathfrak{G}}$. Der Kräfteplan von Abb. 58d zeigt die Zerlegung mit halbem Kräftemaßstab im Vergleich zu Abb. 58c. $\mathfrak{R}_{\mathfrak{G}} = 11{,}4$ kg.

Lösung zu d): Gleichgewichtskraft $\mathfrak{R}$ der gesamten Kräfteanordnung

$$\mathfrak{R} = \mathfrak{R}_{\mathfrak{T}} + \mathfrak{R}_{\mathfrak{G}} = \overrightarrow{14\,15} + \overrightarrow{15'\,16} = \overrightarrow{14\,16'}$$

$$R = -7{,}1 \, \text{kg}$$

Die Führungskräfte in A und B werden aus den beiden Kräfteplänen durch Superposition erhalten.

Lösung zu e): Zur Kontrolle wurde die Trägheitskraft $\mathfrak{T}$ gemäß Ziff. 4.5 ermittelt ($\xi = \overline{ES} = 0{,}106$ m). Ihre Wirkungslinie t schneidet $\overline{AB}$ in H. Von H wird $\mathfrak{v}_H = H\overline{H}$ ermittelt. Nach dem Prinzip der virtuellen Leistungen gilt

$$\mathfrak{G}\,\mathfrak{v}_S + \mathfrak{T}\,\mathfrak{v}_H + \mathfrak{R}\,\mathfrak{v}_B = 0$$

$$19{,}62 \cdot 1{,}7 + (-6 \cdot 2{,}12) + R \cdot 2{,}85 = 0; \quad R = -6{,}9 \sim -7 \, \text{kg}$$

was mit dem Ergebnis von d) hinreichend genau übereinstimmt.

Aufgabe: Zur weiteren Übung soll nach Zusammensetzung von $\mathfrak{T}$ und $\mathfrak{G}$ die Gleichgewichtskraft $\mathfrak{R}$ direkt aus $\mathfrak{P} = \mathfrak{T} + \mathfrak{G}$ ermittelt werden, indem der Schnittpunkt der Wirkungslinie p von $\mathfrak{P}$ mit der in A zu AO gezeichneten Senkrechten benutzt wird. Desgleichen sei die Beifügung der Zusatzbeschleunigungen von Gl. (252) und die Ermittlung von $\mathfrak{T}_i'$ aus $\mathfrak{T}_A + \overline{\mathfrak{T}}_A$, $\mathfrak{T}_B + \overline{\mathfrak{T}}_B$, $\mathfrak{T}_C + \overline{\mathfrak{T}}_C$ empfohlen.

Hinweise: Selbstverständlich erscheint das Verfahren der drei statischen Ersatzmassen bei dem behandelten einfachen Beispiel reichlich kompliziert, desgleichen deren Verwendung bei nur zwei Gelenken, sowie die Einführung der Stabkräfte in den nicht an zwei Gelenke angeschlossenen Stäben.

Der Vorteil ist erst dann erkennbar, wenn zusammengesetzte Kurbelgetriebe vorliegen, wie z. B. Siebengelenkgetriebe (STEPHENSONscher Mechanismus) oder Zehngelenkgetriebe verschiedenster Bauformen. In diesen Fällen dürfte die Zusammenfassung der $\mathfrak{T}_i$ und $\overline{\mathfrak{T}}_i$ zu einer Einzelträgheitskraft $\mathfrak{T}_i'$ empfehlenswert sein, wie in Abb. 55 für den Dreibinder $A_I A_{II} A_{III}$ erläutert wurde.

Auch werden das Zeichnen der Schwerpunktsbeschleunigungen und das Aufteilen der Trägheitskräfte $\mathfrak{T}$ auf die Gelenke eingespart, da man mit dem Beschleunigungsplan der Gelenkpunkte auskommt und lediglich die Lage des Schwerpunktes im Getriebeplan wegen der Richtung der $\overline{\mathfrak{T}}_i$ bekannt sein muß.

Ein zusammenfassendes Beispiel ist in Ziff. 7 behandelt.

5. Die dynamische Grundgleichung für die Kraft- und Massenwirkungen in zwangläufigen Getrieben

Nach Ziff. 3.3 wurden die Massen m_i der Getriebeglieder durch die sog. „reduzierte" Masse m^* im Reduktionspunkt A, zumeist Zapfenmitte einer im Gestell gelagerten Kurbel, ersetzt. Ferner wurden gemäß Ziff. 2 die auf die Getriebeglieder von außen eingeprägten Kräfte $\mathfrak{P}_i$ in dem gleichen Reduktionspunkt leistungsmäßig durch die „reduzierte" Kraft $\mathfrak{P}^*$ vertreten (Abb. 59). Ihre Wirkungslinie wird zumeist tangential zum Kurbelkreis k_A vom Radius $r = \overline{\mathfrak{A}A}$ angenommen. Der Drehwinkel sei $\varphi = \sphericalangle A_0\,\mathfrak{A}\,A$; die Bogenlänge s, werde auf dem Kurbelkreis k_A von A_0 aus gemessen.

Dann sind m^* und $\mathfrak{P}^*$ bzw. $P^* = |\,\mathfrak{P}^*\,|$ Funktionen der Bogenlänge s des Reduktionspunktes A, also

$$m^* = m^*(s), \qquad P^* = P^*(s) \qquad (257\,\mathrm{a,\ b})$$

Die Bogenlänge s ist also im Sinne der „*Lagrangeschen Gleichungen zweiter Art*" die sog. generalisierte Koordinate q. Es gilt also

$$\frac{d}{dt}\left(\frac{\partial L^*}{\partial \dot{s}}\right) - \frac{\partial L^*}{\partial s} = Q_s \qquad (258)$$

Es bedeuten hierbei:

$$L^* = \frac{m^*}{2}\,v^2 = \frac{m^*}{2}\,\dot{s}^2 \qquad (259)$$

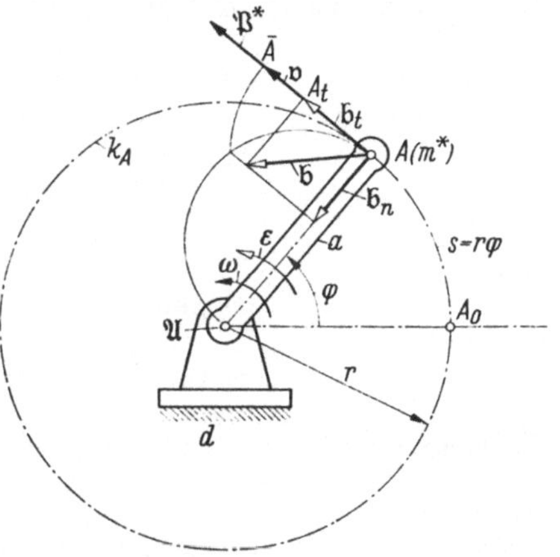

Abb. 59. Reduzierte Masse m^*, reduzierte Kraft $\mathfrak{P}^*$ und Tangentialbeschleunigung b_t im Kurbelzapfen A als Reduktionspunkt

die kinetische Energie des Getriebes, identisch mit der kinetischen Energie der reduzierten Masse m^*,

$$v = \frac{ds}{dt} = \dot{s} = r\,\dot\varphi = r\,\omega \qquad (260)$$

die Geschwindigkeit des Reduktionspunktes A mit ω als Winkelgeschwindigkeit der Reduktionskurbel,

$$dA = Q_S\,ds = P^*\,ds \qquad (261)$$

das Differential dA der Arbeit A der äußeren Kräfte $\mathfrak{P}_i$, identisch mit dem Arbeitsdifferential der reduzierten Kraft P^*, also $Q_s = P^*$.

Aus Gl. (259) folgt

$$\frac{\partial L^*}{\partial \dot{s}} = \frac{m^*}{2}\,2\,\dot{s} = m^*\,\dot{s} \qquad (262)$$

$$\frac{\partial L^*}{\partial s} = \frac{\partial m^*}{\partial s}\,\frac{\dot{s}^2}{2} = \frac{dm^*}{ds}\,\frac{\dot{s}^2}{2} \qquad (263)$$

für die Gl. (258)

$$\frac{d}{dt}(m^*\,\dot{s}) - \frac{dm^*}{ds}\,\frac{\dot{s}^2}{2} = P^*$$

$$\frac{dm^*}{dt}\,\dot{s} + m^*\,\frac{d\dot{s}}{dt} - \frac{dm^*}{ds}\,\frac{\dot{s}^2}{2} = P^*$$

und bei Beachtung von $dm^*/dt = (dm^*/ds)\,(ds/dt) = (dm^*/ds)\,\dot{s}$, $\dot{s} = v$ und der Tangentialbeschleunigung $d\dot{s}/dt = b_t$ des Reduktionspunktes die *dynamische*

Grundgleichung in der Form

$$P^* = m^* b_t + \frac{dm^*}{ds} \frac{v^2}{2}$$

(264)

Die reduzierte Masse m^* hat für die Wellenmitte $\mathfrak{A}$ das

$$\text{reduzierte Massenträgheitsmoment } I^* = m^* r^2$$

(265)

Ferner kann bei Einführung der

$$\text{Winkelbeschleunigung} \quad \varepsilon = \frac{d\dot\varphi}{dt} = \ddot\varphi$$

(266)

$$\text{Winkelgeschwindigkeit} \quad \omega = \frac{d\varphi}{dt} = \dot\varphi$$

(267)

$$\text{Tangentialbeschleunigung} \quad b_t = r\varepsilon$$

(268)

des

$$\text{Bogendifferentials} \quad ds = r\,d\varphi$$

und des

$$\text{reduzierten Moments } M^*$$

die Grundgleichung (264) auf die folgende Form gebracht werden

$$M^* = P^* r = I^* \varepsilon + \frac{dI^*}{d\varphi} \frac{\omega^2}{2}$$

(269)

5.1 Sonderfälle

Ist m^* während des kontinuierlichen Bewegungsablaufes eine Konstante, also von s unabhängig, so vereinfacht sich wegen $dm^*/ds = 0$ die Gl. (264) auf die Form

$$P^* = m^* b_t$$

(270)

Die gleiche Vereinfachung gilt ferner für diejenigen Getriebestellungen, in denen m^* einen Kleinst- oder Größwert besitzt, da in diesen Stellungen dann $dm^*/ds = 0$, ferner bei der Bewegung eines Getriebes aus dem Zustand der Ruhe heraus, weil dann $v = 0$. Gl. (270) dient dann zum Berechnen der Anfangstangentialbeschleunigung b_t aus den in der Ausgangsruhelage ermittelten Werten für m^* und P^*.

5.2 Die Energiegleichung

Für die von den äußeren Kräften $\mathfrak{P}_i$ verrichtete Arbeit, wenn das Getriebe aus der Stellung mit der Anfangsgeschwindigkeit v_1 in die von der Endgeschwindigkeit v_2 des Reduktionspunktes übergeführt wird, gilt zunächst für das Arbeitsdifferential dA nach Gl. (129)

$$dA = P^* ds = m^* \frac{dv}{dt} ds + \frac{dm^*}{ds} \frac{v^2}{2} ds$$

$$dA = m^* v\, dv + dm^* \frac{v^2}{2} = d\left(\frac{m^*}{2} v^2\right)$$

(271)

also für die von den äußeren Kräften verrichtete mechanische Arbeit nach Integration zwischen den Grenzen v_1 und v_2

$$A_{1 \div 2} = \int_{v_1}^{v_2} dA = \int_{v_1}^{v_2} d\left(\frac{m^*}{2}\, v^2\right)$$

$$A_{1 \div 2} = \left[\frac{m^*}{2}\, v^2 + K\right]_{v_1}^{v_2} \tag{272}$$

$$A_{1 \div 2} = \frac{m_2^*}{2}\, v_2^2 - \frac{m_1^*}{2}\, v_1^2$$

Sind A_1 und A_2 die zu den Getriebestellungen s_1 und s_2, entsprechend den Werten v_1, v_2, gehörigen Ordinaten des A-s-Diagramms, so liefert Gl. (272) auch die Form

$$\boxed{A_{1 \div 2} = A_2 - A_1 = \frac{m_2^*}{2}\, v_2^2 - \frac{m_1^*}{2}\, v_1^2} \tag{273}$$

Ergebnis: Die Energiegleichung (272) bzw. (273) gilt also auch für die Bewegung eines Punktes A veränderlicher Masse m^* unter der Einwirkung einer veränderlichen Kraft P^*.

Die Energiegleichung (273) weist in Verbindung mit der dynamischen Grundgleichung (264) bzw. (269) einen neuen wichtigen Weg für die *Lösung der I. und II. Wittenbauerschen Grundaufgabe*.

5.3 Reduzierte Kraft der d'Alembertschen Trägheitskräfte

Ist $\mathfrak{T}^*$ die nach A reduzierte Kraft der Trägheitskräfte $\mathfrak{T}_i$ der einzelnen Getriebeglieder, $\mathfrak{P}^*$ — wie bisher — die nach dem gleichen Reduktionspunkt A reduzierte Kraft der äußeren Kräfte $\mathfrak{P}_i$, so gilt nach dem d'Alembertschen Prinzip

$$\mathfrak{P}^* + \mathfrak{T}^* = 0 \tag{274}$$

Schreibt man Gl. (264) in der Form

$$P^* + \left[-\left(m^* b_t + \frac{dm^*}{ds}\, \frac{v^2}{2}\right)\right] = 0$$

so folgt gemäß Gl. (274) für die reduzierte Trägheitskraft des Getriebes

$$T^* = -\left(m^* b_t + \frac{dm^*}{ds}\, \frac{v^2}{2}\right) \tag{275}$$

5.4 Die dynamische Grundgleichung als Hilfsmittel für die Massenreduktion

Wählt man für den Bewegungszustand eines Getriebes $v = 0 \text{ ms}^{-1}$ und $b_t = 1 \text{ ms}^{-2}$, so folgt aus Gl. (264)

$$P^* = m^* \cdot 1 + \frac{dm^*}{ds}\, \frac{0^2}{2}$$

$$P^* = m^*$$

oder nach Gl. (275)

$$m^* = -T^* \quad \text{bzw.} \ — \ \text{da} \ \ m^* > 0 \ \ — \ \text{auch} \ \ m^* = |-T^*|$$

d. h., die reduzierte Masse m^* kann — unter Beachtung der Maßstäbe bzw. Dimensionen — als die entgegengesetztgerichtete „reduzierte" Trägheitskraft, also mittels eines Kräfteplanes bestimmt werden.

Beispiel: Doppelschiebergetriebe.

Aufgabe: Die Masse der Koppel $b = \overline{AB}$ des Doppelschiebergetriebes der Abb. 51 von den Abmessungen gemäß Ziff. 4.561 ist nach der Zapfenmitte A als Reduktionspunkt zu reduzieren.

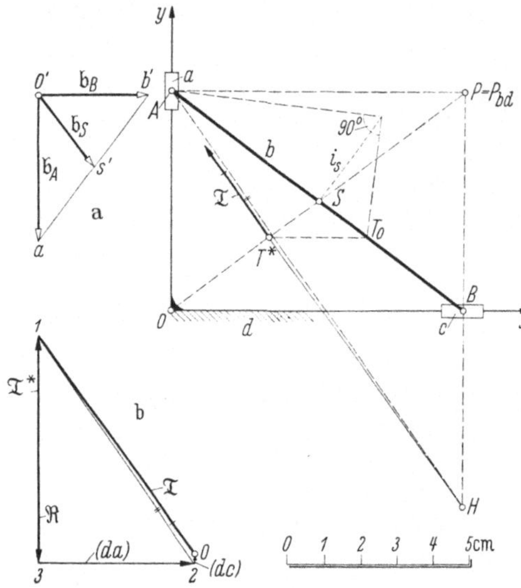

Abb. 60. Doppelschiebergetriebe. Bestimmen der nach A reduzierten Masse m^* der Koppel b mit Hilfe der dynamischen Grundgleichung.
a) Beschleunigungsplan; b) Kräfteplan

Maßstäbe:

$$M_z = 10 \ \mathrm{cm/m}; \qquad M_b = 4 \ \mathrm{cm/ms^{-2}}$$

$$M_k = 100 \ \mathrm{cm/kg}$$

Aus Beschleunigungsplan (Abb. 60a) folgt

$$b_s = \overline{o's'} = 0{,}61 \ \mathrm{ms^{-2}}$$

also

$$|\mathfrak{T}| = m\, b_s = 0{,}073 \ \mathrm{kg}$$

$$\bar\varepsilon = -1{,}22 \ \mathrm{s^{-2}}$$

$$\xi = 0{,}167 \ \mathrm{m}$$

Wirkungslinie t von $\mathfrak{T}$ schneidet die in B zu Ox errichtete Senkrechte in H, also ist die Gerade durch A und H die Wirkungslinie von $(da) + \mathfrak{R}$, wobei $\mathfrak{R}$ die Gleichgewichtskraft der Trägheitskraft $\mathfrak{T}$ in A mit der gewählten Wirkungslinie Oy bedeutet.

Zeichne im Kräfteplan (Abb. 60b) $\overrightarrow{01} = \mathfrak{T}$, ziehe durch 0 die Parallele zu $\overline{BH}$ und durch 1 die Parallele zu $\overline{HA}$. Schnittpunkt 2. Zerlegung von $\overrightarrow{12}$ in $\mathfrak{R} = \overrightarrow{13}$ und $(da) = \overrightarrow{32}$ liefert mit $\mathfrak{R} = -\mathfrak{T}^*$, also $|\mathfrak{T}^*| = |\overrightarrow{31}| = 0{,}061$ kg, $m^* = |-\mathfrak{T}^*| = 0{,}061 \ \mathrm{kgs^2/m}$; d. h. $\mathfrak{R}$ ist im Kräftemaßstab abzugreifen; der gleiche Zahlenbetrag (in kg abgelesen), liefert m^* in kgs²/m.

Kontrolle:

$$L^* = I_P \frac{\omega_{bd}^2}{2} = \frac{m^*}{2} v_A^2 = \frac{m^*}{2} (\overline{AP}\,\omega_{bd})^2$$

$$m^* = \frac{I_P}{\overline{AP}^2} = \frac{I_s + m\,\overline{SP}^2}{\overline{AP}^2} = \frac{0{,}01 + 0{,}12 \cdot 0{,}5^2}{0{,}8^2} = 0{,}0625 \ \frac{\mathrm{kgs^2}}{\mathrm{m}}$$

5.41   Ermittlung von dm^*/ds

Der Wert von dm^*/ds der dynamischen Grundgleichung (264) ist ebenfalls mittels Kraftreduktion zu finden.

Wählt man als Bewegungszustand $b_t = 0 \ \mathrm{ms^{-2}}$ und $v = \sqrt{2} = 1{,}4142$ m/s, so liefert Gl. (264)

$$P^* = m^* \cdot 0 + \frac{dm^*}{ds} \cdot \frac{(\sqrt{2})^2}{2}; \qquad \frac{dm^*}{ds} = P^*$$

dm^*/ds ist demnach als „reduzierte" Kraft der Trägheitskräfte für den angenommenen Bewegungszustand zu ermitteln (Abb. 61).

Als Beispiel (Abb. 61) diene wiederum das *Doppelschiebergetriebe* von Abb. 60. Abb. 61a und 61b sind die dazugehörigen Pläne für Geschwindigkeit und Beschleunigung mit den Maßstäben:

$$M_z = 10\,\text{cm/m}, \qquad M_v = 4\,\text{cm/ms}^{-1}, \qquad M_b = 1{,}6\,\text{cm/ms}^{-2}$$

$$|\mathfrak{T}| = m\,b_s = 0{,}12 \cdot \frac{3}{1{,}6} = 0{,}225\,\text{kg}$$

$$\bar{\varepsilon} = +\,2{,}25\,\text{s}^{-2}; \qquad \xi = 0{,}1\,\text{m}$$

Wirkungslinie t der Trägheitskraft $\mathfrak{T}$ geht hier durch T_0 und auch durch Trägheitspol T^*, A ist gleichzeitig Beschleunigungspol Q, da $b_A = 0$; t von $\mathfrak{T}$ schneidet $\overline{PB}$ in H'. Die Gerade durch H' und A ist Wirkungslinie von $\mathfrak{R}' + (da)$. Zerlegung im Kräfteplan (Abb. 61c) liefert als reduzierte Kraft $\mathfrak{T}^* = -\mathfrak{R}'$, also $\mathfrak{R}' = -\mathfrak{T}^* = \mathfrak{P}^* = \overrightarrow{1'4'}$. Die Leistung der Trägheitskraft $\mathfrak{T}$ ist positiv; dagegen haben $\overrightarrow{1'4'}$ und $\overrightarrow{b}_A = \overrightarrow{oa}$ entgegengesetzten Richtungssinn; d. h. $dm^*/ds = P^*$ hat das negative Vorzeichen.

Abgreifen von $\overrightarrow{1'4'}$ im Kräftemaßstab $M_K = 20$ cm/kg liefert $2{,}2/20 = 0{,}11$ kg, dem

$$dm^*/ds = -0{,}11\,\text{kgs}^2/\text{m}^2$$

entspricht.

Kontrolle: Mit $\overline{OA^0} = l$, $\overline{AB} = l$, $\sphericalangle OAB = \varphi$ und $\overline{A^0A} = s$ liefert ein einfacher Ansatz

$$m^* = \frac{I_p}{l^2 \sin^2 \varphi}$$

$$s = l(1 - \cos\varphi)$$

$$\frac{dm^*}{d\varphi} = -\frac{2 I_p \cos\varphi}{l^2 \sin^3 \varphi}$$

$$\frac{d\varphi}{ds} = \frac{1}{l\sin\varphi}$$

$$\frac{dm^*}{ds} = -\frac{2 I_p \cos\varphi}{l^3 \sin^4 \varphi}$$

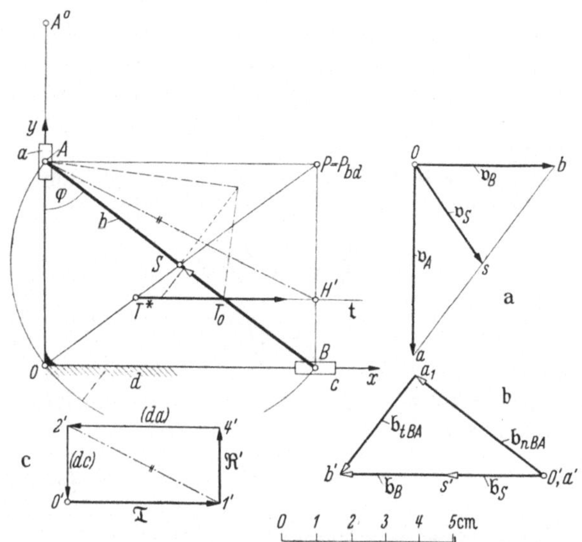

Abb. 61. Ermitteln von dm^*/ds für Reduktionspunkt A des Doppelschiebergetriebes von Abb. 60.   a) Geschwindigkeitsplan; b) Beschleunigungsplan;   c) Kräfteplan

Zahlenwerte: $\cos\varphi = 0{,}6$; $\sin\varphi = 0{,}8$, $I_p = 0{,}04$ kgms^2, $l = 1$ m ergeben $dm^*/ds = -15/128 = -0{,}117$ kgs^2/m^2, was mit dem graphisch ermittelten Wert gut übereinstimmt.

6. Beispiele zur I. Wittenbauerschen Grundaufgabe

6.1 Viergelenkgetriebe als Getriebependel

Für das in Abb. 33 dargestellte Viergelenkgetriebe $\mathfrak{A} AB\mathfrak{B}$, das als Getriebependel arbeiten könnte, wurden bereits ermittelt in:

Ziff. 2.21 (Abb. 32): die nach A reduzierte Kraft $\mathfrak{P}^*$ der Gewichte $\mathfrak{G}_a$, $\mathfrak{G}_b$, $\mathfrak{G}_c$.

Ziff. 3.31: die nach A reduzierte Masse m^* der Massen m_a, m_b, m_c der Glieder a, b, c.

Abb. 32 zeigte P^* als Funktion des Weges s des Reduktionspunktes A und die von den Gewichten $\mathfrak{G}_a$, $\mathfrak{G}_b$, $\mathfrak{G}_c$ bzw. von $\mathfrak{P}^*$ verrichtete mechanische Arbeit A, und in Abb. 37 war das m^*-s-Diagramm dargestellt. Die Ergebnisse der Zahlentafel I und II seien in Zahlentafel III griffbereit zusammengestellt.

Zahlentafel III

Stellung des Getriebes lfd. Nr.	Reduzierte Masse m^* in [kgs²/m]	Reduzierte Kraft P^* [kg]	Arbeit A der äußeren Kräfte $\mathfrak{G}$ bzw. von P^* [kgm]
1	2	3	4
0	5,19	49,36	0,00
1	5,40	46,53	7,20
2	5,60	41,83	13,80
3	5,80	37,13	19,50
4	6,03	30,55	24,60

Nach diesen Vorarbeiten ist es leicht, den Verlauf der Geschwindigkeit v und der Beschleunigung b_t des Reduktionspunktes A zu ermitteln, wenn das Getriebe von einer Anfangsstellung (z. B. Stellung 0 mit $v_0 = 0$) unter der Einwirkung der äußeren Kräfte (hier Gewichte) seine ihm so aufgezwungene Bewegung ausführt.

Die Energiegleichung (273) liefert für den Übergang aus der Stellung 0 (bei Annahme von $v_0 = 0$) in die Stellung 1

$$\frac{m_1^*}{2}\, v_1^2 - \frac{m_0^*}{2}\, v_0^2 = A_{0 \div 1} = A_1$$

$$v_1 = \sqrt{\frac{2\,A_1}{m_1^*}} = \sqrt{\frac{2 \cdot 7{,}2}{5{,}4}} = 1{,}63\ \mathrm{ms^{-1}}$$

In gleicher Weise wird v_i, d. h. die Geschwindigkeit in der i-ten Getriebestellung, gefunden aus

$$\frac{m_i^*}{2}\, v_i^2 - \frac{m_0^*}{2}\, v_0^2 = A_{0 \div i} = A_i$$

Ergebnis: $v_2 = 2{,}19\ \mathrm{ms^{-1}}$, $v_3 = 2{,}59\ \mathrm{ms^{-1}}$, $v_4 = 2{,}86\ \mathrm{ms^{-1}}$ usw.

Das dazugehörige v-s-Diagramm ist in Abb. 37 eingetragen. Aus ihm *kann die Tangentialbeschleunigung b_t nach dem bekannten „Subnormalenverfahren"* ermittelt werden, z. B. in der Getriebestellung 2 mittels der Subnormale $\overline{2\,2''} = 0{,}5$ cm $\hat{=}$ $6{,}7\ \mathrm{ms^{-2}}$. Der Maßstab M_b folgt aus $M_v = 1\ \mathrm{cm/ms^{-1}}$, $M_s = (40/3)$ cm/m zu $M_b = M_v^2/M_s = 3/40\ \mathrm{cm/ms^{-2}}$. Zur Kontrolle kann die dynamische Grundgleichung (264) benutzt werden, also für die Stellung 2

$$P_2^* = m_2^*\, b_{t_2} + \frac{v_2^2}{2}\, \frac{d\,m_2^*}{d\,s} \tag{276}$$

Hierzu wäre die Differentiation der m^*-s-Kurve von Abb. 37 erforderlich. Gemäß Spalte 2 von Zahlentafel III kann dm^*/ds angenähert durch $\Delta m^*/\Delta s = 0{,}20/0{,}15 = 4/3$ ersetzt werden. Mit $P_2^* = 41{,}83$ kg, $m_2^* = 5{,}6\ \mathrm{kgs^2/m}$, $v_2 = 2{,}19\ \mathrm{ms^{-1}}$ folgt aus Gl. (276) für $b_{t_2} = 6{,}9\ \mathrm{m/s^2}$.

Man hätte dm^*/ds auch ohne Kenntnis der Nachbarwerte von m^* nach dem Verfahren von Ziff. 5.41 ermitteln können, also in einer einzigen Getriebestellung. Die Anfangsbeschleunigung b_{t_0} folgt ebenfalls aus der Gl. (264). Setzt man hier $v = v_0 = 0$, so wird

$$P_0^* = m_0^* \, b_{t_0}; \qquad b_{t_0} = \frac{P_0^*}{m_0^*} = \frac{49{,}36}{5{,}19} = 9{,}51 \ \mathrm{ms}^{-2}$$

Die b_t-Kurve ist ebenfalls in Abb. 37 eingetragen.

Der zeitliche Ablauf von v und b kann nach bekannten Verfahren ([$1d$], S. 115) ermittelt werden, beispielsweise mittels der Werte v und b gemäß

$$b = \frac{dv}{dt}, \qquad t = \int\limits_{v_0}^{v} \frac{1}{b} \, dv \qquad (277)$$

oder aus den Werten v und s gemäß

$$v = \frac{ds}{dt}, \qquad t = \int\limits_{s_0}^{s} \frac{1}{v} \, ds \qquad (278)$$

In dem Fall mit Anfangsgeschwindigkeit $v_0 = 0$ wird bei $b_0 \neq 0$ zweckmäßig das Verfahren von Gl. (277) benutzt.

Abb. 62 zeigt den Wert $1/b$ über der Geschwindigkeit v aufgetragen, und zwar für die Stellungen 0—2.

Maßstäbe:

$$M_{(1/b)} = 50 \left(\frac{\mathrm{cm}}{(\mathrm{s}^2/\mathrm{m})} \right), \qquad M_v = 2{,}5 \, \frac{\mathrm{cm}}{(\mathrm{m/s})}$$

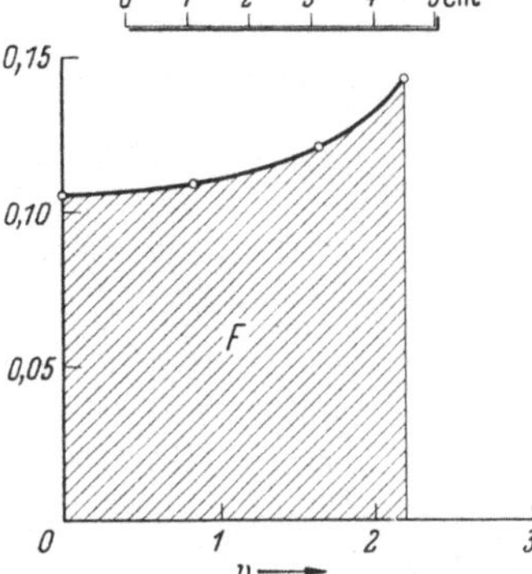

Abb. 62. Lösung der I. WITTENBAUER-schen Grundaufgabe für das Viergelenkgetriebe von Abb. 33. Ermitteln der Zeit t aus der Fläche des $1/b$-v-Schaubildes mit b als Tangentialbeschleunigung des Reduktionspunktes

Der Flächeninhalt F der schraffierten Fläche ist $F = 31{,}7 \ \mathrm{cm}^2$. Mit dem Zeitmaßstab

$$M_t = M_{(1/b)} \cdot M_v = 125 \, \frac{\mathrm{cm}^2}{\mathrm{sec}}$$

folgt

$$t_{0 \div 2} = \frac{31{,}7}{125} = 0{,}25 \ \mathrm{sec}$$

Der Leser kontrolliere das Ergebnis durch graphische Integration.

Zusammenfassung:

Zur Lösung der *I. Wittenbauerschen Grundaufgabe* bei kontinuierlichem Bewegungsverlauf ist also der folgende Weg zu beschreiten:

Ermitteln des P^*-s-Diagramms durch Kraftreduktion, des m^*-s-Diagramms durch Massenreduktion. Zeichnen der Arbeitskurve $A = \int P^* ds$ durch graphische Integration der P^*-s-Kurve und Ermitteln des (dm^*/ds)-Verlaufes durch Zeichnen der Differentialkurve oder nach dem Verfahren von Ziff. 5.41.

Mittels der Energiegleichung ist dann das v-s-Diagramm aufstellbar. Die Tangentialbeschleunigung b_t ist damit auch bestimmt, entweder durch das *Subnormalen-Verfahren* oder durch die Grundgleichung.

Wichtige Kontrolle: Werden zu den so gefundenen Werten v, b des Reduktionspunktes die Geschwindigkeits- und Beschleunigungsverhältnisse sämtlicher Getriebeglieder sowie die dazugehörigen Trägheitskräfte ermittelt, so müssen sich diese mit den äußeren Kräften $\mathfrak{P}_i$ ohne Hinzunahme einer weiteren Kraft das Gleichgewicht halten. Beispiel in Ziff. 6.2.

6.2 Schubkurbelgetriebe als Getriebependel

In dem durch Abb. 63 dargestellten zentrischen gleichschenkligen Schubkurbelgetriebe $\mathfrak{A}AB$ wirke am Kurbelarm $a = \overline{\mathfrak{A}A} = 0{,}2$ m in C mit $\overline{\mathfrak{A}C} = l = 0{,}28$ m das Gewicht $|\mathfrak{G}| = 9{,}81$ kg. Am Gleitstein c greife bei senkrechter Schubrichtung $\beta\beta'$ das Gewicht $|\mathfrak{Q}| = 39{,}24$ kg an. Die Gewichte der Getriebeglieder $\overline{\mathfrak{A}C}$, $\overline{A\,B} = b$ und c und ihre Massenwirkung sollen zwecks Vereinfachung der Aufgabe unberücksichtigt bleiben.

Das Pendel befinde sich in der Ausgangslage $\sphericalangle\,x\mathfrak{A}A = \varphi = 0^0$ in Ruhe ($v_0 = v_{A_0} = 0$).

Gesucht wird der Bewegungsverlauf des als Reduktionspunkt gewählten Punktes A (I. WITTENBAUERsche Grundaufgabe).

Dieses Beispiel wurde gewählt, um auch rein analytische Kontrollmöglichkeiten zu besitzen.

Lösung: Bei Annahme einer beliebigen Winkelgeschwindigkeit $\omega_{ad} = \omega$ ist $v_C = l\,\omega$, $v_B = 2a\,\omega\cos\varphi$, $s = a\,\varphi$. Es gilt für die Kraftreduktion P^* nach A

$$P^*a\,\omega = G(l\cos\varphi)\,\omega + Q(2a\cos\varphi)\,\omega$$

$$P^* = \left(\frac{l}{a}\,G + 2Q\right)\cos\varphi$$

$$= \left(\frac{l}{a}\,G + 2Q\right)\cos\left(\frac{s}{a}\right) \tag{279}$$

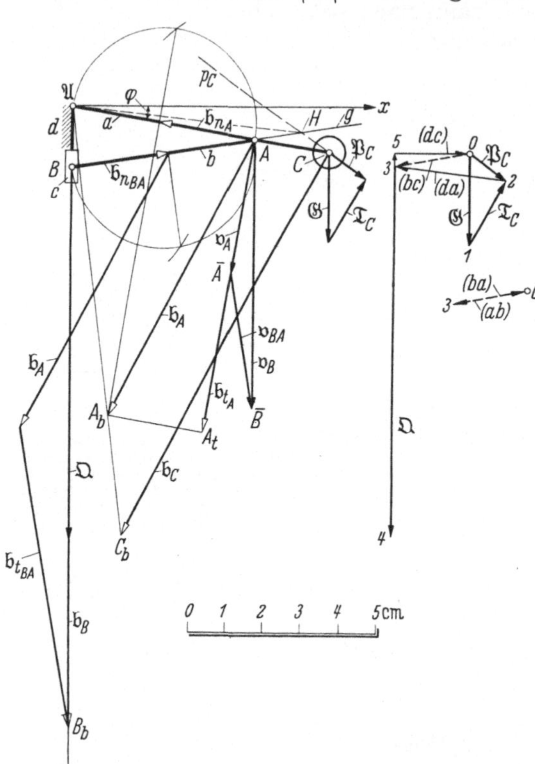

Abb. 63. Schubkurbelgetriebe als Getriebependel. Ermitteln des zeitlichen Verlaufes der Pendelbewegung

Die Massenreduktion für m^* in A liefert den Ansatz

$$\frac{m^*}{2}(a\,\omega)^2 = \frac{m_G}{2}(l\omega)^2 + \frac{m_Q}{2}(2a\,\omega\cos\varphi)^2$$

$$m^* = m_G\left(\frac{l}{a}\right)^2 + 4m_Q\cos^2\varphi \tag{280}$$

oder

$$m^* = \left(m_G\left(\frac{l}{a}\right)^2 + 2m_Q\right) + 2m_Q\cos 2\varphi \tag{281}$$

$$m^* = \left(m_G\left(\frac{l}{a}\right)^2 + 2m_Q\right) + 2m_Q\cos\left(\frac{2s}{a}\right) \tag{282}$$

und

$$\frac{dm^*}{ds} = -\frac{4}{a}\,m_Q\sin\left(\frac{2s}{a}\right) = -\frac{4}{a}\,m_Q\sin 2\varphi \tag{283}$$

Für die Arbeit A gilt

$$A = \int\limits_{s_0}^{s} P^* \, ds = a \int\limits_{\varphi_0}^{\varphi} P^* \, d\varphi = (l\,G + 2\,a\,Q)\left[\sin\left(\frac{s}{a}\right) - \sin\left(\frac{s_0}{a}\right)\right]$$

$$A = (l\,G + 2\,a\,Q)(\sin\varphi - \sin\varphi_0) \tag{284}$$

In Abb. 64 sind P^*, m^*, $-dm^*/ds$ und A in Abhängigkeit vom Weg s des Reduktionspunktes aufgetragen.

Die dazugehörigen Maßstäbe sind:

$$M_s = 100 \text{ cm/m}$$
$$M_{P^*} = 0{,}1 \text{ cm/kg}$$
$$M_{m^*} = 0{,}5 \text{ cm/(kgs}^2\text{/m)}$$
$$M_A = 1 \text{ cm/mkg}$$
$$M_{(dm^*/ds)} = 0{,}1 \text{ cm/(kgs}^2\text{/m}^2)$$

Bestünden keine so einfachen geometrischen Verhältnisse, so hätten die P^*, m^*, A usw. wie im vorigen Beispiel graphisch bestimmt und tabellarisch zusammengestellt werden müssen, wie in Zahlentafel IV angegeben ist.

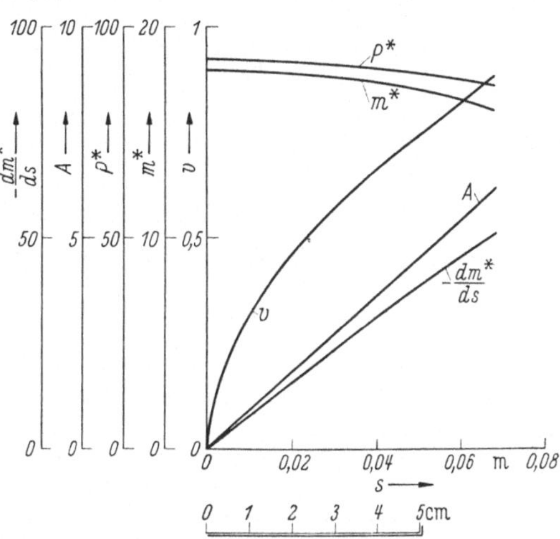

Abb. 64. Kinematische und dynamische Diagramme für die Bewegung des Getriebependels von Abb. 63

Zahlentafel IV

Weg des Reduktionspunktes s in [m]	Drehwinkel φ°	Drehwinkel arc φ	Reduzierte Kraft P^* [kg]	Reduzierte Masse m^* [kgs²/m]	Arbeit der reduzierten Kraft A [mkg]	dm^*/ds [kgs²/m²]
0,0000	0	0,0000	92,21	17,960	0,000	− 0,000
0,0175	5	0,0873	91,85	17,838	1,607	−13,888
0,0350	10	0,1745	90,82	17,478	3,203	−27,360
0,0525	15	0,2618	89,06	16,888	4,773	−40,000
0,0700	20	0,3491	86,65	16,088	6,308	−51,424
0,0875	25	0,4363	83,57	15,102	7,794	−61,280
0,1050	30	0,5236	79,85	13,960	9,222	−69,280

Dabei gelten für dieses Zahlenbeispiel

$$P^* = 92{,}214 \cos\varphi, \quad m^* = 9{,}96 + 8\cos 2\varphi, \quad \frac{dm^*}{ds} = -80\sin 2\varphi$$

$$A_{0 \div \varphi} = A = 18{,}4428 \sin\varphi$$

Die weitere Auswertung geschieht nach dem Muster von Beispiel 6,1: Ausgehend von $v_0 = 0$ ms^{-1} bei $\varphi = 0$ bzw. $s = 0$ folgt nach der Energiegleichung (273) für die Stellung 1

$$\frac{m_1^*}{2} v_1^2 - \frac{m_0^*}{2} v_0^2 = A_{0 \div 1}$$

$$v_1 = \sqrt{\frac{2 \cdot 1{,}607}{17{,}838}} = 0{,}424 \text{ m/s}$$

Entsprechend

$$\frac{m_2^*}{2} \cdot v_2^2 - \frac{m_0^*}{2} \, v_0^2 = A_{0 \div 2}$$

$$v_2 = \sqrt{\frac{2 \cdot 3{,}203}{17{,}478}} = 0{,}605 \, \text{m/s}$$

Für die Tangentialbeschleunigung wird mit $v_0 = 0$ nach Gl. (264)

$$b_0 = \frac{P_0^*}{m_0^*} = \frac{92{,}21}{17{,}96} = 5{,}134 \, \text{m/s}^2$$

Für die Stellung 1 folgt b_{t_1} aus

$$P_1^* = m_1^* \, b_{t_1} + \frac{v_1^2}{2} \left(\frac{d m^*}{d s} \right)_1$$

$$91{,}85 = 17{,}838 \cdot b_{t_1} + \frac{0{,}424^2}{2} \cdot (-13{,}888)$$

$$b_{t_1} = 5{,}219 \, \text{m/s}^2$$

Die Ergebnisse der weiteren Auswertung bis zur Getriebestellung 4 sind in dem $v\text{-}s\text{-}$ bzw. $b_t\text{-}s$-Diagramm von Abb. 64 enthalten, oder für die Stellungen 0, 1, 2 der Zahlentafel V zu entnehmen.

Zahlentafel V

Grad	Stellung	v [m/s]	b_t [m/s²]	t [sec]
0	0	0	5,134	0,000
5	1	0,424	5,219	0,082
10	2	0,605	5,483	0,116

Die Zeiten t_i werden wie im Beispiel 6,1 ermittelt.

Zur Kontrolle sei in Abb. 63 der dynamische Kräfteplan für die Getriebestellung 2 bei $\varphi = 10°$ entworfen.

Zunächst werden in Abb. 63 die Geschwindigkeiten gezeichnet und daraus die Beschleunigungen ermittelt.

Maßstäbe: $M_z = 25$ cm/m, $M_v = 6$ cm/ms^{-1}, $M_b = 1{,}44$ cm/ms^{-2}.

Ergebnis: $|\mathfrak{b}_C| = |\overrightarrow{CC_b}| = 8$ ms^{-2}, $|\mathfrak{b}_B| = |\overrightarrow{BB_b}| = 10{,}2$ ms^{-2}.

Trägheitskräfte: $|\mathfrak{T}_C| = 8$ kg, $|\mathfrak{T}_B| = 40{,}8$ kg.

$\mathfrak{G}$ und $\mathfrak{T}_C$ in C ergeben die Resultierende $\mathfrak{P}_C$. Am Glied a wirken in C die Kraft $\mathfrak{P}_C = \mathfrak{G} + \mathfrak{T}_C = \overrightarrow{01} + \overrightarrow{12} = \overrightarrow{02}$ mit Wirkungslinie p_C, in A die Gelenkkraft (ba) mit der Geraden g durch A, B als Wirkungslinie, ferner Gelenkkraft (da), deren Wirkungslinie durch $\mathfrak{A}$ geht und sich mit g und p_C in H schneidet.

Gleichgewicht Glied a:

$$\mathfrak{P}_C + (da) + (ba) = 0$$
$$\overrightarrow{02} + \overrightarrow{23} + \overrightarrow{30} = 0$$

Gleichgewicht im Gelenk B:

$$(bc) + \mathfrak{Q} + \mathfrak{T}_B + (dc) = 0$$
$$\overrightarrow{03} + \overrightarrow{34} + \overrightarrow{45} + \overrightarrow{50} = 0$$

Die Kontrolle besteht darin, daß (dc) auf $\mathfrak{A}y$ senkrecht steht.

7. Zusammenfassendes Beispiel: Kraft- und Massenwirkungen an einem siebengelenkigen Koppel-Rastgetriebe

Das in Abb. 65 dargestellte Siebengelenkgetriebe treibt über die Koppel b (Dreibinder ADC) der Kurbelschwinge $\mathfrak{A}AD\mathfrak{D}$ mittels der weiteren Hilfskoppel $e = \overline{CF}$ die Schwinge $f = \overline{\mathfrak{F}F}$ an, die unter der Einwirkung eines Kräftepaares $(\mathfrak{P}, -\mathfrak{P})$ vom Abtriebsmoment $|\mathfrak{M}| = Pf$ steht.

An diesem Beispiel seien einige Schwierigkeiten erläutert, die beim Versuch alleiniger Anwendung des „Stabkraft-Verfahrens" entstehen, wenn für das Erzwingen der Gleichgewichtsbedingung an einzelnen Gelenken nicht die erforderliche Anzahl von Stäben zur Verfügung steht, z. B. im Gelenk C. In solchen Fällen wird zweckmäßig mittels der Gelenkkräfte das Gleichgewicht an dem betreffenden Getriebeglied hergestellt.

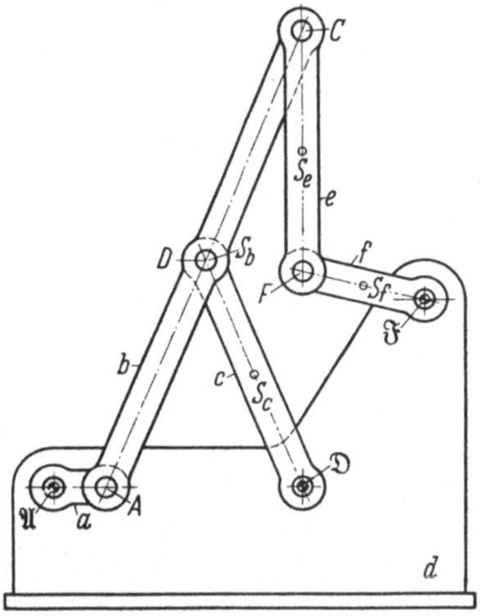

Gegeben:
$$\overline{\omega}_{ad} = \overline{\omega} = +10\,\text{s}^{-1}$$

Maßstäbe (Abb. 66):

Zeichnung: $\qquad M_z = 20\,\text{cm/m}$
Geschwindigkeit: $M_v = 2\,\text{cm/ms}^{-1}$
Kräfte: $\qquad\quad M_k = 10\,\text{cm/kg}$

Maßstäbe (Abb. 67):

Zeichnung: $\qquad M_z = 20\,\text{cm/m}$
Geschwindigkeit: $M_v = 2\cdot M_z/\omega = 4\,\text{cm/ms}^{-1}$
Beschleunigung: $M_b = 2^2\cdot M_z/\omega^2 = 0{,}8\,\text{cm/ms}^{-2}$
Kräfte: $\qquad\quad M_k = 10\,\text{cm/kg}$

Abb. 65. Kraft- und Massenwirkungen an einem siebengelenkigen Koppel-Rastgetriebe der STEPHENSONschen Bauform

Abmessungen: $\overline{\mathfrak{A}\mathfrak{D}} = 490\,\text{mm}$, $a = \overline{\mathfrak{A}A} = 100\,\text{mm}$, $b = \overline{AD} = \overline{DC} = 495\,\text{mm}$, $c = \overline{D\mathfrak{D}} = 495\,\text{mm}$, $e = \overline{CF} = 485\,\text{mm}$, $f = \overline{\mathfrak{F}F} = 250\,\text{mm}$, $\overline{\mathfrak{F}\mathfrak{D}} = 445\,\text{mm}$, $\overline{\mathfrak{A}\mathfrak{F}} = 825\,\text{mm}$, Kurbelwinkel $\varphi = \sphericalangle\,\mathfrak{D}\mathfrak{A}A = 60°$ (Abb. 66).

Gewichte und Massenträgheitsmomente

Glied	Gewicht G [kg]	Masse m [kgs²/m]	Massenträgheitsmoment für Schwerachse I_s [kgms²]	Trägheitshalbmesser i_s [m]	i_s^2 [m²]
b	0,90	0,0918	0,0090	0,313	0,098
c	0,45	0,0459	0,0012	0,161	0,026
e	0,40	0,0408	0,0010	0,155	0,024
f	0,20	0,0204	0,0001	0,071	0,005

Gewichts- und Massenwirkung der Kurbel a seien vernachlässigt. Abtriebsmoment $|\mathfrak{M}| = M = 0{,}2\,\text{mkg}$, also $P = |\mathfrak{P}| = 0{,}8\,\text{kg}$. Schwerpunkte S_b, S_c, S_e, S_f in den Mittelpunkten der Gliedmittellinien, z. B. $\overline{CS_e} = \overline{S_eF}$.

Gesuchte Größen: a) Gleichgewichtskraft $\mathfrak{R}$ und reduzierte Kraft $\mathfrak{P}^*$ der äußeren Kräfte mittels Kräfteplan. Kontrolle nach dem Prinzip der virtuellen Leistungen. Reduktionspunkt A, Richtung von $\mathfrak{P}^*$ senkrecht auf $\overline{\mathfrak{A}A}$.

b) Beschleunigungsverhältnisse für $\overline{\varepsilon}_{ad} = \overline{\varepsilon} = 0$, Trägheitskräfte der Glieder b, c, e, f, Gleichgewichtskraft $\mathfrak{T}$ und reduzierte Kraft $\mathfrak{T}^*$ der Trägheitskräfte in A mit Richtung senkrecht auf $\overline{\mathfrak{A}A}$.

7.1 Lösung zu a)

Aufteilen der Gewichte $\mathfrak{G}$ auf die Gelenke, z. B. durch parallele Komponenten.

$$\mathfrak{G}_e = \mathfrak{G}_{eC} + \mathfrak{G}_{eF}, \qquad \mathfrak{G}_f = \mathfrak{G}_{fF} + \mathfrak{G}_{f\mathfrak{F}}, \qquad \mathfrak{G}_c = \mathfrak{G}_{cD} + \mathfrak{G}_{c\mathfrak{D}}$$

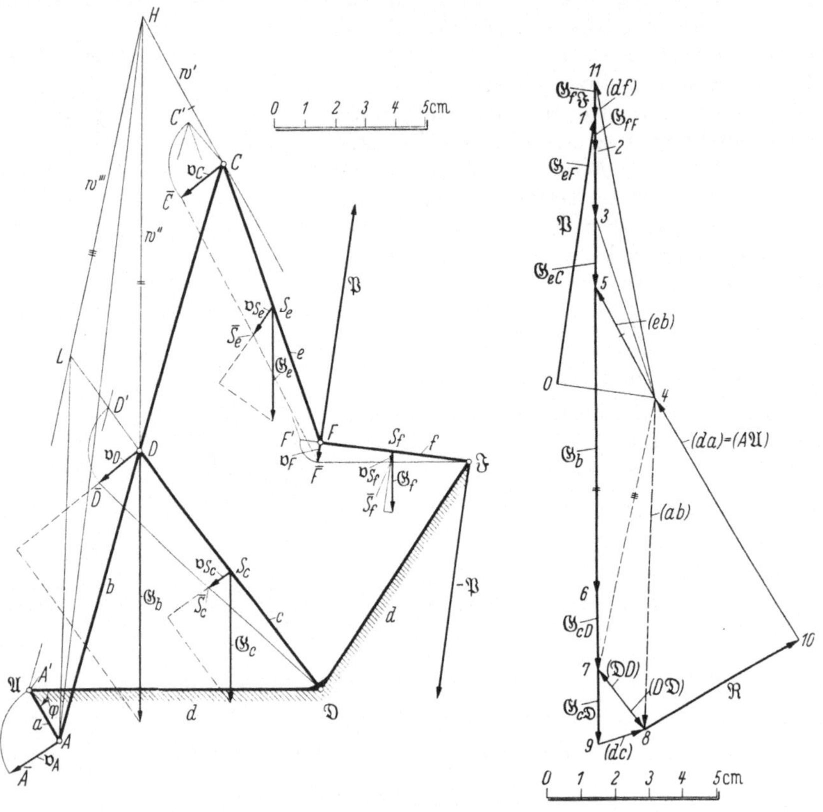

Abb. 66. Gleichgewichtskraft $\mathfrak{R}$ und reduzierte Kraft der Gewichte als äußere Kräfte für das Getriebe von Abb. 65. a) dazugehöriger Kräfteplan

Gleichgewicht in F (Abb. 66a):

$$\mathfrak{P} + \mathfrak{G}_{fF} + \mathfrak{G}_{eF} + (FC) + (F\mathfrak{F}) = 0$$
$$\overrightarrow{01} + \overrightarrow{12} + \overrightarrow{23} + \overrightarrow{34} + \overrightarrow{40} = 0$$

Die weitere Entwicklung des Kräfteplanes am Gelenk C nach dem bisher üblichen Verfahren ist unmöglich, da hier nur eine einzige Stabrichtung $\overline{CD}$ vorliegt, das Kräftedreieck also nicht geschlossen werden kann. Deshalb ist zunächst das Gleichgewicht am Glied $b \equiv ADC$ herzustellen: Auf dieses wirken

$$\text{In } C\colon \quad (eb) = (CF) + \mathfrak{G}_{eC} = \overrightarrow{43} + \overrightarrow{35} = \overrightarrow{45}$$
$$\text{In } D\colon \quad (cb) = \mathfrak{G}_{cD} + (D\mathfrak{D}), \quad \text{ferner} \quad \mathfrak{G}_b$$
$$\text{In } A\colon \quad (ab) = (A\mathfrak{A}) + \mathfrak{R}$$

Die Gleichgewichtsbedingung für b fordert:

$$(e\,b) + (c\,b) + (a\,b) + \mathfrak{G}_b = 0$$

$$(e\,b) + \mathfrak{G}_b + \mathfrak{G}_{c\,D} + (D\mathfrak{D}) + (a\,b) = 0$$

$$\overrightarrow{45} + \overrightarrow{56} + \overrightarrow{67} + \overrightarrow{78} + \overrightarrow{84} = 0$$

Die Wirkungslinie $\overrightarrow{47}$ der ersten drei Kräfte geht durch den Schnittpunkt H der durch C zu $\overrightarrow{45}$ gezeichneten Parallele w' mit der Wirkungslinie w'' von $\mathfrak{G}_b + \mathfrak{G}_{c\,D}$ und hat die Wirkungslinie $w''' \,\|\, \overrightarrow{47}$. Stabkraft $(D\mathfrak{D})$ und Gelenkkraft $(a\,b)$ müssen sich auf w''' schneiden. Die Geraden $D\mathfrak{D}$ und w''' schneiden sich in L, also ist die Gerade durch L und A die Wirkungslinie der Gelenkkraft $(a\,b) = \overrightarrow{84}$, die nach den Richtungen $\overline{A\mathfrak{A}}$ und senkrecht $\overline{A\mathfrak{A}}$ in $(A\mathfrak{A}) = \overrightarrow{10\,4}$ und $\mathfrak{R} = \overrightarrow{8\,10}$ zu zerlegen ist; denn $(a\,b) = \mathfrak{R} + (A\mathfrak{A}) = \overrightarrow{8\,10} + \overrightarrow{10\,4} = \overrightarrow{8\,4}$, und $(b\,a) = -(a\,b) = \overrightarrow{48}$.

Gleichgewicht in $\mathfrak{D}$:

$$(\mathfrak{D}\,D) + \mathfrak{G}_{c\,\mathfrak{D}} + (d\,c) = \overrightarrow{87} + \overrightarrow{79} + \overrightarrow{98} = 0$$

Gleichgewicht in $\mathfrak{F}$:

$$\mathfrak{G}_{f\,\mathfrak{F}} + (-\mathfrak{P}) + (\mathfrak{F}\,F) + (d\,f) = 0$$

$$\overrightarrow{11\,1} + \overrightarrow{10} + \overrightarrow{04} + \overrightarrow{4\,11} = 0$$

Ergebnis:

$$|\mathfrak{R}| = |\overrightarrow{8\,10}| = 0{,}52\,\text{kg}, \qquad \mathfrak{P}^* = -\mathfrak{R} = \overrightarrow{10\,8}, \qquad |\mathfrak{P}^*| = P^* = 0{,}52\,\text{kg}$$

($\mathfrak{P}^*$ mit Richtungssinn von $\mathfrak{v}_A$).

Kontrolle: Mit den in Abb. 66 eingetragenen Geschwindigkeiten liefern die Leistungsprodukte $\mathfrak{G}\,\mathfrak{v}$ ($\mathfrak{G}$ und $\mathfrak{v}$ in „cm" eingesetzt)

$$2 \cdot 0{,}35 - 8 \cdot 0{,}7 + 1{,}1 \cdot 3{,}3 + 1{,}8 \cdot 5{,}35 + 0{,}85 \cdot 2{,}7 = P^* \cdot 2$$

$$P^* = 5{,}3\,\text{cm} \mathbin{\widehat{=}} 0{,}53\,\text{kg}$$

7.2 Lösung zur Frage b) (Abb. 67)

7.21 Geschwindigkeits- und Beschleunigungszustand

Für den Geschwindigkeitsplan (Abb. 67a) gelten

$$\mathfrak{v}_D = \mathfrak{v}_A + \mathfrak{v}_{DA} \quad \text{mit} \quad \mathfrak{v}_{DA} \perp \overline{AD} \quad \text{und} \quad \mathfrak{v}_D \perp \overline{D\mathfrak{T}}$$

$$\overrightarrow{o\,d} = \overrightarrow{o\,a} + \overrightarrow{a\,d}$$

ferner nach MEHMKES Satz $\overline{ad} : \overline{ac} = \overline{AD} : \overline{AC}$ und

$$\mathfrak{v}_F = \mathfrak{v}_C + \mathfrak{v}_{FC}$$

$$\overrightarrow{o\,f} = \overrightarrow{o\,c} + \overrightarrow{c\,f}$$

mit $\mathfrak{v}_{FC} \perp \overline{FC}$ und $\mathfrak{v}_F \perp \overline{\mathfrak{F}F}$.

Im Beschleunigungsplan (Abb. 67b) zeichnet man $\overrightarrow{o'a_1} = \mathfrak{b}_A = \mathfrak{b}_{n_A}$, da $\varepsilon_{ad} = 0$ und ermittelt

$$\mathfrak{b}_D = \mathfrak{b}_A + \mathfrak{b}_{n_{DA}} + \mathfrak{b}_{t_{DA}}, \qquad \mathfrak{b}_D = \mathfrak{b}_{n_{D\mathfrak{D}}} + \mathfrak{b}_{t_{D\mathfrak{D}}}$$

$$\overrightarrow{o'd_1} = \overrightarrow{o'a_1} + \overrightarrow{a_1 a_1'} + \overrightarrow{a_1' d_1} \qquad \overrightarrow{o'd_1} = \overrightarrow{o'd_1'} + \overrightarrow{d_1' d_1}$$

mit

$$b_{n_{DA}} = \frac{v_{DA}^2}{\overline{DA}} = \frac{\overline{a\,d}^2}{\overline{DA}}, \qquad b_{n_D} = \frac{v_D^2}{\overline{D\mathfrak{D}}}, \qquad \mathfrak{b}_{t_{DA}} \perp \overline{DA}, \qquad \mathfrak{b}_{t_{D\mathfrak{D}}} \perp \overline{D\mathfrak{D}}$$

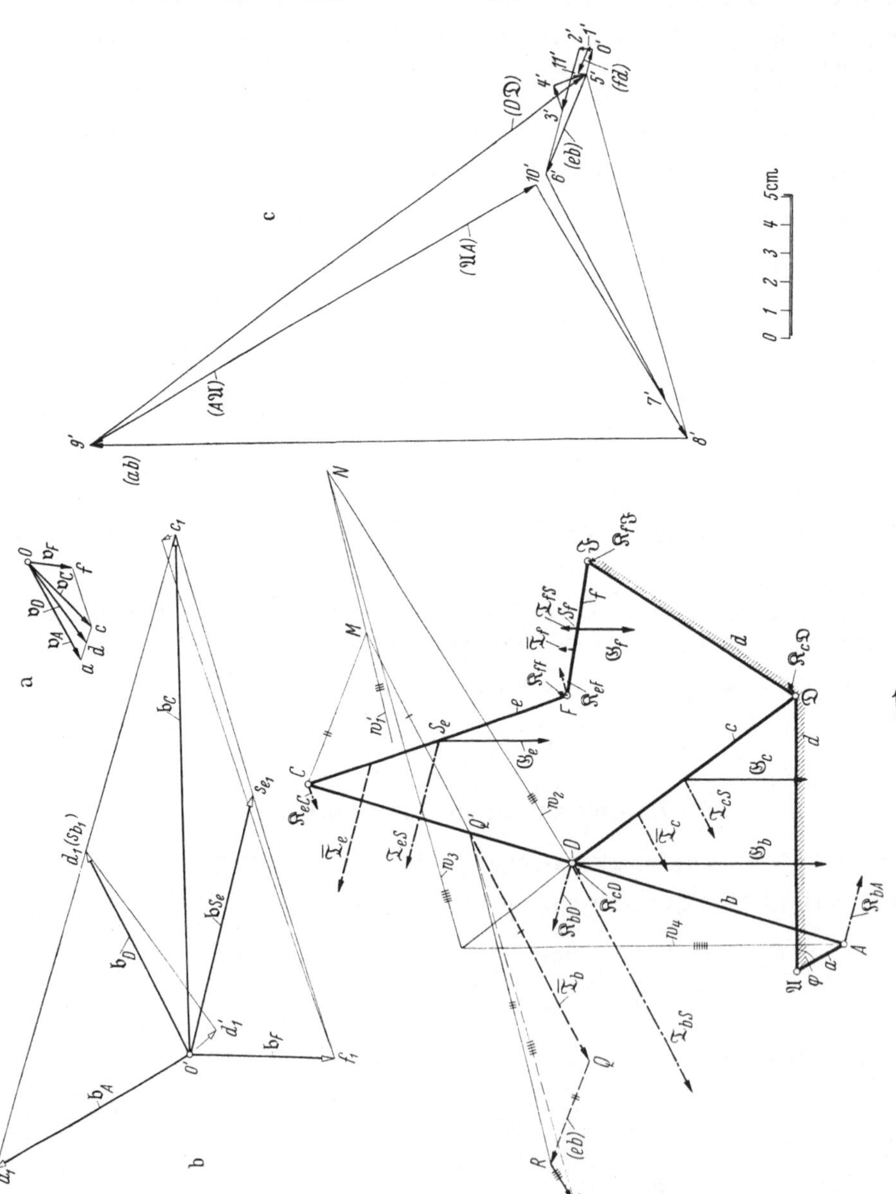

Abb. 67. Trägheitskräfte des Getriebes von Abb. 65, $\overrightarrow{RU} = \Re_{c\mathfrak{D}} + \Im_{cD}$. a) Geschwindigkeitsplan; b) Beschleunigungsplan, Spitze des kleinen Beschleunigungspfeils bei c_1 ist Punkt c_1'; c) Kräfteplan zum Ermitteln der reduzierten Kraft $\Im^*$ der d'ALEMBERTschen Trägheitskräfte

Nach **Mehmkes** Satz ist $\overline{a_1\,d_1} : \overline{a_1\,c_1} = \overline{AD} : \overline{AC}$ und $\mathfrak{b}_C = \overrightarrow{o'\,c_1}$; für F gelten:

$$\mathfrak{b}_F = \mathfrak{b}_C + \mathfrak{b}_{n_{FC}} + \mathfrak{b}_{t_{FC}} \quad \text{und} \quad \mathfrak{b}_F = \mathfrak{b}_{n_F} + \mathfrak{b}_{t_F}$$

$$\overrightarrow{o'f_1} = \overrightarrow{o'c_1} + \overrightarrow{c_1\,c_1'} + \overrightarrow{c_1'\,f_1} \qquad \overrightarrow{o'f_1} = \overrightarrow{o'f_1'} + \overrightarrow{f_1'\,f_1}$$

mit

$$\mathfrak{b}_{n_{FC}} = \frac{v_{FC}^2}{\overline{FC}}, \qquad \mathfrak{b}_{n_F} = \frac{v_F^2}{\overline{F\mathfrak{F}}}, \qquad \mathfrak{b}_{t_{FC}} \perp \overline{FC}, \qquad \mathfrak{b}_{t_F} \perp \overline{F\mathfrak{F}};$$

f_1' ist in Abb. 67 b nicht eingetragen.

Die Schwerpunktsbeschleunigungen $\mathfrak{b}_{S_e} = \overrightarrow{o's_{e_1}}$, $\mathfrak{b}_{S_c} = \overrightarrow{o's_{c_1}}$, $\mathfrak{b}_{S_f} = \overrightarrow{o's_{f_1}}$ werden wiederum nach **Mehmkes** Satz erhalten, z. B. $\mathfrak{b}_{S_e}$ mit s_{e_1} als Mittelpunkt von $c_1\,f_1$ usw.

Die Winkelbeschleunigungen folgen aus

$$\varepsilon_{bd} = \frac{b_{t\,DA}}{\overline{DA}}, \qquad \varepsilon_{cd} = \frac{b_{t\,D}}{\overline{D\mathfrak{D}}}, \qquad \varepsilon_{ed} = \frac{b_{t\,FC}}{\overline{FC}} \quad \text{und} \quad \varepsilon_{fd} = \frac{b_{t\,F}}{\overline{F\mathfrak{F}}}$$

7.22 Trägheitskräfte

Die zahlenmäßige Auswertung ergibt die nachstehende Übersichtstafel:

Glied	Schwerpunkts-beschleunigung $\mathfrak{b}_S$ $[\text{ms}^{-2}]$	Winkel-beschleunigung ε $[\text{s}^{-2}]$	Trägheitskraft $\mathfrak{T}_S = -m\,\mathfrak{b}_S$ $[\text{kg}]$ ξ in $[\text{m}]$	Kraft K des Zusatz-kräftepaares $(\mathfrak{K}, -\mathfrak{K})$ $[\text{kg}]$	Drehsinn $(\mathfrak{K}, -\mathfrak{K})$ $+$ Uhrzeiger $-$ Gegensinn des Uhrzeigers
b	$b_{Sb} = b_D = 10$	$\bar{\varepsilon}_{bd} = +14{,}5$	$T_b = 0{,}92$ $\xi_b = 0{,}142$	$K_A = K_D = 0{,}26$	$-$
c	$b_{Sc} = 5$	$\bar{\varepsilon}_{cd} = +20{,}2$	$T_c = 0{,}23$ $\xi_c = 0{,}104$	$K_D = K_{\mathfrak{D}} = 0{,}049$	$-$
e	$b_{Se} = 11{,}75$	$\bar{\varepsilon}_{ed} = +50{,}2$	$T_e = 0{,}48$ $\xi_e = 0{,}105$	$K_C = K_F = 0{,}10$	$-$
f	$b_{Sf} = 3{,}25$	$\bar{\varepsilon}_{fd} = -26{,}0$	$T_f = 0{,}066$ $\xi_f = 0{,}039$	$K_F = K_{\mathfrak{F}} = 0{,}011$	$+$

Diese Kräftesysteme $\mathfrak{T}_S$, $(\mathfrak{K}, -\mathfrak{K})$ sind in Abb. 67 als strichpunktierte Kräfte eingetragen, desgleichen ihr Ersatz durch Einzelkraft $\overline{\mathfrak{T}}$ im Abstand ξ vom dazugehörigen Schwerpunkt, z. B. $\overline{\mathfrak{T}}_b$ als resultierende Einzelträgheitskraft aus $\mathfrak{T}_{S_b}$ und dem Kräftepaar $\mathfrak{K}_{bA}$, $\mathfrak{K}_{bD}$, aufgeteilt nach A bzw. D.

7.23 Kräfteplan (Abb. 67 c)

Das Ermitteln von $\mathfrak{T}$ bzw. $\mathfrak{T}^*$ in A mit Wirkungslinie senkrecht $\overline{\mathfrak{A}A}$ geschieht analog der Lösung von Ziff. 7.1, nachdem die Trägheitskräfte $\mathfrak{T}_S$ nach den Gelenken statisch aufgeteilt sind, z. B. $\mathfrak{T}_{Sf} = \mathfrak{T}_{fF} + \mathfrak{T}_{f\mathfrak{F}}$ usw.

Gelenk F:

$$\mathfrak{K}_{fF} + \mathfrak{T}_{fF} + \mathfrak{T}_{eF} + \mathfrak{K}_{eF} + (FC) + (F\mathfrak{F}) = 0$$
$$\overrightarrow{0'1'} + \overrightarrow{1'2'} + \overrightarrow{2'3'} + \overrightarrow{3'4'} + \overrightarrow{4'5'} + \overrightarrow{5'0'} = 0$$

Gelenkkraft in C:

$$(e\,b) = (CF) + \mathfrak{K}_{eC} + \mathfrak{T}_{eC} = \overrightarrow{5'4'} + \overrightarrow{4'3'} + \overrightarrow{3'6'} = \overrightarrow{5'6'}$$

Gleichgewicht am Glied b:

$$\overline{\mathfrak{T}}_b + (e\,b) + \mathfrak{R}_{cD} + \mathfrak{T}_{cD} + (D\mathfrak{D}) + (a\,b) = 0$$

Die Wirkungslinien von $\overline{\mathfrak{T}}_b$ und $(e\,b)$ schneiden sich in M, $\overline{\mathfrak{T}}_b + (e\,b)$ hat Wirkungslinie $w_1' \| Q'R$ durch M. Die Wirkungslinie w_2 von $\mathfrak{R}_{cD} + \mathfrak{T}_{cD}$ geht durch D und schneidet w_1' in N; die Wirkungslinie w_3 der Resultierenden $\overline{\mathfrak{T}}_b + (e\,b) + \mathfrak{R}_{cD} + \mathfrak{T}_{cD}$ ist zu $\overline{Q'U}$ parallel und geht durch N. Also ist die durch den Schnittpunkt von w_3 mit der Geraden $D\mathfrak{D}$ gelegte Gerade w_4 die Wirkungslinie von $(a\,b)$. Ist $\mathfrak{T}$ die Gleichgewichtskraft der $\mathfrak{T}_i$ in A und angreifend im Kurbelzapfen A von a mit Richtung $\perp \overline{\mathfrak{A}A}$, so folgt

$$(a\,b) = (A\mathfrak{A}) + \mathfrak{T}$$

Zeichne also in Abb. 67c $\overrightarrow{6'7'} = \overline{\mathfrak{T}}_b$, $\overrightarrow{7'8'} = \overrightarrow{RU} = \mathfrak{R}_{cD} + \mathfrak{T}_{cD}$ und zerlege $\overrightarrow{5'8'}$ nach den Richtungen $(D\mathfrak{D})$ und w_4, wodurch $(a\,b) = \overrightarrow{8'9'}$, $(D\mathfrak{D}) = \overrightarrow{9'5'}$ gefunden werden. Weitere Zerlegung von $(a\,b) = \overrightarrow{8'9'}$ liefert $\mathfrak{T} = \overrightarrow{8'10'} = 1{,}05\,\text{kg}$, $\mathfrak{T}^* = -\mathfrak{T} = \overrightarrow{10'8'}$, $(A\mathfrak{A}) = \overrightarrow{10'9'}$, und $(d\,a) + (\mathfrak{A}A) = 0$, $(d\,a) = (A\mathfrak{A}) = \overrightarrow{10'9'}$. Die Ergänzung des Kräfteplanes durch

$$(f\,d) = \mathfrak{R}_{f\mathfrak{F}} + (\mathfrak{F}F) + \mathfrak{T}_{f\mathfrak{F}} = \overrightarrow{1'0'} + \overrightarrow{0'5'} + \overrightarrow{5'11'} = \overrightarrow{1'11'}$$

$$(d\,f) = \overrightarrow{11'1'}$$

ferner durch

$$(c\,d) = (\mathfrak{D}D) + \mathfrak{R}_{c\mathfrak{D}} + \mathfrak{T}_{c\mathfrak{D}} = -(d\,c)$$

ist nun leicht durchführbar.

Die den Gewichten $\mathfrak{G}_i$, dem Abtriebsmoment $\mathfrak{M}$ und den Trägheitskräften $\mathfrak{T}_i$ das Gleichgewicht haltende Kraft $\mathfrak{R}_g$ ist also nach Abb. 66a bzw. 67c

$$\mathfrak{R}_g = \mathfrak{R} + \mathfrak{T} = \overrightarrow{8\,10} + \overrightarrow{8'\,10'}, \qquad R_g = 1{,}57\,\text{kg}$$

Kontrollmöglichkeiten. Analog Ziff. 7.1 und 7.2 ist für die Gewichte $\mathfrak{G}_i$ (einschließlich $\mathfrak{M}$) und die Trägheitskräfte $\mathfrak{T}_i$ ein Gesamtkräfteplan zu entwerfen. Die durch Superposition ermittelte Gleichgewichtskraft $\mathfrak{R}_g$ ist auf diese Weise zu kontrollieren.

Ferner kann dm^*/ds nach Ziff. 5.41 bestimmt und bei Beachtung von $b_{tA} = 0$ das Ergebnis $(v_A^2/2)\,(dm^*/ds)$ mit den gefundenen Werten für $\mathfrak{T}$, $\mathfrak{R}$, $\mathfrak{R}_g$ verglichen werden. Zur weiteren Übung sei auch die Durchführung der Aufgabe unter alleiniger Benutzung statischer Ersatzmassen empfohlen.

8. Korrektur der Stabkräfte

Die in den bisher aufgestellten dynamischen Kräfteplänen auftretenden Stabkräfte $(A\,B)$ bzw. $(B\,A)$ des Stabes $\overline{A\,B}$ sind nicht die an den Stabenden wirklich auftretenden Längskräfte. Diese sind nämlich infolge der über das betreffende Glied $\overline{A\,B}$ sich verteilenden Gewichte und Trägheitskräfte der einzelnen Massenelemente nicht in allen Querschnitten von $\overline{A\,B}$ und auch nicht an dessen Gelenk-Endstellen dieselben ([*12*], S. 483).

Dies sei zunächst an dem einfachen Beispiel des in Abb. 68 gezeigten und in A drehbar gelagerten Stabes $\overline{A\,B}$ vom Gewicht $\mathfrak{G}$, von der Masse m und vom Massenträgheitsmoment I_s näher erläutert. In Abb. 68a ist der Stab in vier gleich lange Strecken (Massenelemente) $\overline{A A_1}$, $\overline{A_1 A_2}$, $\overline{A_2 A_3}$, $\overline{A_3 A_4}$ mit den Schwerpunkten S_1, S_2, S_3, S_4 zerlegt. Das Kraftfeld der Gewichte wird dann durch die Teilgewichte $\mathfrak{G}_1$, $\mathfrak{G}_2$, $\mathfrak{G}_3$, $\mathfrak{G}_4$ dargestellt. Die Zerlegung der $\mathfrak{G}_i$ in Komponenten $\mathfrak{G}_i'$ in Stabrichtung $A B$ und $\mathfrak{G}_i''$ senkrecht zur Stabrichtung $\overline{A B}$ läßt erkennen,

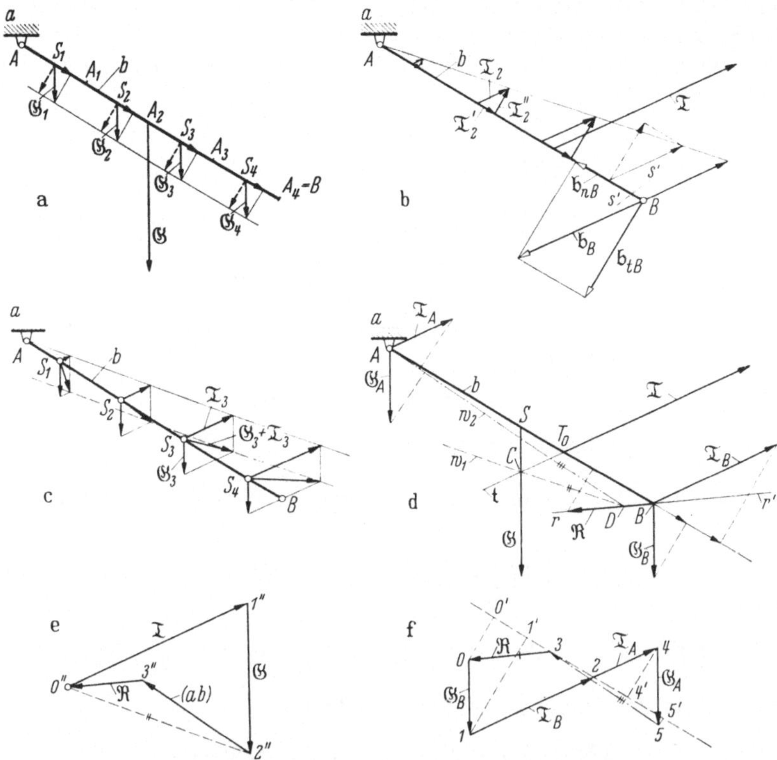

Abb. 68. Erläuterungsbeispiel zur Korrektur der Stabkräfte, dargestellt an einem drehbar gelagerten Getriebeglied $b = \overline{A B}$. a) Verteilung des Gewichts $\mathfrak{G}$; b) Verteilung der Trägheitskräfte; c) Verteilung der Resultierenden aus Gewicht und Trägheitskraft; d) und e) Ermitteln der Gleichgewichtskraft $\mathfrak{R}$ und der Lagerkraft (ab); f) Anordnung des Kräfteplanes von Abb. 68e zur Ermittlung der dynamischen Stabkräfte $[A B]$ und $[B A]$

daß für die wirklichen dynamischen Stabkräfte nur die Komponenten $\mathfrak{G}_i'$ in Frage kommen, während die $\mathfrak{G}_i''$ — wegen der Orthogonalität — zu den Längskräften keinen Beitrag liefern können.

Abb. 68b zeigt für die gleiche Massenaufteilung das Feld der D'ALEMBERTschen Trägheitskräfte $\mathfrak{T}_i$, ermittelt aus den Massen m_i und den Beschleunigungen $\mathfrak{b}_i$ der einzelnen Massenelemente bzw. Teilschwerpunkte S_i, wobei außerdem eine homogene Massenaufteilung über den ganzen Stab angenommen wurde. Das Feld der Trägheitskräfte hat die Form einer Dreiecksbelastung. Die Zerlegung der $\mathfrak{T}_i$ in $\mathfrak{T}_t' + \mathfrak{T}_i''$ läßt erkennen, daß auch hier nur die $\mathfrak{T}_i'$ Beiträge zu den Stabkräften liefern, während der Einfluß der Orthogonalkräfte $\mathfrak{T}_i''$ auf die Längskräfte entfällt.

In Abb. 68c sind die Kraftfelder der Abb. 68a, b überlagert, und Abb. 68d zeigt die resultierenden Ersatzkräfte $\mathfrak{G}$ und $\mathfrak{T}$ der $\mathfrak{G}_i$ bzw. $\mathfrak{T}_i$, $\mathfrak{G}$ angreifend im Schwerpunkt S und $\mathfrak{T} = -m\,\mathfrak{b}_S$ angreifend im Schwingungsmittelpunkt T_0.

Die den vorgeschriebenen Bewegungszustand $(\omega_{ba},\ \varepsilon_{ba})$ erzwingende Gleichgewichtskraft $\Re$ habe die Wirkungslinie rr' durch B.

In Abb. 68e ist $\overrightarrow{0''2''} = \Im + \mathfrak{G}$ mit Wirkungslinie w_1 durch C, die rr' in D schneidet und damit die Wirkungslinie w_2 von (ab) als Gerade durch A und D festlegt (Abb. 68d). Damit sind $(ab) = \overrightarrow{2''3''}$ und $\Re = \overrightarrow{3''0''}$ gefunden.

Abb. 68f gibt eine andere Aufstellung des dynamischen Kräfteplanes, indem die $\Im$ und $\mathfrak{G}$ durch $\Im_A$, $\Im_B$ bzw. $\mathfrak{G}_A$, $\mathfrak{G}_B$ nach A und B aufgeteilt sind.

Gleichgewicht in B:

$$\mathfrak{G}_B + \Im_B + (BA) + \Re = 0$$
$$\overrightarrow{01} + \overrightarrow{12} + \overrightarrow{23} + \overrightarrow{30} \tag{285}$$

Gleichgewicht in A:

$$(AB) + \Im_A + \mathfrak{G}_A + (ab) = 0$$
$$\overrightarrow{32} + \overrightarrow{24} + \overrightarrow{45} + \overrightarrow{53} = 0 \tag{286}$$

Werden die *wirklichen Stabkräfte* (im folgenden kurz „*W-Kräfte*" oder W-Stabkräfte genannt) bezeichnet mit

$$[AB] \text{ als } W\text{-Kraft von } \overline{AB} \text{ in } A$$

$$[BA] \text{ als } W\text{-Kraft von } \overline{AB} \text{ in } B$$

so folgt nach Abb. 68a, b bzw. 68c mit $\Re'$ als Projektion von $\Re$ auf die Stabrichtung $\overline{AB}$

$$[AB] = \sum \Im_i' + \sum \mathfrak{G}_i' + \Re' \tag{287}$$

umformbar in

$$[AB] = \Im' + \mathfrak{G}' + \Re' = \Im_A' + \Im_B' + \mathfrak{G}_A' + \mathfrak{G}_B' + \Re' \tag{288}$$

Unter Beachtung des Gleichgewichtes am Glied b

$$(ab) + \mathfrak{G}_A + \mathfrak{G}_B + \Im_A + \Im_B + \Re = 0 \tag{289}$$

bzw. für die Stabrichtungskomponenten

$$(ab)' + \mathfrak{G}_A' + \mathfrak{G}_B' + \Im_A' + \Im_B' + \Re' = 0 \tag{290}$$

folgt für

$$\boxed{[AB] = -(ab)' = (ba)'} \tag{291}$$

ferner aus der Komponentenzerlegung von Gl. (286) in der Form

$$(AB) + \Im_A' + \mathfrak{G}_A' + (ab)' = 0$$

für $[AB]$ auch

$$\boxed{[AB] = (AB) + \Im_A' + \mathfrak{G}_A'} \tag{292}$$

Ein Schnitt $s's'$ zwischen A, B, und zwar B infinitesimal benachbart, ergibt unmittelbar

$$[BA] + \Re' = 0$$

$$\boxed{[BA] = -\Re'} \tag{293}$$

oder wegen der Komponentendarstellung

$$\mathfrak{G}'_B + \mathfrak{T}'_B + (BA) + \mathfrak{R}' = 0 \tag{294}$$

von Gl. (285) auch die Form

$$\boxed{[BA] = \mathfrak{G}'_B + \mathfrak{T}'_B + (BA)} \tag{295}$$

Im Beispiel des Planes von Abb. 68f werden also die Gewichte $\mathfrak{G}_A$, $\mathfrak{G}_B$, die Trägheitskräfte $\mathfrak{T}_A$, $\mathfrak{T}_B$, desgleichen die von außen eingeprägten Einzelkräfte (hier $\mathfrak{R}$) einschließlich der Gelenkkräfte [hier (ba)] auf die Stabrichtung projiziert, wobei sich für den dynamischen Kräfteplan die Aufspaltung des Gewichtes $\mathfrak{G}$ in die Anordnung der Komponenten $\mathfrak{G}_A$, $\mathfrak{G}_B$ so empfiehlt, daß im Plan nur die $\mathfrak{T}_A$, $\mathfrak{T}_B$ direkt aneinandergereiht sind.

Man erhält so aus Abb. 68f

$$[BA] = \mathfrak{G}'_B + \mathfrak{T}'_B + (BA) = \overrightarrow{0'1'} + \overrightarrow{1'2} + \overrightarrow{23} = \overrightarrow{0'3}$$

$$[AB] = (AB) + \mathfrak{T}'_A + \mathfrak{G}'_A = \overrightarrow{32} + \overrightarrow{24'} + \overrightarrow{4'5'} = \overrightarrow{35'}$$

8.1 *W*-Stabkräfte im Mittelglied einer Zweigelenkkette

Die Übertragung der in Ziff. 8 gewonnenen Ergebnisse auf den allgemeinen Fall einer Zweigelenkkette mit den Gliedern a, $b = \overline{AB}$, c und den Gelenken A, B ist in Abb. 69 mit dem dynamischen Kräfteplan von Abb. 69a durchgeführt.

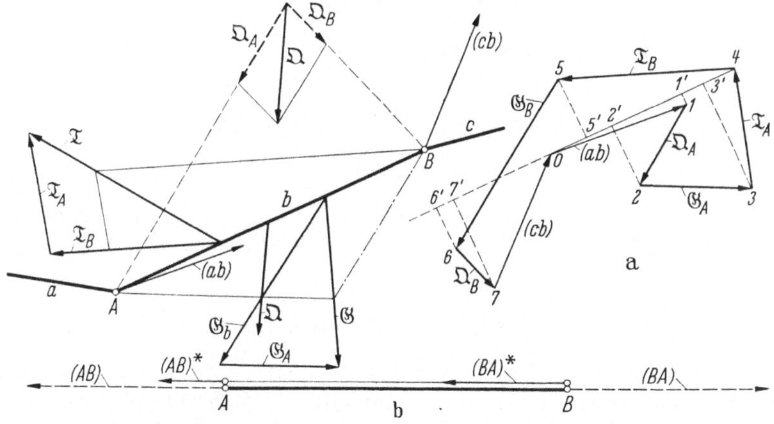

Abb. 69. Korrektur der Stabkräfte für ein beliebiges komplan bewegtes Getriebeglied b. (ab) und (cb) sind die auf Glied b in A bzw. B einwirkenden Gelenkkräfte der benachbarten Glieder a bzw.
a) Kräfteplan; b) Übersicht über die korrigierten (dynamischen) Stabkräfte $[AB]$ und $[BA]$

Das mittlere Glied b wird in A durch die Gelenkkraft (ab) und in B durch die Gelenkkraft (cb) abgestützt. Außerdem sollen noch die in den Gelenkzapfenmitten A und B des Gliedes b an b angreifenden äußeren Kräfte $\mathfrak{D}_A$ bzw. $\mathfrak{D}_B$ gegeben sein.

Kennzeichnet der Strich wiederum die Projektionen der Kräfte auf die Stabrichtung $\overline{AB}$, so folgt

$$\boxed{[BA] = (BA) + \mathfrak{T}'_B + \mathfrak{G}'_B} = \overrightarrow{04} + \overrightarrow{45'} + \overrightarrow{5'6'} = \overrightarrow{06'} \tag{296}$$

$$\boxed{[AB] = \mathfrak{G}'_A + \mathfrak{T}'_A + (AB)} = \overrightarrow{2'3'} + \overrightarrow{3'4} + \overrightarrow{40} = \overrightarrow{2'0} \tag{297}$$

oder

$$\boxed{[BA] = (b\,c)' - \mathfrak{Q}'_B} = \overrightarrow{0\,7'} + \overrightarrow{7'6'} = \overrightarrow{0\,6'} \tag{298}$$

$$\boxed{[AB] = -\mathfrak{Q}'_A + (b\,a)'} = \overrightarrow{2'1'} + \overrightarrow{1'0} = \overrightarrow{2'0} \tag{299}$$

Ergebnis: Die Stabkraft $[BA]$ im Gelenk B des Stabes $\overline{A\,B}$ ist entweder gleich der vektoriellen Summe aus der dazugehörigen Stabkraft (BA) und den Projektionen der nach B aufgeteilten Trägheitskraft- und Gewichtsvektoren auf die Stabrichtung oder gleich der vektoriellen Differenz aus den Stabrichtungsprojektionen der von $\overline{A\,B}$ auf das in B angrenzende Glied ausgeübten Gelenkkraft (Minuend) und der in B angreifenden und vom Glied b herrührenden äußeren Kraft $\mathfrak{Q}_B$ (Subtrahend).

8.11   Sonderfälle

a) Trägheitskräfte vernachlässigbar klein, z. B. bei kleinen Drehzahlen, die Gewichte jedoch von Einfluß. Dann

$$[BA] = (BA) + \mathfrak{G}'_B = (b\,c)' - \mathfrak{Q}'_B \tag{300}$$

$$[AB] = (AB) + \mathfrak{G}'_A = (b\,a)' - \mathfrak{Q}'_A \tag{301}$$

b) Trägheitskräfte und Gewichte gegenüber der äußeren Kraft vernachlässigbar klein. Dann

$$[BA] = (BA) = (b\,c)' - \mathfrak{Q}'_B \tag{302}$$

$$[AB] = (AB) = (b\,a)' - \mathfrak{Q}'_A \tag{303}$$

Kontrolle: $(BA) + (A\,B) = 0$ also

$$
\begin{aligned}
(b\,c)' - \mathfrak{Q}'_B + (b\,a)' - \mathfrak{Q}'_A &= 0 \\
-(c\,b)' - \mathfrak{Q}'_B - (a\,b)' - \mathfrak{Q}'_A &= 0 \\
(c\,b)' + \mathfrak{Q}' + (a\,b)' \qquad &= 0
\end{aligned}
\tag{304}
$$

c) Gewichte, Trägheitskräfte vernachlässigbar klein, keine äußere Kraft $\mathfrak{Q}$ (nach Art von Abb. 69) am komplan bewegten Getriebeglied $b = \overline{A\,B}$. Dann

$$[BA] = (BA) = (b\,c)' \tag{305}$$

$$[AB] = (AB) = (b\,a)' \tag{306}$$

Hinweis: Man leite die Ergebnisse des Beispieles von Abb. 68 aus dem allgemeinen Fall von Ziff. 8.1 ab. Bei B entfällt die Gelenkkraft, $(b\,c)$, $\mathfrak{Q} = \mathfrak{Q}_B$ ist mit $\mathfrak{R}$ identisch, also $[BA] = -\mathfrak{R}'$ und wegen $\mathfrak{Q}_A = 0$ wird $[A\,B] = (b\,a)'$.

8.2   Dynamischer Kräfteplan für das Schubkurbelgetriebe eines Kraftradmotors

8.21   Gegebene Größen (Abb. 70)

Glied $a = \overline{\mathfrak{A}A} = 42{,}5$ mm, $\overline{A\,S_a} = 46$ mm, Gewicht $G_a = 7{,}176$ kg (einschließlich Schwungscheiben, Kurbelwelle und Kurbelzapfen). Massenträgheitsmoment $I_{S_a} = 0{,}0046$ mkgs².

Glied $b = \overline{A\,B} = 183{,}5$ mm, $\overline{A\,S_b} = 67{,}5$ mm, $\overline{B\,S_b} = 116$ mm, $G_b = 0{,}403$ kg, $I_{S_b} = 0{,}00026$ mkgs².

Glied c: Gewicht von Kolben mit Kolbenbolzen und Kolbenringen $G_c = 0{,}600$ kg. Zylinderdurchmesser $D = 72$ mm.

Drehzahl: $n_{ad} = 5500$ U/min, $\varepsilon_{ad} = 0$.

Maßstäbe: Zeichnung: $M_z = 50$ cm/m
Geschwindigkeit: $M_v = 0{,}087$ cm/ms^{-1}
Beschleunigung: $M_b = 0{,}000\,151$ cm/ms^{-2}
Kraft: $M_k = 0{,}01$ cm/kg

8.22 Beschleunigungen und Trägheitskräfte

Geschwindigkeitsplan (Abb. 70 a):

$$\mathfrak{v}_B = \mathfrak{v}_A + \mathfrak{v}_{BA}, \qquad \mathfrak{v}_{BA} \perp \overline{AB}$$
$$\overrightarrow{o\,b} = \overrightarrow{o\,a} + \overrightarrow{a\,b}$$

Ferner: $\mathfrak{v}_{S_b} = \overrightarrow{o\,s_b}$ aus $\overline{a\,s_b} : \overline{a\,b} = \overline{A\,S_b} : \overline{A\,B}$.

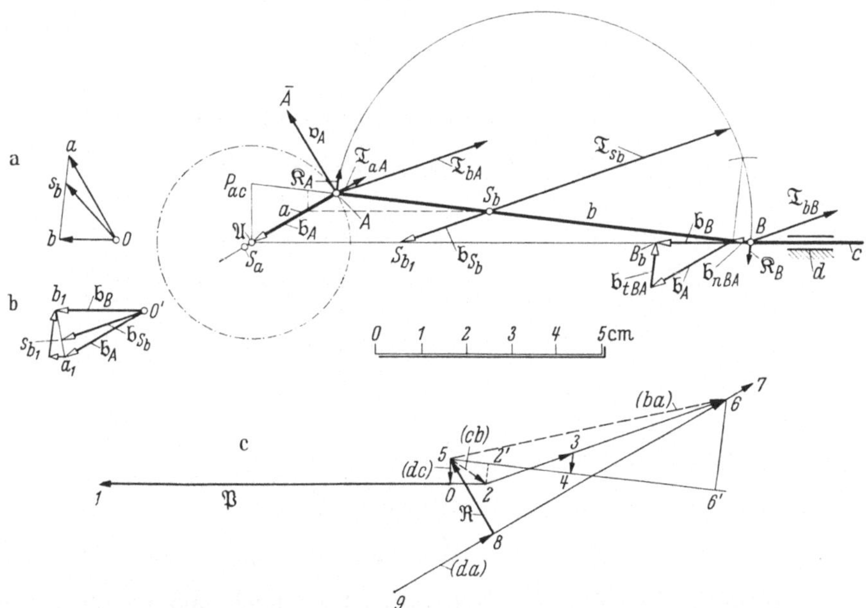

Abb. 70. II. Wittenbauersche Grundaufgabe für das Schubkurbelgetriebe eines Kraftrad-Motors
a) Geschwindigkeitsplan;   b) Beschleunigungsplan, $a_1' =$ Spitze des kleinen Pfeils, ausgehend von a_1 und nach links gerichtet; $\overrightarrow{a_1 a_1'} \parallel \overline{BA}$;   c) dynamischer Kräfteplan mit Stabkraft-Korrektur

Beschleunigungsplan (Abb. 70 b):

$$\mathfrak{b}_B = \mathfrak{b}_A + \mathfrak{b}_{n_{BA}} + \mathfrak{b}_{t_{BA}}$$
$$\overrightarrow{o'b_1} = \overrightarrow{o'a_1} + \overrightarrow{a_1 a_1'} + \overrightarrow{a_1' b_1}$$

mit $b_{n_{BA}} = v_{BA}^2/\overline{AB}$ und $\mathfrak{b}_{t_{BA}} \perp \overline{AB}$.
Winkelbeschleunigung:

$$\varepsilon_{bd} = b_{t_{BA}}/\overline{AB}$$

Beschleunigung:

$$\mathfrak{b}_{S_b} = \overrightarrow{o's_{b_1}} \quad \text{mit} \quad \overline{a_1 s_{b_1}} : \overline{a_1 b_1} = \overline{A\,S_b} : \overline{A\,B}$$

Zahlenbeispiel:

$$b_{S_a} = 1160\,\text{ms}^{-2}, \; b_{S_b} = 13550\,\text{ms}^{-2}, \; b_B = b_c = 14070\,\text{ms}^{-2}, \; \bar{\varepsilon}_{bd} = -35400\,\text{s}^{-2}$$

Trägheitskräfte:

$$T_a = |\mathfrak{T}_a| = m_a b_{S_a} = 849\,\text{kg}, \qquad T_b = |\mathfrak{T}_b| = m_b b_{S_b} = 555\,\text{kg}$$

Kräftepaar $(\mathfrak{K}_A,\,\mathfrak{K}_B = -\mathfrak{K}_A)$: $\quad K_A = K_b = 0{,}00026 \cdot 35400/0{,}1835 = 50{,}2\,\text{kg}$

$$T_c = |\mathfrak{T}_c| = m_c\,b_B = m_c\,b_c = 858\,\text{kg}$$

Äußere Kräfte:

Kolbenkraft (entnommen dem Indikator-Diagramm) $P = |\mathfrak{P}| = 773$ kg mit Richtungssinn $\overrightarrow{B\mathfrak{A}}$.

Statische Aufteilung der $\mathfrak{T}_i$ auf die Gelenke:

$$T_{aA} = 70\ \text{kg}, \qquad T_{a\mathfrak{A}} = 919\ \text{kg}, \qquad T_{bA} = 351\ \text{kg}, \qquad T_{bB} = 204\ \text{kg}$$

8.23 Kräftepläne

Gleichgewicht Gelenk B:

$$\mathfrak{P} + \mathfrak{T}_c + \mathfrak{T}_{bB} + \mathfrak{K}_B + (BA) + (dc) = 0$$
$$\overrightarrow{01} + \overrightarrow{12} + \overrightarrow{23} + \overrightarrow{34} + \overrightarrow{45} + \overrightarrow{50} = 0$$

Gleichgewicht Gelenk A:

$$(AB) + \mathfrak{K}_A + \mathfrak{T}_{bA} + \mathfrak{T}_{aA} + (A\mathfrak{A}) + \mathfrak{R} = 0$$
$$\overrightarrow{54} + \overrightarrow{43} + \overrightarrow{36} + \overrightarrow{67} + \overrightarrow{78} + \overrightarrow{85} = 0$$

Gleichgewicht Gelenk $\mathfrak{A}$:

$$(\mathfrak{A}A) + \mathfrak{T}_{a\mathfrak{A}} + (da) = 0$$
$$\overrightarrow{87} + \overrightarrow{79} + \overrightarrow{98} = 0$$

Gelenkkräfte:

$$(bc) = \mathfrak{T}_{bB} + \mathfrak{K}_B + (BA) = \overrightarrow{23} + \overrightarrow{34} + \overrightarrow{45} = \overrightarrow{25}$$
$$(ba) = (AB) + \mathfrak{K}_A + \mathfrak{T}_{bA} = \overrightarrow{54} + \overrightarrow{43} + \overrightarrow{36} = \overrightarrow{56}$$
$$(ad) = (\mathfrak{A}A) + \mathfrak{T}_{a\mathfrak{A}} = \overrightarrow{87} + \overrightarrow{79} = \overrightarrow{89}; \qquad (da) = \overrightarrow{98}$$

W-Stabkräfte in Koppel $\overline{AB}$: Nach Ziff. 8.1 Gl. (296) und Gl. (305) folgt, da an der Koppel b keine äußere Kraft wirkt, also $\mathfrak{Q} = 0$, auch die Gewichte vernachlässigt worden sind,

$$[BA] = (bc)' = \overrightarrow{2'5} \quad \text{oder} \quad [BA] = \mathfrak{T}'_{bB} + (BA) = \overrightarrow{2'4} + \overrightarrow{45} = \overrightarrow{2'5}$$
$$[AB] = (ba)' = \overrightarrow{56'} \quad \text{oder} \quad [AB] = (AB) + \mathfrak{T}'_{bA} = \overrightarrow{54} + \overrightarrow{46'} = \overrightarrow{56'}$$

Gleichgewicht für das gesamte Getriebe:

$$\mathfrak{P} + \mathfrak{T}_c + \mathfrak{T}_b + \mathfrak{T}_a + (da) + \mathfrak{R} + (dc) = 0$$
$$\overrightarrow{01} + \overrightarrow{12} + \overrightarrow{26} + \overrightarrow{69} + \overrightarrow{98} + \overrightarrow{85} + \overrightarrow{50} = 0$$

Zahlenergebnisse:

$$R = 186\,\text{kg}, \quad (bc) = 100\,\text{kg}, \quad (ba) = 630\,\text{kg}, \quad (dc) = 48\,\text{kg}, \quad (da) = 245\,\text{kg}$$

Diagramme für den gesamten Bewegungsverlauf entsprechend dem Indikatordiagramm usw. für die nach A reduzierte Masse der Glieder b, c, sowie polare Schaubilder für die Gelenkkräfte usw. findet man in ([*1a*], S. 452/457).

9. Das Federhofersche λ-Verfahren

9.1 Neue Darstellung der resultierenden Trägheitskraft

K. FEDERHOFER $(2a)$ entwickelte für die graphische Getriebedynamik ein kombiniert zeichnerisch-rechnerisches Verfahren, das sich vielfach mit Vorteil anwenden läßt, insbesondere auch bei der Lösung der *I. Wittenbauerschen Grundaufgabe.*

Für die in Abb. 71 dargestellte Zweigelenkkette d, a, b seien — bei Wahl von d als Gestell — als gegeben vorausgesetzt:

$$\overline{\omega}_{ad} = \overline{\omega}_a, \quad \overline{\varepsilon}_{ad} = \overline{\varepsilon}_a \quad \text{und} \quad \overline{\omega}_{bd} = \overline{\omega}_b, \quad \overline{\varepsilon}_{bd} = \overline{\varepsilon}_b$$

Für den Punkt C von b gelten dann (Abb. 71a, b)

$$\mathfrak{v}_C = \mathfrak{v}_A + \mathfrak{v}_{CA} = \left[\overline{\omega}_a \overrightarrow{\mathfrak{A}A}\right] + \left[\overline{\omega}_b \overrightarrow{AC}\right] = \overrightarrow{o\,a} + \overrightarrow{a\,c} = \overrightarrow{o\,c} \tag{307}$$

$$\mathfrak{b}_C = \mathfrak{b}_A + \mathfrak{b}_{n_{CA}} + \mathfrak{b}_{t_{CA}} = \mathfrak{b}_{n_A} + \mathfrak{b}_{t_A} + \mathfrak{b}_{n_{CA}} + \mathfrak{b}_{t_{CA}} \tag{308}$$

bzw.

$$\mathfrak{b}_C = -\omega_a^2 \overrightarrow{\mathfrak{A}A} + \left[\overline{\varepsilon}_a \overrightarrow{\mathfrak{A}A}\right] + \left(-\omega_b^2 \overrightarrow{AC}\right) + \left[\overline{\varepsilon}_b \overrightarrow{AC}\right] \tag{309}$$

Da in der ebenen Kinematik der Winkelgeschwindigkeitsvektor $\overline{\omega}$ und der dazugehörige Winkelbeschleunigungsvektor $\overline{\varepsilon}$ die gleiche Drehachse als Wirkungslinie haben, sich jedoch im Richtungssinn unterscheiden können, so darf

$$\overline{\varepsilon}_a = \lambda_a \overline{\omega}_a \tag{310a}$$

und

$$\overline{\varepsilon}_b = \lambda_b \overline{\omega}_b \tag{310b}$$

gesetzt werden. Die so eingeführten Parameter λ_a, λ_b sind positive oder negative reelle Größen mit der Dimension $[\mathrm{s}^{-1}]$, positiv, wenn der Winkelbeschleunigungsvektor $\overline{\varepsilon}$ mit dem dazugehörigen Winkelgeschwindigkeitsvektor $\overline{\omega}$ gleichen Richtungssinn besitzt, negativ jedoch, wenn $\overline{\varepsilon}$, $\overline{\omega}$ entgegengesetzten Richtungssinn haben.

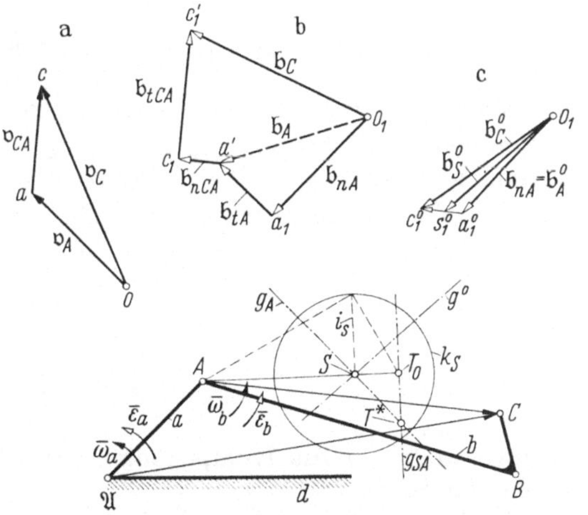

Abb. 71. Grundlagen zum FEDERHOFERschen λ-Verfahren für die Lösung der I. WITTENBAUERschen Grundaufgabe. Ersatz der resultierenden Trägheitskraft $\mathfrak{T}$ des komplan bewegten Getriebegliedes b durch die Kräfte $\mathfrak{T}_0 = -m\,\mathfrak{b}_S^0$, wirkend in g^0 durch S, $\mathfrak{T}_A = -\lambda_a m\,\mathfrak{v}_A$, wirkend in $g_A \parallel \mathfrak{v}_A$, $\mathfrak{T}_{SA} = -\lambda_b m\,\mathfrak{v}_{SA}$, wirkend in g_{SA}

Aus Gl. (309) folgt dann

$$\mathfrak{b}_C = -\omega_a^2 \cdot \overrightarrow{\mathfrak{A}A} + \left(-\omega_b^2 \overrightarrow{AC}\right) + \lambda_a \left[\overline{\omega}_a \overrightarrow{\mathfrak{A}A}\right] + \lambda_b \left[\overline{\omega}_b \overrightarrow{AC}\right]$$

und bei Beachtung von Gl. (307)

$$\boxed{\mathfrak{b}_C = -\omega_a^2 \overrightarrow{\mathfrak{A}A} + \left(-\omega_b^2 \overrightarrow{AC}\right) + \lambda_a \mathfrak{v}_A + \lambda_b \mathfrak{v}_{CA}} \tag{311}$$

Bei der „beschleunigungsfreien" Bewegung, d. h. mit $\overline{\varepsilon}_a = 0$, $\overline{\varepsilon}_b = 0$, liefert Gl. (311) für die dazugehörige Beschleunigung

$$\mathfrak{b}_C^0 = -\omega_a^2 \overrightarrow{\mathfrak{A}A} + \left(-\omega_b^2 \overrightarrow{AC}\right) \tag{312}$$

Aus Gl. (311) entsteht so

$$\boxed{\mathfrak{b}_C = \mathfrak{b}_C^0 + \lambda_a\,\mathfrak{v}_A + \lambda_b\,\mathfrak{v}_{CA}} \tag{313}$$

wobei die erste Komponente $\mathfrak{b}_C^0$ bereits durch den Geschwindigkeitszustand $(\overline{\omega}_a,\,\overline{\omega}_b)$ festgelegt ist und die beiden anderen Komponenten zu $\mathfrak{v}_A = \overrightarrow{oa}$ bzw. $\mathfrak{v}_{CA} = \overrightarrow{ac}$ parallel sind.

Für den Schwerpunkt S des Gliedes b folgt nach Gl. (313) entsprechend

$$\mathfrak{b}_S = \mathfrak{b}_S^0 + \lambda_a\,\mathfrak{v}_A + \lambda_b\,\mathfrak{v}_{SA} \tag{314}$$

Der Trägheitskraftvektor $\mathfrak{T}_s$ und damit auch $\mathfrak{T}_b$ des Gliedes b erhält gemäß Gl. (314) die Form

$$\mathfrak{T}_s = \mathfrak{T}_b = -\,m\,\mathfrak{b}_S^0 + (-\lambda_a\,m\,\mathfrak{v}_A) + (-\lambda_b\,m\,\mathfrak{v}_{SA}) \tag{315}$$

oder

$$\mathfrak{T}_s = \mathfrak{T}^0 + \mathfrak{T}_A + \mathfrak{T}_{SA} \tag{316}$$

mit

$$\mathfrak{T}^0 = -\,m\,\mathfrak{b}_S^0, \quad \mathfrak{T}_A = -\lambda_a\,m\,\mathfrak{v}_A, \quad \mathfrak{T}_{SA} = -\lambda_b\,m\,\mathfrak{v}_{SA} \tag{317a, b, c}$$

$$\mathfrak{T}^0 \quad \text{ist aus} \quad \mathfrak{b}_S^0 = -\,\omega_a^2\,\overrightarrow{\mathfrak{A}A} + (-\,\omega_b^2\,\overrightarrow{AS})$$

zu ermitteln, also durch den Geschwindigkeitszustand bestimmt.

Von den Anteilen $\mathfrak{T}_A$, $\mathfrak{T}_{SA}$ ist $\mathfrak{T}_A \parallel \mathfrak{v}_A$ und $\mathfrak{T}_{SA} \parallel \mathfrak{v}_{SA}$ bzw. $\mathfrak{T}_{SA} \perp \overline{SA}$.

Ganz allgemein galt mit $i_{S_b} = i_S$ nach Gl. (223) für den Abstand ξ des resultierenden Trägheitskraftvektors $\mathfrak{T}_b$ von S die Formel

$$\xi = \frac{m\,i_s^2\,\varepsilon_b}{m\,b_s} \tag{318}$$

bzw.

$$\xi = \frac{m\,i_s^2\,\varepsilon_b}{T} \tag{319}$$

mit $T = |\mathfrak{T}_b|$.

Angewandt auf die Komponenten der Gln. (317a, b, c), folgt für ihre Abstände von S

$$\xi^0 = \frac{m\,i_s^2\cdot 0}{m\,b_s^0} = 0 \tag{320a}$$

$$\xi_A = \frac{m\,i_s^2\cdot 0}{\lambda_a\,m\,v_A} = 0 \tag{320b}$$

$$\xi_{SA} = \frac{m\,i_s^2\,\varepsilon_b}{\lambda_b\,m\,v_{SA}} = \frac{m\,i_s^2\,\lambda_b\,\omega_b}{\lambda_b\,m\cdot\omega_b\,\overline{AS}} = \frac{i_s^2}{\overline{AS}} \tag{320c}$$

d. h. die Wirkungslinien von $\mathfrak{T}^0$ und $\mathfrak{T}_A$ gehen durch den Schwerpunkt S, die Wirkungslinie von $\mathfrak{T}_{SA}$ steht auf $\overline{AS}$ senkrecht und geht durch den Punkt T_0 auf der Verlängerung von $\overline{AS}$ im Abstand $\xi_{SA} = i_S^2/\overline{AS}$, also durch einen Punkt T_0, der bereits in Ziff. 4.44 als *Trägheitsmittelpunkt* T_0 eingeführt wurde und den Antipol von A bezüglich des um S mit Halbmesser i_S geschlagenen Kreises k_S darstellt. Die Wirkungslinie g_{SA} von $\mathfrak{T}_{SA}$ ist also die Antipolare von A bezüglich k_S.

Zusammenfassung. Das System der Trägheitskräfte eines komplan bewegten Getriebegliedes besteht:

a) aus einer im Schwerpunkt S angreifenden Kraft $\mathfrak{T}^0 = -m\mathfrak{b}_S^0$ von bekannter Größe, Richtung g^0 und bekanntem Richtungssinn;

b) aus einer Kraft $\mathfrak{T}_A = -\lambda_a m \mathfrak{v}_A$, ebenfalls durch S gehend, mit Richtung g_A parallel $\mathfrak{v}_A$;

c) aus einer Kraft $\mathfrak{T}_{SA} = -\lambda_b m \mathfrak{v}_{SA}$ mit der Wirkungslinie g_{SA} als Antipolare des Punktes A bezüglich des um S mit i_S als Halbmesser geschlagenen Kreises k_S.

Die Geraden g_A und g_{SA} schneiden sich dabei im *Trägheitspol* T^*. Dieser ist demnach ein für alle ∞^2 möglichen Beschleunigungszustände ein fester Punkt, selbst dann noch, wenn das Glied b nur flächenläufig geführt und sein Geschwindigkeitszustand allein durch $\mathfrak{v}_A$ und die augenblickliche Bewegungsrichtung eines weiteren Punktes von b, z. B. B gegeben ist. Die Geraden g_A und g_{SA} bleiben für alle möglichen Beschleunigungszustände die gleichen, während die Größen dieser Kräfte $\mathfrak{T}_A$ und $\mathfrak{T}_{SA}$ mit den Parametern λ_a, λ_b linear veränderlich sind.

9.2 Lösung der I. Wittenbauerschen Grundaufgabe mittels des λ-Verfahrens

An der durch Abb. 72 gegebenen Zweigelenkkette d (fest), a, b mit Führung des Punktes B längs der gegebenen Richtung $\beta\beta'$, angedeutet durch den gestrichelt gezeichneten, aber nicht vorhandenen Gleitstein c, greifen in E von a und D von b die Kräfte $\mathfrak{P}_a$ bzw. $\mathfrak{P}_b$ an. Zu dem durch $\overline{\omega}_{ad} = \overline{\omega}$ festgelegten Geschwindigkeitszustand der getrieblichen Anordnung ist der Beschleunigungszustand zu ermitteln.

Gegeben:

Kurbeldreieck $a = \mathfrak{A}AE:$ $m_a = 0{,}025$ kgs²/m, $i_{s_a} = 0{,}027$ m

Koppeldreieck $b = ABD:$ $m_b = 0{,}100$ kgs²/m, $i_{S_b} = 0{,}055$ m

Winkelgeschwindigkeit: $\overline{\omega}_{ad} = \overline{\omega}_a = -300$ s^{-1}

Kräfte: $P_a = 400$ kg, $P_b = 500$ kg

Maßstäbe: Zeichnung: $M_z = 50$ cm/m

            Geschwindigkeit: $M_v = M_z/\omega_a = \tfrac{1}{6}$ cm/ms^{-1}

            Kraft: $M_k = 0{,}01$ cm/kg

Schwerpunktslagen S_a, $S_b = S$ und Abmessungen der Glieder gemäß Abb. 72.

9.21 Lösung

a) *Geschwindigkeitsplan* (Abb. 72a):

$$\mathfrak{v}_B = \mathfrak{v}_A + \mathfrak{v}_{BA}, \qquad \mathfrak{v}_S = \mathfrak{v}_A + \mathfrak{v}_{SA}, \qquad \mathfrak{v}_S = \mathfrak{v}_B + \mathfrak{v}_{SB}$$

$$\overrightarrow{ob} = \overrightarrow{oa} + \overrightarrow{ab}, \qquad \overrightarrow{os} = \overrightarrow{oa} + \overrightarrow{as}, \qquad \overrightarrow{os} = \overrightarrow{ob} + \overrightarrow{bs}$$

$$\mathfrak{v}_{BA} \perp \overline{AB} \qquad\qquad \mathfrak{v}_{SA} \perp \overline{AS} \qquad\qquad \mathfrak{v}_{SB} \perp \overline{SB}$$

b) *Trägheitsmittelpunkte und Wirkungslinien:*

$\overline{S_a Z} = i_{s_a}$, $\overline{S_a Z} \perp \overline{\mathfrak{A}S_a}$, $\overline{Z T_{0,a}} \perp \overline{\mathfrak{A}Z}$; $T_{0,a} = $ Trägheitsmittelpunkt von a bezüglich $\mathfrak{A}$.

Wirkungslinien: g_a^0 von $\mathfrak{T}_a^0$, $g_a' \perp \overline{\mathfrak{A}T_{0,a}}$ von $\mathfrak{T}_a'$.

Zeichne $\overline{SL} = i_{S_b}$ und $\overline{SL} \perp \overline{AS}$, $\overline{L\,T_{0,b}} \perp \overline{AL}$; $T_{0,b} =$ Trägheitsmittelpunkt von b bezüglich A. Ferner ist:

$$\mathfrak{b}_S^0 = \mathfrak{b}_{n_A} + \mathfrak{b}_{n_{SA}} = \mathfrak{b}_A^0 + \mathfrak{b}_{SA}^0 = \overrightarrow{o'a_1^0} + \overrightarrow{a_1^0 a_I^0} = \overrightarrow{o'a_I^0} \qquad \text{(Abb. 72b, c)}$$

Wirkungslinien: g_S^0 von $\mathfrak{T}_S^0 = \mathfrak{T}^0$ durch S und parallel zu $\overrightarrow{o'a_I^0}$, g_A von $\mathfrak{T}_A$ als Parallele durch S zu $\mathfrak{v}_A = \overrightarrow{oa}$, g_{SA} von $\mathfrak{T}_{SA}$ als Senkrechte zu $\overline{AS}$ durch $T_{0,b}$.

c) *Gleichgewichtsbedingungen* (Abb. 72d):

Am Getriebe:

$$\mathfrak{T}^0 + \mathfrak{T}_A + \mathfrak{T}_{SA} + \mathfrak{P}_b + \mathfrak{P}_a + \mathfrak{T}_a' + \mathfrak{T}_a^0 + (da) = 0$$
$$\overrightarrow{01} + \overrightarrow{12} + \overrightarrow{23} + \overrightarrow{34} + \overrightarrow{45} + \overrightarrow{56} + \overrightarrow{67} + \overrightarrow{70} = 0 \qquad (321)$$

Glied b:

$$\mathfrak{T}^0 + \mathfrak{T}_A + \mathfrak{T}_{SA} + \mathfrak{P}_b + (ab) = 0$$
$$\overrightarrow{01} + \overrightarrow{12} + \overrightarrow{23} + \overrightarrow{34} + \overrightarrow{40} = 0 \qquad (322)$$

Glied a:

$$(ba) + \mathfrak{P}_a + \mathfrak{T}_a' + \mathfrak{T}_a^0 + (da) = 0$$
$$\overrightarrow{04} + \overrightarrow{45} + \overrightarrow{56} + \overrightarrow{67} + \overrightarrow{70} = 0 \qquad (323)$$

d) *Ermitteln der Parameter λ_a, λ_b.* Zum Ermitteln der λ_a, λ_b, die nach D'ALEMBERT den Gleichgewichtszustand erzwingen, bildet man die Summe $\mathfrak{M}_\mathfrak{A}$ der Momente aller Kräfte von Gl. (321) bezüglich $\mathfrak{A}$ und setzt $\mathfrak{M}_\mathfrak{A} = 0$; ebenso bildet man für Bezugspunkt A die Summe $\mathfrak{M}_b$ aller Momente der gem. Gl. (322) an b wirkenden Kräfte und setzt $\mathfrak{M}_b = 0$. Für den Ansatz dieser Momente $\mathfrak{M}_\mathfrak{A}$, $\mathfrak{M}_b$ werden zunächst die λ_a, λ_b als positiv angenommen und dementsprechend der Richtungssinn der betr. Kräfte bzw. der Drehsinn der Momente angeschrieben. Die Hebelarme der Momente werden der Abb. 72 in „cm" entnommen, indem man von den betr. Bezugspunkten $\mathfrak{A}$ bzw. A die Lote auf die Wirkungslinien der

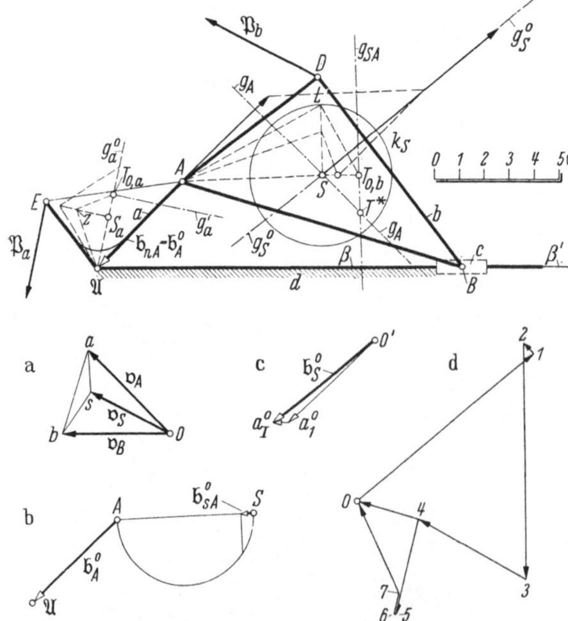

Abb. 72. Anwendung des FEDERHOFERschen λ-Verfahrens auf eine Zweigelenkkette mit den Gliedern d, a, b. a) Geschwindigkeitsplan; b) Beschleunigungsplan für $\mathfrak{b}_A^0$ und $\mathfrak{b}_{SA}^0$; c) Beschleunigungsplan für $\mathfrak{b}_S^0$; d) Kräfteplan

Kräfte fällt. Man erhält so:

$$400 \cdot 2{,}6 + 500 \cdot 10{,}72 - \lambda_a \, 0{,}025 \cdot 12 \cdot 3 + 927 \cdot 3$$
$$- \lambda_a \cdot 0{,}1 \cdot 18{,}8 \cdot 8{,}81 + \lambda_b \cdot 0{,}1 \cdot 9{,}9 \cdot 10{,}38 = 0$$
$$500 \cdot 6{,}12 + 927 \cdot 3{,}35 - \lambda_a \, 0{,}1 \cdot 28{,}8 \cdot 4{,}02 + \lambda_b \cdot 0{,}1 \cdot 9{,}9 \cdot 6{,}85 = 0$$

oder

$$+ 26{,}3 \, \lambda_a - 10{,}27 \lambda_b = 9181 \qquad (324)$$
$$+ 11{,}57 \, \lambda_a - 6{,}78 \lambda_b = 6160 \qquad (325)$$

Auflösung nach λ_a, λ_b liefert

$$\lambda_a = -17 \, \text{s}^{-1}, \qquad \lambda_b = -939 \, \text{s}^{-1}$$

und somit für den gesuchten Beschleunigungszustand

$$\bar{\varepsilon}_a = \lambda_a \, \bar{\omega}_a = (-17) \cdot (-300) = 5100 \, \text{s}^{-2}$$
$$\bar{\varepsilon}_b = \lambda_b \, \bar{\omega}_b = (-939) \cdot 91{,}8 = -86\,200 \, \text{s}^{-2}$$

Ferner:

$$\mathfrak{T}_a^0 \;\; = \;\; 91{,}8 \;\; \text{kg} \;\; (\text{Richtungssinn } \overrightarrow{A\,\mathfrak{A}})$$
$$\mathfrak{T}_a' \;\; = \;\; 5{,}1 \;\; \text{kg} \;\; (\text{Richtungssinn von } \mathfrak{v}_A)$$
$$\mathfrak{T}^0 \;\; = 927 \;\;\;\; \text{kg} \;\; (\text{Richtungssinn von } -\mathfrak{b}_S^0)$$
$$\mathfrak{T}_A \;\; = \;\; 49 \;\;\;\; \text{kg} \;\; (\text{Richtungssinn von } \mathfrak{v}_A)$$
$$\mathfrak{T}_{SA} = 930 \;\;\;\; \text{kg} \;\; (\text{Richtungssinn } \mathfrak{v}_{SA})$$

Mit diesen Kräften wurde nun der Kräfteplan von Abb. 72d entworfen. Die negativen Werte der λ_a, λ_b besagen, daß die betreffenden Kräfte mit dem Richtungssinn der entsprechenden Geschwindigkeiten wirken.

Hinweis: Das durch obiges Beispiel erläuterte vorteilhafte *Federhofersche Verfahren* (λ-Verfahren) führt — wie K. FEDERHOFER [16a] ebenfalls gezeigt hat — auch zu einer rein zeichnerischen Lösung mittels perspektiver Punktreihen und Strahlenbüschel. K. FEDERHOFER behandelte das Fünfgelenkgetriebe mit dem Freiheitsgrad $F = 2$ in gleicher Weise und ermittelte aus den gegebenen Winkelgeschwindigkeiten der beiden Kurbelglieder und aus den äußeren Kräften den dazugehörigen Beschleunigungszustand [16b].

Weitere Arbeiten über die Kinetostatik flächenläufiger Systeme ($F = 2$) findet man bei TH. PÖSCHEL [28a], F. WITTENBAUER [12], F. PROEGER [7] und R. BEYER [14e].

10. Dynamik der Getriebe
mit doppeltem oder mehrfachem Antrieb $(F = 2, \; F > 2)$

Während F. WITTENBAUER in seinem Hauptwerk [12] insbesondere Getriebe vom Freiheitsgrad $F = 1$ berücksichtigte, dafür aber in umfassender Weise behandelte, dehnte F. PROEGER die graphodynamischen Verfahren auch auf Getriebe vom Freiheitsgrad $F = 2$ und $F > 2$ aus. Der Verfasser zeigte dann in seiner Arbeit „Dynamik der Mehrkurbelgetriebe" [14e], daß für die Untersuchung der mathematischen Zusammenhänge zwischen den PROEGERschen reduzierten Trägheitsmomente die LAGRANGEsche Methode besonders vorteilhaft ist und so eine sehr übersichtliche Formulierung der Bewegungsgleichungen derartiger Getriebe ermöglicht.

Das Verfahren sei am Beispiel des Fünfgelenkgetriebes von Abb. 73 erläutert, in das bei $\mathfrak{A}$ und $\mathfrak{B}$ die Winkelgeschwindigkeiten $\omega_{ae} = \omega_1 = \dot{\varphi}_1$, $\omega_{de} = \omega_2 = \dot{\varphi}_2$ und die Antriebsmomente

$$\mathfrak{M}_1 = |\overrightarrow{\mathfrak{A}A}, \mathfrak{P}_1] = [\mathfrak{r}_1 \, \mathfrak{P}_1],$$

$$\mathfrak{M}_2 = [\overrightarrow{\mathfrak{B}B}, \mathfrak{P}_2] = [\mathfrak{r}_2 \, \mathfrak{P}_2]$$

eingeleitet werden, wobei

$$\overrightarrow{\mathfrak{A}A} = \mathfrak{r}_1, \qquad \overrightarrow{\mathfrak{B}B} = \mathfrak{r}_2$$

und

$$\overline{\mathfrak{A}A} = r_1, \qquad \overline{\mathfrak{B}B} = r_2$$

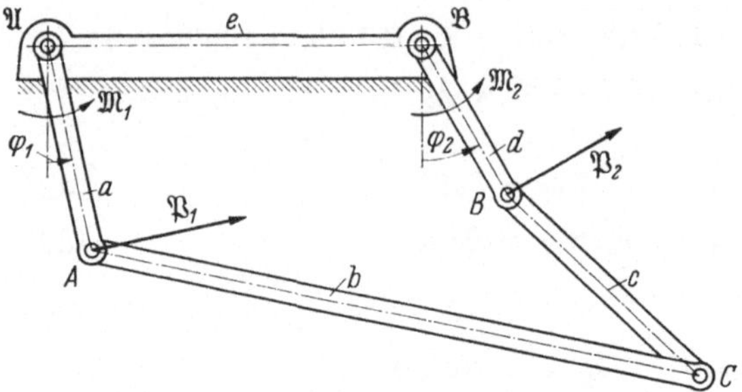

Abb. 73. Fünfgelenkiges Kurbelgetriebe vom Freiheitsgrad $F = 2$. Doppelantrieb durch Kräfte $\mathfrak{P}_1$ und $\mathfrak{P}_2$

bedeuten. Ferner seien die Massen m_a, m_b, m_c, m_d, die Massenträgheitsmomente $I_a, I_b,$ I_c, I_d für die Achsen durch die Schwerpunkte S_a bis S_d gegeben. I_a' und I_d' seien die Massenträgheitsmomente von a, d für die Achsen durch $\mathfrak{A}$ bzw. $\mathfrak{B}$. Die Gewichte $\mathfrak{G}_i$ seien gegenüber $\mathfrak{T}_i$ als vernachlässigbar klein angenommen. Die Wege der Kurbelzapfenmitten A und B, gemessen von A_0 bzw. B_0 sind $s_1 = r_1 \varphi_1$, $s_2 = r_2 \varphi_2$, die dazugehörigen Wegdifferentiale $ds_1 = r_1 \, d\varphi_1$, $ds_2 = r_2 \, d\varphi_2$. Für das Arbeitsdifferential dA gilt

$$dA = P_1 \, ds_1 + P_2 \, ds_2 = P_1 r_1 \cdot d\varphi_1 + P_2 r_2 \cdot d\varphi_2 \qquad (326)$$
$$dA = M_1 d\varphi_1 + M_2 d\varphi_2$$

mit

$$M_1 = |\mathfrak{M}_1|, \qquad M_2 = |\mathfrak{M}_2|$$

Die kinetische Energie L der gesamten getrieblichen Anordnung ist von der Form

$$L = \frac{a_{11}}{2} \dot{\varphi}_1^2 + a_{12} \dot{\varphi}_1 \dot{\varphi}_2 + \frac{a_{22}}{2} \dot{\varphi}_2^2 \qquad (327)$$

wobei die a_{11}, a_{12}, a_{22}, kurz bezeichnet die a_{ik}, Funktionen der Drehwinkel φ_1, φ_2 sind.

Nach den LAGRANGEschen Gleichungen II. Art gelten dann

$$\frac{d}{dt}\left(\frac{\partial L}{\partial \dot{\varphi}_1}\right) - \frac{\partial L}{\partial \varphi_1} = Q_1 \qquad (328\,\text{a})$$

$$\frac{d}{dt}\left(\frac{\partial L}{\partial \dot{\varphi}_2}\right) - \frac{\partial L}{\partial \varphi_2} = Q_2 \qquad (328\,\text{b})$$

mit den

$$Q_1 = M_1 = r_1 P_1 \quad \text{und} \quad Q_2 = M_2 = r_2 P_2 \qquad (329)$$

als generalisierte Kraftkomponenten. Die weitere Durchführung der Rechnung liefert:

$$\frac{\partial L}{\partial \dot{\varphi}_1} = a_{11} \dot{\varphi}_1 + a_{12} \dot{\varphi}_2, \qquad \frac{\partial L}{\partial \dot{\varphi}_2} = a_{12} \dot{\varphi}_1 + a_{22} \dot{\varphi}_2$$

$$\frac{d}{dt}\left(\frac{\partial L}{\partial \dot{\varphi}_1}\right) = \left(\frac{\partial a_{11}}{\partial \varphi_1} \dot{\varphi}_1 + \frac{\partial a_{11}}{\partial \varphi_2} \dot{\varphi}_2\right)\dot{\varphi}_1 + a_{11}\ddot{\varphi}_1 + \left(\frac{\partial a_{12}}{\partial \varphi_1} \dot{\varphi}_1 + \frac{\partial a_{12}}{\partial \varphi_2} \dot{\varphi}_2\right)\dot{\varphi}_2 + a_{12}\ddot{\varphi}_2$$

$$\frac{\partial L}{\partial \varphi_1} = \frac{1}{2}\frac{\partial a_{11}}{\partial \varphi_1} \dot{\varphi}_1^2 + \frac{\partial a_{12}}{\partial \varphi_1} \dot{\varphi}_1 \dot{\varphi}_2 + \frac{1}{2}\frac{\partial a_{22}}{\partial \varphi_1} \dot{\varphi}_2^2$$

und nach Einsetzen in Gl. (328a)

$$M_1 = a_{11}\ddot{\varphi}_1 + a_{12}\ddot{\varphi}_2 + \frac{1}{2}\frac{\partial a_{11}}{\partial \varphi_1}\dot{\varphi}_1^2 + 2\cdot\frac{1}{2}\frac{\partial a_{11}}{\partial \varphi_2}\dot{\varphi}_1\dot{\varphi}_2 + \left(\frac{\partial a_{12}}{\partial \varphi_2} - \frac{1}{2}\frac{\partial a_{22}}{\partial \varphi_1}\right)\dot{\varphi}_2^2$$

$$(328\,a')$$

und entsprechend

$$M_2 = a_{21}\ddot{\varphi}_1 + a_{22}\ddot{\varphi}_2 + \left(\frac{\partial a_{12}}{\partial \varphi_1} - \frac{1}{2}\frac{\partial a_{11}}{\partial \varphi_2}\right)\dot{\varphi}_1^2 + 2\cdot\frac{1}{2}\frac{\partial a_{22}}{\partial \varphi_1}\dot{\varphi}_1\dot{\varphi}_2 + \frac{1}{2}\frac{\partial a_{22}}{\partial \varphi_2}\dot{\varphi}_2^2$$

$$(328\,b')$$

Mit Einführung der „*Christoffelschen Dreiindizessymbole I. Art*", definiert durch

$$\left[\begin{matrix} i\,k \\ l \end{matrix}\right] = \left[\begin{matrix} k\,i \\ l \end{matrix}\right] = \frac{1}{2}\left(\frac{\partial a_{il}}{\partial \varphi_k} + \frac{\partial a_{kl}}{\partial \varphi_i} - \frac{\partial a_{ik}}{\partial \varphi_l}\right) \tag{330}$$

erhalten die dynamischen Bewegungsgleichungen (328a'), (328b') die elegante Form

$$M_1 = a_{11}\ddot{\varphi}_1 + a_{12}\ddot{\varphi}_2 + \left[\begin{matrix}1\,1\\1\end{matrix}\right]\dot{\varphi}_1^2 + 2\left[\begin{matrix}1\,2\\1\end{matrix}\right]\dot{\varphi}_1\dot{\varphi}_2 + \left[\begin{matrix}2\,2\\1\end{matrix}\right]\dot{\varphi}_2^2 \tag{331a}$$

$$M_2 = a_{21}\ddot{\varphi}_1 + a_{22}\ddot{\varphi}_2 + \left[\begin{matrix}1\,1\\2\end{matrix}\right]\dot{\varphi}_1^2 + 2\left[\begin{matrix}1\,2\\2\end{matrix}\right]\dot{\varphi}_1\dot{\varphi}_2 + \left[\begin{matrix}2\,2\\2\end{matrix}\right]\dot{\varphi}_2^2 \tag{331b}$$

Hierbei ist der Symmetrie halber $a_{21} = a_{12}$ gesetzt worden. Die Auflösung der Gl. (331a, b) nach $\ddot{\varphi}_1$, $\ddot{\varphi}_2$ ergibt

$$\ddot{\varphi}_1 = \frac{\begin{vmatrix} M_1 & M_2 \\ a_{21} & a_{22} \end{vmatrix}}{\varDelta} - \left[\left\{\begin{matrix}1\,1\\1\end{matrix}\right\}\dot{\varphi}_1^2 + 2\left\{\begin{matrix}1\,2\\1\end{matrix}\right\}\dot{\varphi}_1\dot{\varphi}_2 + \left\{\begin{matrix}2\,2\\1\end{matrix}\right\}\dot{\varphi}_2^2\right] \tag{332a}$$

$$\ddot{\varphi}_2 = \frac{\begin{vmatrix} a_{11} & a_{12} \\ M_1 & M_2 \end{vmatrix}}{\varDelta} - \left[\left\{\begin{matrix}1\,1\\2\end{matrix}\right\}\dot{\varphi}_1^2 + 2\left\{\begin{matrix}1\,2\\2\end{matrix}\right\}\dot{\varphi}_1\dot{\varphi}_2 + \left\{\begin{matrix}2\,2\\2\end{matrix}\right\}\dot{\varphi}_2^2\right] \tag{332b}$$

mit

$$\varDelta = \begin{vmatrix} a_{11} & a_{12} \\ a_{21} & a_{22} \end{vmatrix} \tag{333}$$

und den „*Christoffelschen Dreiindizessymbolen II. Art*", definiert durch

$$\left\{\begin{matrix} i\,k \\ l \end{matrix}\right\} = \left\{\begin{matrix} k\,i \\ l \end{matrix}\right\} = \frac{\overline{A}_{l1}}{\varDelta}\left[\begin{matrix} i\,k \\ 1 \end{matrix}\right] + \frac{\overline{A}_{l2}}{\varDelta}\left[\begin{matrix} i\,k \\ 2 \end{matrix}\right] \tag{334}$$

Dabei bedeuten die Beiwerte $\overline{A}_{l1}$, $\overline{A}_{l2}$ die den a_{l1} bzw. a_{l2} zugeordneten adjungierten Unterdeterminanten der Determinante $\varDelta$ von Gl. (333); z. B.

$$\overline{A}_{11} = a_{22}, \qquad \overline{A}_{12} = -a_{21}$$
$$\overline{A}_{21} = -a_{12}, \qquad \overline{A}_{22} = a_{11}$$

10.1 Die Energiegleichung

Bildet man gemäß Gl. (326) die in das Getriebe eingeleitete Momentanleistung

$$\frac{dA}{dt} = M_1\dot{\varphi}_1 + M_2\dot{\varphi}_2 \tag{335}$$

so liefert Einsetzen von M_1, M_2 gemäß Gl. (331a, b)

$$A_{I \div II} = \int\limits_{t}^{t_{II}} (M_1 \dot\varphi_1 + M_2 \dot\varphi_2)\, dt$$

$$A_{I \div II} = \left[\frac{a_{11}}{2} \dot\varphi_1^2 + a_{12} \dot\varphi_1 \dot\varphi_2 + \frac{a_{22}}{2} \dot\varphi_2^2 + \text{const}\right]_{t_I}^{t_{II}} = L_{II} - L_I \qquad (336)$$

Es gilt also auch hier das *Energieprinzip:*

Die Änderung der kinetischen Energie ist gleich der in das Getriebe eingeleiteten mechanischen Arbeit.

10.2 Diskussion der dynamischen Grundgleichungen für Doppelantrieb

Die a_{ik}, d. h. die a_{11}, a_{12}, a_{22} von Gl. (327) sind die sog. „*reduzierten Massenträgheitsmomente*".

Die $\begin{bmatrix} i\,k \\ l \end{bmatrix}$ werden gemäß Definition dieser CHRISTOFFELschen Dreiindizessymbole I. Art durch partielle Differentiationen aus den a_{ik} gewonnen. Die a_{ik} und $\begin{bmatrix} i\,k \\ l \end{bmatrix}$ lassen sich aber auch graphisch ermitteln. Setzt man z. B. analog Ziff. 5.4 $\dot\varphi_1 = 0$, $\dot\varphi_2 = 0$, $\ddot\varphi_1 = 1$, $\ddot\varphi_2 = 0$, so liefern Gl. (331a) und Gl. (331b)

$$r_1 P_1 = M_1 = a_{11} \cdot 1; \qquad r_2 P_2 = M_2 = a_{21} \cdot 1$$

Die $\mathfrak{P}_1$, $\mathfrak{P}_2$ in A bzw. B werden in der Weise ermittelt, daß man in A und B diejenigen Kräfte $\mathfrak{R}_A = \mathfrak{P}_1$ und $\mathfrak{R}_B = \mathfrak{P}_2$ konstruiert, die den geforderten speziellen Bewegungszustand erzwingen. Das Zeichnen des dazugehörigen Kräfteplanes ist dann mit dem Gelenk C zu beginnen, dessen Gleichgewichtspolygon zunächst die Stabkräfte (CA) und (CB) liefert. Dadurch verbleiben bei A und B nur noch die Stabkraft $(A\mathfrak{A})$ und $\mathfrak{R}_A$, bei B die Stabkraft $(B\mathfrak{B})$ und $\mathfrak{R}_B$ als Unbekannte. Diese sind demnach konstruierbar.

Entsprechend würde die Wahl von $\dot\varphi_1 = 0$, $\dot\varphi_2 = 0$, $\ddot\varphi_1 = 0$, $\ddot\varphi_2 = 1$ zur Kenntnis von a_{22} und a_{12} führen, was für $a_{21} = a_{12}$ gleichzeitig eine Kontrolle ergibt.

In gleicher Weise sind die $\begin{bmatrix} i\,k \\ l \end{bmatrix}$ zu ermitteln, z. B. $\begin{bmatrix} 1\,1 \\ 1 \end{bmatrix}$ und $\begin{bmatrix} 1\,1 \\ 2 \end{bmatrix}$ mit $\ddot\varphi_1 = \ddot\varphi_2 = 0$, $\dot\varphi_1 = 1$, $\dot\varphi_2 = 0$.

10.3 Beispiele

10.31 Stirnrad-Planetengetriebe. Fünfgelenkgetriebe

Das in Abb. 74 dargestellte Stirnrad-Planetengetriebe sei am Zentralrad b mit $\omega_{bd} = \omega_b = \omega_1$ und am Steg s mit $\omega_{sd} = \omega_s = \omega_2$ angetrieben.

Gegeben:

m_a, m_b, m_s und I_a, I_b, I_s für die Achsen k_{as}, k_{bg}, k_{sg}, ferner

$$M_{bg} = M_1 = b P_1, \quad M_{sg} = M_2 = s P_2$$

Gesucht: Winkelbeschleunigungen $\varepsilon_{bd} = \varepsilon_1 = \dot\omega_1$ und $\varepsilon_{sd} = \varepsilon_2 = \dot\omega_2$

Lösung: $\omega_{ag} = A\,\omega_{bg} + B\,\omega_{sg};$ $\omega_a = A\,\omega_b + B\,\omega_s$

Nach der Methode der unbestimmten Koeffizienten ([*1d*], S. 24) liefert

Annahme 1:

$$\omega_b = \omega_s, \quad \text{also} \quad \omega_a = \omega_s \quad \text{und} \quad A + B = 1$$

Annahme 2:

$$\omega_s = 0, \quad \text{also} \quad b\,\omega_b = -\,a\,\omega_a;$$

$$\omega_a = -\frac{b}{a}\,\omega_b: \quad A = -\frac{b}{a}$$

Ergebnis:

$$\omega_a = -\frac{b}{a}\,\omega_b + \left(1 + \frac{b}{a}\right)\omega_s = -\frac{b}{a}\,\omega_1 + \left(1 + \frac{b}{a}\right)\omega_2$$

Nach Ziff. 10, Gl. (327), folgt für die kinetische Energie

$$L = \frac{I_b}{2}\,\omega_1^2 + \frac{I_s}{2}\,\omega_2^2 + \frac{m_a}{2}\,(s\,\omega_2)^2 + \frac{I_a}{2}\left[-\frac{b}{a}\,\omega_1 + \left(1 + \frac{b}{a}\right)\omega_2\right]^2$$

$$L = \frac{I_b + I_a\left(\dfrac{b}{a}\right)^2}{2}\,\omega_1^2 - I_a\frac{b}{a}\left(1 + \frac{b}{a}\right)\omega_1\,\omega_2 + \frac{I_s + m_a\,s^2 + I_a\left(1 + \dfrac{b}{a}\right)^2}{2}\,\omega_2^2$$

$$L = \frac{a_{11}}{2}\,\omega_1^2 \qquad + \qquad a_{12}\,\omega_1\,\omega_2 \qquad + \qquad \frac{a_{22}}{2}\quad\omega_2^2$$

Im vorliegenden Beispiel sind also die a_{ik} konstante, von den Drehwinkeln φ_1, φ_2 unabhängige Größen, also sämtliche $\begin{bmatrix} i\,k \\ l \end{bmatrix} = 0$.

Nach Gl. (331a, b) lauten die Momente

$$M_1 = \left[I_b + I_a\left(\frac{b}{a}\right)^2\right]\dot{\omega}_1 - I_a\frac{b}{a}\left(1 + \frac{b}{a}\right)\dot{\omega}_2 \qquad (337\,\text{a})$$

$$M_2 = -I_a\frac{b}{a}\left(1 + \frac{b}{a}\right)\dot{\omega}_1 + \left[I_s + m_a\,s^2 + I_a\left(1 + \frac{b}{a}\right)^2\right]\dot{\omega}_2 \qquad (337\,\text{b})$$

Hinweis: In diesem Beispiel wurden die Gewichte von s und a als äußere Kräfte vernachlässigt bzw. die Annahme gemacht, daß sich die Räder in einer Horizontalebene bewegen.

Der Leser leite das Ergebnis unter alleiniger Anwendung des D'ALEMBERTschen Prinzips ab, wobei für $\varepsilon_1 = \dot{\omega}_1$, $\varepsilon_2 = \dot{\omega}_2$ und $\varepsilon_a = \dot{\omega}_a$ die Gleichung

$$\varepsilon_a = -\frac{b}{a}\,\varepsilon_1 + \left(1 + \frac{b}{a}\right)\varepsilon_2$$

zu beachten ist.

Beispiel 2: Fünfgelenkgetriebe. Von dem in Abb. 75 dargestellten Fünfgelenkgetriebe vom Freiheitsgrad $F = 2$ sind gegeben:

Abmessungen:

$$\overline{\mathfrak{A}\mathfrak{B}} = e = 0{,}6\,\text{m}, \quad \overline{\mathfrak{A}A} = a = 1{,}0\,\text{m}, \quad \overline{\mathfrak{B}B} = d = 1{,}0\,\text{m};$$

$$\overline{A\,C} = b = 2{,}2\,\text{m}, \quad \overline{B\,C} = c = 1{,}6\,\text{m}$$

Schwerpunktsabstände:

$$\overline{\mathfrak{A}\,S_a} = \overline{\mathfrak{B}\,S_d} = 0{,}5\,\text{m}, \qquad \overline{A\,S_b} = 0{,}55\,\text{m}, \qquad \overline{C\,S_c} = 0{,}32\,\text{m}$$

Trägheitshalbmesser:

$$i_{Sa} = i_{Sd} = 0{,}265\,\text{m}, \qquad i_{Sb} = 0{,}527\,\text{m}, \qquad i_{Sc} = 0{,}903\,\text{m}$$

Gewichte als äußere Kräfte:

$$G_a = G_d = 25\,\text{kg}, \qquad G_b = 40\,\text{kg}, \qquad G_c = 10\,\text{kg}$$

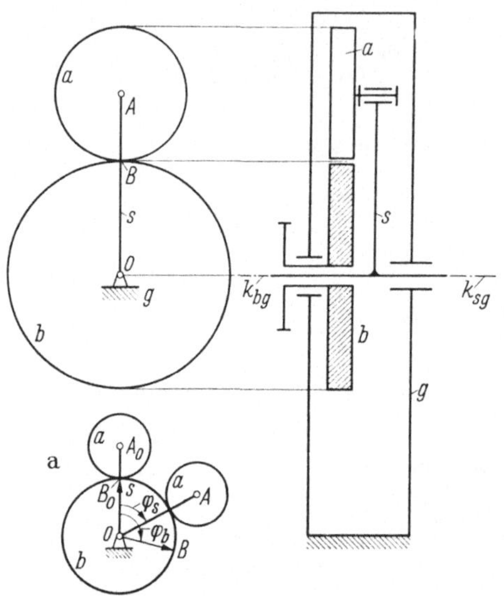

Abb. 74. Stirnrad-Planetengetriebe mit Antrieb am Zentralrad *b* und am Steg *s*

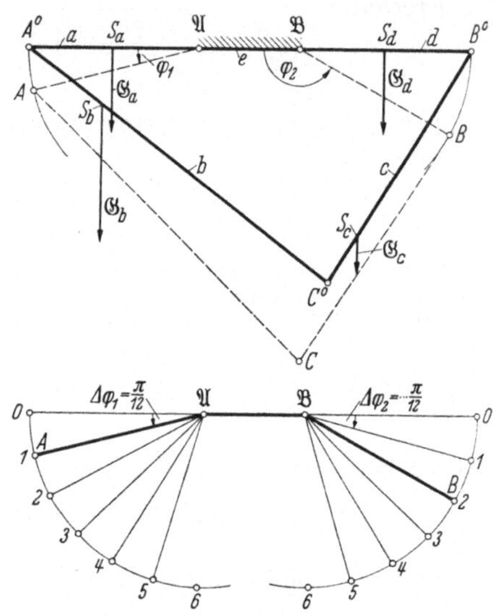

Abb. 75. Ermitteln der Beiwerte a_{ik} und $\begin{bmatrix} i\,k \\ l \end{bmatrix}$ für ein fünfgelenkiges Kurbelgetriebe $\mathfrak{A}\,A\,C\,B\,\mathfrak{B}$

Es sind für die in Abb. 75 eingetragene Einteilung der Kurbelwinkel $\varphi_{1,0}$, $\varphi_{1,1}, \ldots, \varphi_{1,6}$ und $\varphi_{2,0}, \varphi_{2,1}, \ldots, \varphi_{2,6}$ zu ermitteln:

a) die Beiwerte a_{ik},

b) die CHRISTOFFELschen Dreiindizessymbole $\begin{bmatrix} i\,k \\ l \end{bmatrix}$

Als Fortschreitungsintervall der einzelnen Stellungen seien gewählt:

$$\Delta\varphi_1 = \frac{\pi}{12} = 0{,}2618, \qquad \Delta\varphi_2 = -\frac{\pi}{12} = -0{,}2618$$

Das Ergebnis sei auszugsweise in den Zahlentafeln VI a, b, c vorausgenommen.

Zahlentafel VI a

φ_1 \ φ_2	a_{11}		$a_{12} = a_{21}$		a_{22}	
	180°	165°	180°	165°	180°	165°
0	4,28	4,50	−0,23	−0,25	2,05	2,21
15°	4,70	4,93	−0,18	−0,11	2,15	2,28

Zahlentafel VIb

φ_1 \\ φ_2	$\begin{bmatrix} 1 & 1 \\ & 1 \end{bmatrix}$		$\begin{bmatrix} 2 & 2 \\ & 1 \end{bmatrix}$		$\begin{bmatrix} 1 & 2 \\ & 1 \end{bmatrix}$	
	180°	165°	180°	165°	180°	165°
0	0,89	0,87	−0,23	−0,38	−0,42	−0,47
15°	0,78	0,84	−0,35	−0,57	−0,50	−0,52

Zahlentafel VIc

φ_1 \\ φ_2	$\begin{bmatrix} 1 & 1 \\ & 2 \end{bmatrix}$		$\begin{bmatrix} 2 & 2 \\ & 2 \end{bmatrix}$		$\begin{bmatrix} 1 & 2 \\ & 2 \end{bmatrix}$	
	180°	165°	180°	165°	180°	165°
0	0,70	0,84	−0,35	−0,30	0,27	0,17
15°	0,83	1,03	−0,33	−0,25	0,25	0,19

Die Werte dieser Zahlentafeln wurden durch spezielle Wahl der $\dot\varphi_1$, $\ddot\varphi_1$, $\dot\varphi_2$, $\ddot\varphi_2$ ermittelt. Dies sei an Hand von Abb. 76 für die Stellung und den Bewegungszustand

$$\varphi_1 = 15° = \frac{\pi}{12}$$

$$\dot\varphi_1 = 0, \quad \ddot\varphi_1 = 1\,\mathrm{s}^{-2}$$

$$\varphi_2 = 175° = \frac{11\,\pi}{12}$$

$$\dot\varphi_2 = 0, \quad \ddot\varphi_2 = 0$$

näher erläutert.

Nach Gl. (331a, b) wird dann

$$M_1 = a_{11}, \quad M_2 = a_{21}$$

Zunächst werden die Beschleunigungen und die dazugehörigen Trägheitskräfte in bekannter Weise konstruiert.

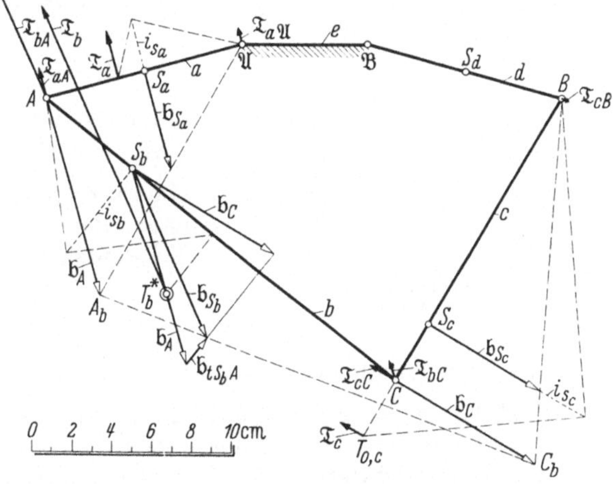

Abb. 76. Beschleunigungsverhältnisse im Getriebe von Abb. 75

Maßstäbe: $M_z = 10$ cm/m, $M_v = 10$ cm/ms^{-1}, $M_b = 10$ cm/ms^{-2}. Mit den Kräften, aufgeteilt auf die Gelenke, gelten die folgenden Gleichgewichtspolygone (Abb. 76a).

a) *Gewichte als äußere Kräfte* $M_k = 0,25$ cm/kg.

Gelenk C:

$$\mathfrak{G}_{bC} + \mathfrak{G}_{cC} + (CB) + (CA) = 0$$

$$\overrightarrow{01} + \overrightarrow{12} + \overrightarrow{23} + \overrightarrow{30} = 0$$

Gelenk A:

$$\mathfrak{G}_{aA} + \mathfrak{G}_{bA} + (AC) + \mathfrak{R}_1 + (A\mathfrak{U}) = 0$$

$$\overrightarrow{56} + \overrightarrow{60} + \overrightarrow{03} + \overrightarrow{34} + \overrightarrow{45} = 0$$

Gelenk B:

$$(BC) + \mathfrak{G}_{cB} + \mathfrak{G}_{dB} + (B\mathfrak{B}) + \mathfrak{R}_2 = 0$$
$$\overrightarrow{32} + \overrightarrow{27} + \overrightarrow{78} + \overrightarrow{89} + \overrightarrow{93} = 0$$

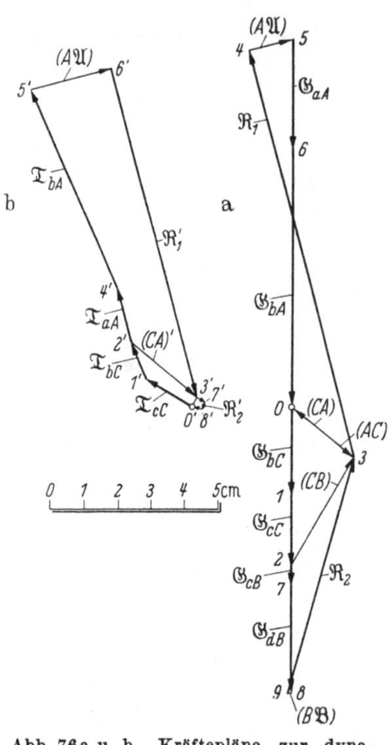

Abb. 76a u. b. Kräftepläne zur dynamischen Untersuchung des Getriebes von Abb. 75

b) *Trägheitskräfte* (Abb. 76 b) $M_k = 2\,\mathrm{cm/kg}$.

Gelenk C:

$$\mathfrak{T}_{cC} + \mathfrak{T}_{bC} + (CA)' + (CB)' = 0$$
$$\overrightarrow{0'1'} + \overrightarrow{1'2'} + \overrightarrow{2'3'} + \overrightarrow{3'0'} = 0$$

Gelenk A:

$$(AC)' + \mathfrak{T}_{aA} + \mathfrak{T}_{bA} + (A\mathfrak{A})' + \mathfrak{R}_1' = 0$$
$$\overrightarrow{3'2'} + \overrightarrow{2'4'} + \overrightarrow{4'5'} + \overrightarrow{5'6'} + \overrightarrow{6'3'} = 0$$

Gelenk B:

$$(BC)' + \mathfrak{T}_{cB} + \mathfrak{R}_2' + (B\mathfrak{A})' = 0$$
$$\overrightarrow{0'3'} + \overrightarrow{3'7'} + \overrightarrow{7'8'} + \overrightarrow{8'0'} = 0$$

Gibt man den Kräften $\mathfrak{R}_1$, $\mathfrak{R}_2$, $\mathfrak{R}_1'$, $\mathfrak{R}_2'$ das positive Vorzeichen, wenn sie im Sinne von φ_1 bzw. φ_2 wirken, so liefern die Kräftepläne von Abb. 76a, b

$$\mathfrak{R}_1 = -48,8\,\mathrm{kg}, \qquad \mathfrak{R}_1' = +4,93\,\mathrm{kg}$$
$$\mathfrak{R}_2 = +28,0\,\mathrm{kg}, \qquad \mathfrak{R}_2' = -0,11\,\mathrm{kg}$$

Die reduzierten äußeren Kräfte sind also

$$\mathfrak{P}_1^* = -\mathfrak{R}_1 = 48,8\,\mathrm{kg}, \qquad \mathfrak{P}_2^* = -28,0\,\mathrm{kg}$$

Die für den gewählten Bewegungszustand nach den Kurbelzapfen A, B reduzierten Trägheitskräfte sind

$$\mathfrak{T}_1^* = -\mathfrak{R}_1' = -4,93\,\mathrm{kg}$$
$$\mathfrak{T}_2^* = -\mathfrak{R}_2' = +0,11\,\mathrm{kg}$$

Für die Berechnung der a_{ik}, $\begin{bmatrix} i\,k \\ l \end{bmatrix}$ kommen die Gleichgewichtskräfte $\mathfrak{R}_1' = +4,93$ kg, $\mathfrak{R}_2' = -0,11$ kg in Betracht, also $M_1 = r_1 \mathfrak{R}_1' = 1,0 \cdot 4,93$ kgm, $M_2 = r_2 \mathfrak{R}_2' = 1,0\,(-0,11)$ mkg und $a_{11} = 4,93$ kgms², $a_{21} = -0,11$ kgms². Auf die Berücksichtigung der Vorzeichen sei besonders hingewiesen. In entsprechender Weise wurden die anderen Zahlenwerte der Tafeln VI a, b, c ermittelt, desgleichen entsprechend Abb. 76a, dem Kräfteplan der äußeren Kräfte (Gewichte), die nach den Kurbelzapfen reduzierten äußeren Kräfte $P_1 = P_1^*$, $P_2 = P_2^*$, zusammengestellt in Zahlentafel VI d.

Bevor mit der Auswertung der Zahlentafeln VI a—d zur Lösung der *I. Wittenbauerschen Grundaufgabe* begonnen wird, sei die Kontrolle dieser Tafeln mittels der Definitionsgleichungen der $\begin{bmatrix} i\,k \\ l \end{bmatrix}$ empfohlen. Dies gilt vor allem für die Kontrolle der Vorzeichen der a_{ik}, $\begin{bmatrix} i\,k \\ l \end{bmatrix}$. Man ersetzt zu diesem

Zahlentafel VI d

φ_1 \ φ_2	180° [kg]	165° [kg]
0°	$P_1 = +48,5$ $P_2 = -26,5$	$P_1 = 50,0$ $P_2 = -26,4$
15°	$P_1 = 46,8$ $P_2 = -28,8$	$P_1 = 48,8$ $P_2 = -28,0$

Zweck die

$$\frac{\partial a_{ik}}{\partial \varphi_1}, \qquad \frac{\partial a_{ik}}{\partial \varphi_2}$$

durch die Näherungswerte

$$\frac{\Delta a_{ik}}{\Delta \varphi_1}, \qquad \frac{\Delta a_{ik}}{\Delta \varphi_2}$$

Die Näherung ist um so besser, je kleiner die Intervalle $\Delta\varphi_1$, $\Delta\varphi_2$ gewählt werden. Im vorliegenden Beispiel sind $\Delta\varphi_1 = +0{,}262$, $\Delta\varphi_2 = -0{,}262$ verhältnismäßig groß.

$$\begin{bmatrix}1\,1\\1\end{bmatrix} = \frac{1}{2}\,\frac{\partial a_{11}}{\partial\varphi_1} \sim \frac{1}{2}\,\frac{\Delta a_{11}}{\Delta\varphi_1} = \frac{1}{2}\,\frac{4{,}70-4{,}28}{0{,}262} = +0{,}80$$

welcher Wert mit dem Wert $0{,}89$ für $\varphi_1 = 0$, $\varphi_2 = 180$ hinreichende Übereinstimmung aufweist.

$$\begin{bmatrix}1\,2\\1\end{bmatrix} = \frac{1}{2}\,\frac{\partial a_{11}}{\partial\varphi_2} \sim \frac{1}{2}\,\frac{\Delta a_{11}}{\Delta\varphi_2} = \frac{1}{2}\,\frac{4{,}50-4{,}28}{-0{,}262} = -0{,}42$$

$$\begin{bmatrix}1\,1\\2\end{bmatrix} = \frac{\partial a_{12}}{\partial\varphi_1} - \frac{1}{2}\,\frac{\partial a_{11}}{\partial\varphi_2} \sim \frac{\Delta a_{12}}{\Delta\varphi_1} - \frac{1}{2}\,\frac{\Delta a_{11}}{\Delta\varphi_2}$$

$$= \frac{1}{2}\,\frac{-0{,}18+0{,}23}{0{,}262} - \frac{1}{2}\,\frac{4{,}50-4{,}28}{-0{,}262} = +0{,}61$$

Bewegung aus dem Ruhezustand der Ausgangslage $\varphi_1 = \varphi_2 = 0$. Dynamische Grundgleichung mit $\dot\varphi_1 = \dot\varphi_2 = 0$ lautet

$$\boxed{\begin{aligned} 48{,}5 &= 4{,}28\,\ddot\varphi_1 - 0{,}23\,\ddot\varphi_2\\ -26{,}5 &= -0{,}23\,\ddot\varphi_1 + 2{,}05\,\ddot\varphi_2\\[4pt] \hline \ddot\varphi_1 &= 10{,}7\,\mathrm{s}^{-2}, \quad \ddot\varphi_2 = -11{,}7\,\mathrm{s}^{-2} \end{aligned}}$$

Nach dem beliebig, aber klein gewählten Zeitintervall, z. B. $\Delta t = 0{,}2$ s erhält man aus den Anfangswinkelbeschleunigungen

$$\dot\varphi_{1,I} = 2{,}14\,\mathrm{s}^{-1}, \quad \varphi_{1,I} = 0{,}214, \quad \dot\varphi_{2,I} = -2{,}34\,\mathrm{s}^{-1} \quad \varphi_{2,I} = -0{,}234$$

Unter Beachtung der Formel

$$dz = \frac{\partial z}{\partial\varphi_1}\,d\varphi_1 + \frac{\partial z}{\partial\varphi_2}\,d\varphi_2$$

können annähernd die Werte a_{ik} und $\begin{bmatrix}i\,k\\l\end{bmatrix}$ für die gefundene Stellung $\varphi_{1,I}$, $\varphi_{2,I}$ berechnet werden, z. B. $a_{11,I}$ wie folgt:

$$\Delta a_{11,I} = \frac{4{,}70-4{,}28}{0{,}262}\cdot 0{,}214 + \frac{4{,}50-4{,}28}{-0{,}262}\cdot(-0{,}234) = 0{,}54$$

$$a_{11,I} = 4{,}28 + 0{,}54 = 4{,}82$$

Entsprechend

$$a_{12,I} = -0{,}21, \qquad a_{22,I} = 2{,}27$$

$$\begin{bmatrix}1\,1\\1\end{bmatrix}_I = 0{,}78 \qquad \begin{bmatrix}1\,2\\1\end{bmatrix}_I = -0{,}52 \qquad \begin{bmatrix}2\,2\\1\end{bmatrix}_I = -0{,}47$$

$$\begin{bmatrix}1\,1\\2\end{bmatrix}_I = 0{,}93 \qquad \begin{bmatrix}1\,2\\2\end{bmatrix}_I = -0{,}29 \qquad \begin{bmatrix}2\,2\\2\end{bmatrix}_I = 0{,}17$$

$$P_{1,I} = 48{,}45\,\mathrm{kg}, \quad M_{1,I} = 48{,}45\,\mathrm{mkg}, \quad P_{2,I} = -28{,}29\,\mathrm{kg}, \quad M_{2,I} = -28{,}29\,\mathrm{mkg}.$$

Mit diesen Werten gilt weiter

$$A_{0 \div I} = \frac{M_{1,0} + M_{1,I}}{2}\, \varDelta\varphi_1 + \frac{M_{2,0} + M_{2,I}}{2}\, \varDelta\varphi_2$$

$$= \frac{48{,}5 + 48{,}45}{2} \cdot 0{,}214 + \frac{-26{,}5 - 28{,}29}{2} \cdot (-0{,}234)$$

$$A_{0 \div I} = 16{,}79\,\text{kgm}$$

$$\varDelta L = L_I - L_0$$

$$\varDelta L = \frac{4{,}82}{2}\,\dot\varphi_{1,I}^2 + \frac{2{,}27}{2}\,\dot\varphi_{2,I}^2 - 0{,}21\,\dot\varphi_{1,I}\,\dot\varphi_{2,I} = 18{,}37\,\text{kgm}$$

Nach dem Energieprinzip müßte $\varDelta L = A_{0 \div I}$ sein. Die Differenz $A_{0 \div I} - \varDelta L$ $= -1{,}58$ kgm beweist, daß für das Fortschreiten in die Nachbarlage das Zeitintervall $\varDelta t = 0{,}2$ sek zu groß gewählt wurde.

Wiederholung des Verfahrens mit $\varDelta t = 0{,}1$ sek liefert:

$\dot\varphi_{1,I} = 1{,}07\ s^{-1}$, $\varphi_{1,I} = 0{,}054$, $\dot\varphi_{2,I} = -1{,}17\,s^{-1}$, $\varphi_{2,I} = -0{,}0585$,
$a_{11,I} = 4{,}42$, $a_{12,I} = -0{,}224$, $a_{22,I} = 2{,}107$
$P_{1,I} = 48{,}49\,\text{kg}$, $P_{2,I} = -26{,}95$; $M_{1,I} = 48{,}49$ mkg, $M_{2,I} = -26{,}95$ mkg
$A_{0 \div I} = 4{,}16$ kgm, $\varDelta L = L_I - L_0 = 4{,}27$ kgm

Die Übereinstimmung ist jetzt hinreichend genau, so daß das Verfahren fortgesetzt werden kann. Mit den $\dot\varphi_{1,I} = 1{,}07$ s⁻¹, $\dot\varphi_{2,I} = -1{,}17$ s⁻¹, den

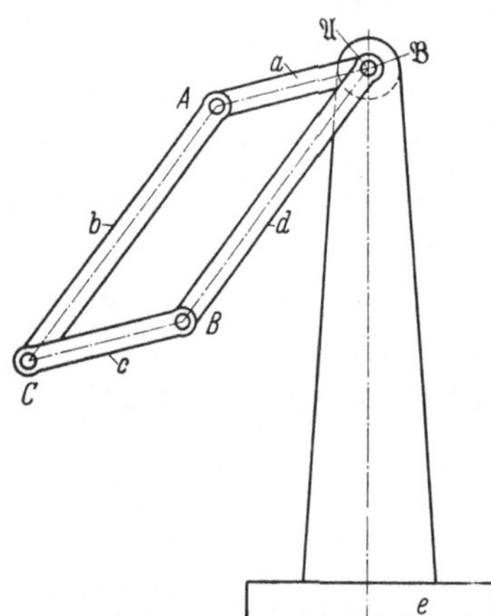

Abb. 77. Gelenkparallelogramm gelagert in einem seiner Gelenke (Freiheitsgrad $F = 2$); $\mathfrak{B} \equiv \mathfrak{A}$

$a_{ik,I} \begin{bmatrix} i\,k \\ l \end{bmatrix}_I M_{1,I}, M_{2,I}$ berechnet man nun aus den beiden dynamischen Grundgleichungen (331a, b) die Winkelbeschleunigungen $\ddot\varphi_{1,II}, \ddot\varphi_{2,II}$, daraus

$$\dot\varphi_{1,II} = \dot\varphi_{1,I} + \ddot\varphi_{1,II}\,\varDelta t_2$$
$$\dot\varphi_{2,II} = \dot\varphi_{2,I} + \ddot\varphi_{2,II}\,\varDelta t_2$$

mit $\varDelta t_2 = 0{,}1$ sek, ferner $\varphi_{1,II}$, $\varphi_{2,II}$ usw.

Hinweise: Der zeichnerische Aufwand ist erheblich, da aus der Massenanordnung die a_{ik}, $\begin{bmatrix} i\,k \\ l \end{bmatrix}$ in Abhängigkeit von den Winkeln φ_1, φ_2 darzustellen sind, desgleichen die P_1, P_2 als die nach den Kurbelzapfen reduzierten äußeren Kräfte. Für die vier Getriebestellungen der Zahlentafeln VI a, b, c, d waren (ohne Kontrollen) 24 Kräftepläne erforderlich. Aus den Werten a_{ik}, $\begin{bmatrix} i\,k \\ l \end{bmatrix}$ für Intervalleinteilung gleicher Breite ($\varDelta\varphi_1 = \varDelta\varphi_2$) wird man für diese Größen je eine Interpolationsformel aufstellen, um das wiederholte lästige Interpolieren für die Gesamtaufgabe auf ein Kleinstmaß herabzudrücken.

Bei der kombinierten Anwendung der Gln. (331a), (331b) und der Energiegleichung (336) für die nach dieser Vorarbeit nun beginnende eigentliche Lösung der I. WITTENBAUERschen Grundaufgabe wird dagegen mit einem bestimmten gleichbleibenden Zeitintervall $\varDelta t$ gearbeitet.

Übungsbeispiel. Um eine Vorstellung von der Genauigkeit des benutzten Verfahrens zu erhalten, sei nach Abb. 77 das Beispiel eines Gelenkparallelogramms ausgewählt, das mit seinen Kurbeln a und d in $\mathfrak{A} \equiv \mathfrak{B}$ an das Gestell e angelenkt ist und ebenfalls den Freiheitsgrad $F = 2$ besitzt.

Für diese getriebliche Anordnung gelten mit der Kurbelwinkelbezeichnung gem. Abb. 75:

$$a_{11} = 2 m_a \left(i_{Sa}^2 + \frac{a^2}{4} \right) + m_d a^2$$

$$a_{12} = \frac{a\,d}{2} (m_a + m_d) \cos(\varphi_2 - \varphi_1)$$

$$a_{22} = 2 m_d \left(i_{Sa}^2 + \frac{d^2}{4} \right) + m_a d^2$$

$$\begin{bmatrix} 1\,1 \\ 1 \end{bmatrix} = \begin{bmatrix} 2\,2 \\ 1 \end{bmatrix} = \begin{bmatrix} 1\,1 \\ 2 \end{bmatrix} = \begin{bmatrix} 2\,2 \\ 2 \end{bmatrix} = 0$$

$$\begin{bmatrix} 1\,2 \\ 1 \end{bmatrix} = - \frac{a\,d}{2} (m_a + m_d) \sin(\varphi_2 - \varphi_1)$$

$$\begin{bmatrix} 1\,2 \\ 2 \end{bmatrix} = + \frac{a\,d}{2} (m_a + m_d) \sin(\varphi_2 - \varphi_1)$$

$$P_1 = (G_b + G_a) \cos\varphi_1, \qquad P_2 = (G_b + G_a) \cos\varphi_2$$

Zahlenbeispiel:

$$\overline{\mathfrak{A}A} = \overline{BC} = a = c = 1\,\text{m}$$

$$\overline{\mathfrak{B}B} = \overline{AC} = d = b = 2\,\text{m}$$

$$G_1 = G_a = G_c = 19{,}62\,\text{kg}, \quad m_a = m_c = 2\,\text{kgs}^2/\text{m}, \quad i_{Sa} = i_{Sc} = \frac{1}{\sqrt{12}} = 0{,}289\,\text{m}$$

$$G_2 = G_b = G_d = 39{,}24\,\text{kg}, \quad m_b = m_d = 4\,\text{kgs}^2/\text{m}, \quad i_{Sb} = i_{Sd} = \frac{1}{\sqrt{3}} = 0{,}577\,\text{m}$$

Die weitere Behandlung sei dem Leser überlassen.

10.4 Sonderfall: Stillsetzen des zweiten Antriebs

Wird in Abb. 73 das Antriebsglied $\overline{\mathfrak{B}B}$ stillgesetzt, also $\varphi_2 = \text{const}$, $\dot{\varphi}_2 = 0$, $\ddot{\varphi}_2 = 0$ gewählt, so liefert

$$M_1 = a_{11} \ddot{\varphi}_1 + \begin{bmatrix} 1\,1 \\ 1 \end{bmatrix} \dot{\varphi}_1^2 \tag{337}$$

Aus $L = \frac{a_{11}}{2} \dot{\varphi}_1^2$, wobei $a_{11} = I^*$ das nach der Achse $\mathfrak{A}$ reduzierte Massenträgheitsmoment bedeutet, folgt $a_{12} = a_{22} = 0$, also

$$\begin{bmatrix} 1\,1 \\ 1 \end{bmatrix} = \frac{1}{2} \left(\frac{\partial a_{11}}{\partial \varphi_1} + 0 - 0 \right) = \frac{1}{2} \frac{\partial a_{11}}{\partial \varphi_1} = \frac{1}{2} \frac{\partial I^*}{\partial \varphi_1}$$

und

$$M_1 = I^* \varepsilon_1 + \frac{1}{2} \frac{\partial I^*}{\partial \varphi_1} a_1^2 \tag{338}$$

was mit Gl. (269) von Ziff. 5 übereinstimmt.

10.5 Getriebe mit Dreifachantrieb $(F = 3)$

Die sinngemäße Übertragung der Ansätze von Ziff. 10 liefert für Getriebe mit dem Freiheitsgrad $F = 3$, beispielsweise für ein neungelenkiges Kurbelgetriebe nach Abb. 78 die dynamischen Grundgleichungen in der Form

$$M_\lambda = \sum_{k=1,2,3} a_{\lambda k}\,\ddot\varphi_k + \sum_{\substack{i=1,2,3\\k=1,2,3}} \begin{bmatrix} i\,k \\ \lambda \end{bmatrix} \dot\varphi_i\,\dot\varphi_k \tag{339}$$

$$\ddot\varphi_\lambda = \frac{\sum\limits_{k=1,2,3} M_k\,\overline{A}_{\lambda k}}{\varDelta} - \sum_{\substack{i=1,2,3\\k=1,2,3}} \begin{Bmatrix} i\,k \\ \lambda \end{Bmatrix} \dot\varphi_i\,\dot\varphi_k \tag{340}$$

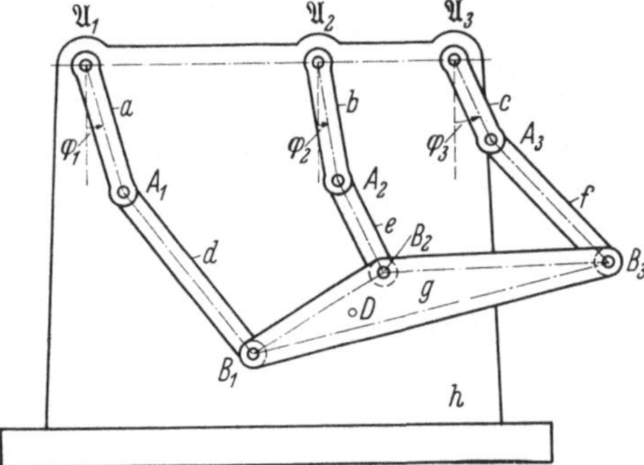

Abb. 78. Mehrkurbelgetriebe vom Freiheitsgrad $F = 3$

oder Gl. (339) für $\lambda = 1$ angeschrieben

$$\begin{aligned}
M_1 &= a_{11}\,\ddot\varphi_1 + a_{12}\,\ddot\varphi_2 + a_{13}\,\ddot\varphi_3 + \\
&\quad + \begin{bmatrix} 1\,1 \\ 1 \end{bmatrix} \dot\varphi_1^2 + \begin{bmatrix} 2\,2 \\ 1 \end{bmatrix} \dot\varphi_2^2 + \begin{bmatrix} 3\,3 \\ 1 \end{bmatrix} \dot\varphi_3^2 + \\
&\quad + 2\begin{bmatrix} 1\,2 \\ 1 \end{bmatrix} \dot\varphi_1\,\dot\varphi_2 + 2\begin{bmatrix} 1\,3 \\ 1 \end{bmatrix} \dot\varphi_1\,\dot\varphi_3 + \\
&\quad + 2\begin{bmatrix} 2\,3 \\ 1 \end{bmatrix} \dot\varphi_2\,\dot\varphi_3 \tag{339a}
\end{aligned}$$

In Gl. (340) ist $\overline{A}_{\lambda k}$ die zu $a_{\lambda k}$ von

$$\varDelta = \begin{vmatrix} a_{11} & a_{12} & a_{13} \\ a_{21} & a_{22} & a_{23} \\ a_{31} & a_{32} & a_{33} \end{vmatrix} = |a_{\lambda k}| \tag{341}$$

gehörige adjungierte Unterdeterminante, einschließlich Vorzeichen $(-1)^{\lambda+k}$, z. B.

$$\overline{A}_{21} = (-1)^{2+1} \begin{vmatrix} a_{12} & a_{13} \\ a_{32} & a_{33} \end{vmatrix}$$

11. Ergänzende Grundlagen zur Dynamik des komplan bewegten Getriebegliedes

Für verschiedene Fragestellungen der graphischen Dynamik ist es zweckmäßig, noch einige weitere Grundlagen zur Dynamik des gegenüber dem Gestell d komplan bewegten Getriebegliedes b bereitzustellen, dessen Geschwindigkeitszustand bekannt ist und das unter der Einwirkung einer Kraft $\mathfrak{K}$ steht.

11.1 Konstruktion des Beschleunigungszustandes aus der Kraft. Beschleunigungspol

Für das in einer Horizontalebene des Gestells d bewegte Getriebeglied b seien in Abb. 79 gegeben.

Gewicht $G = 19{,}62$ kg, $m = 2$ kgs²/m, $I_S = 0{,}16$ kgms², $i_S = 0{,}283$ m,

ferner die Winkelgeschwindigkeit $\omega = \omega_{bd} = 3$ s⁻¹ und die an b angreifende Kraft $|\,\mathfrak{K}\,| = 8$ kg. Ihre Wirkungslinie k habe vom Schwerpunkt S den Abstand $\overline{K_0 S} = k$, $k = 0{,}3$ m.

Gewählte Maßstäbe: $M_z = 10$ cm/m, $M_b = 0{,}5$ cm/ms⁻²

Kräftemaßstab: $M_k = 0{,}5$ cm/kg

Aufgabe: Ermitteln der Beschleunigung $\mathfrak{b}_A$ des Punktes A, gegeben durch

$$\overline{SA} = r = 0{,}6\ \text{m} \quad \text{und} \quad \sphericalangle\, A\,S\,x = 90° - \lambda = 30°$$

Lösung: Nach dem *Satz über die Bewegung des Schwerpunktes* bewegt sich dieser so, als ob in ihm die Gesamtmasse m vereinigt sei und an ihm die Resultierende der sämtlichen auf b wirkenden äußeren Kräfte angreife.

Es gilt also mit $K = |\mathfrak{K}|$ für die Schwerpunktsbeschleunigung

$$m\,\mathfrak{b}_S = \mathfrak{K}, \qquad m\,b_S = K, \qquad b_S = \frac{K}{m} \tag{342}$$

Diese Schwerpunktsbeschleunigung $\mathfrak{b}_S$ ist mit $\mathfrak{K}$ gleichgerichtet und hat auch den gleichen Richtungssinn.

Außerdem erhält b gegenüber d die Winkelbeschleunigung $\varepsilon = \varepsilon_{bd}$, die sich aus dem Moment

$$\mathfrak{M} = \left[\overrightarrow{S\,K_0},\ \mathfrak{K}\right] \quad \text{vom Betrag} \quad M = K\,k \tag{343}$$

und dem Massenträgheitsmoment $I_S = m\,i_S^2$ zu

$$|\bar{\varepsilon}| = \varepsilon = \frac{K\,k}{m\,i_S^2} = \frac{m\,b_S\,k}{m\,i_S^2} = \frac{k\,b_S}{i_S^2} \tag{344}$$

ergibt; $\bar{\varepsilon}$ hat mit $\mathfrak{M}$ übereinstimmenden Drehsinn. Man beachte den engen Zusammenhang mit der Gl. (223) von Ziff. 4.5, wenn die nach k aufgelöste Gleichung, also $k = \dfrac{i_S^2\,\varepsilon}{b_S}$, mit Gl. (223) verglichen wird.

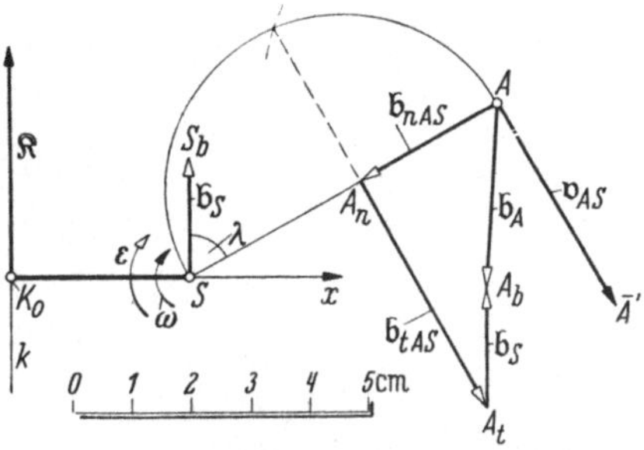

Abb. 79. Konstruktion des Beschleunigungszustandes des komplan bewegten Getriebegliedes b aus einer auf b einwirkenden Kraft $\mathfrak{K}$. Schwerpunktssatz

Ergebnisse des Zahlenbeispieles: $b_S = 4\ \text{m/s}^2$, $\bar{\varepsilon} = +15\ \text{s}^{-2}$.

Die Beschleunigung $\mathfrak{b}_A = \overrightarrow{A\,A_b}$ des Punktes A ist mit $\mathfrak{r} = \overrightarrow{SA}$ aus $\mathfrak{b}_S$ und $\bar{\varepsilon}$ durch

$$\mathfrak{b}_A = \mathfrak{b}_S + \mathfrak{b}_{n\,A\,S} + \mathfrak{b}_{t\,A\,S} \tag{345}$$

$$\mathfrak{b}_A = \mathfrak{b}_S + (-\,\omega^2\,\mathfrak{r}) + [\bar{\varepsilon}\,\mathfrak{r}] \tag{346}$$

bestimmbar. Dabei sind

$$b_{n\,A\,S} = \frac{v_{A\,S}^2}{\overline{A\,S}} = r\,\omega^2 = 0{,}6 \cdot 3^2 = 5{,}4\ \text{ms}^{-2}, \qquad b_{t\,A\,S} = r\,\varepsilon = 0{,}6 \cdot 15 = 9\ \text{ms}^{-2}$$

Bei zeichnerischer Ermittlung von $\mathfrak{b}_{n\,A\,S}$ wird zunächst $v_{A\,S} = r\,\omega = 0{,}6 \cdot 3 = 1{,}8\ \text{ms}^{-1}$ berechnet und im

Geschwindigkeitsmaßstab $M_v = \sqrt{M_b\,M_z} = \sqrt{0{,}5 \cdot 10} = 2{,}24\ \text{cm/ms}^{-1}$

eingetragen.

Sonderfall: Welcher Punkt Q von b besitzt die Beschleunigung Null? Dies wäre in Abb. 79 offenbar für den Punkt A dann der Fall, wenn A_b mit A identisch wäre, d. h. wenn in Abb. 80 für den gesuchten Punkt Q die Beschleunigungsvektoren $\mathfrak{b}_{n\,Q\,S} = \overrightarrow{Q\,Q_n}$, $\mathfrak{b}_{t\,Q\,S} = \overrightarrow{Q_n\,Q_t}$ und $\mathfrak{b}_S = \overrightarrow{Q_t\,Q}$ bereits einen geschlossenen Vektorzug bilden würden. Für den Winkel $\sphericalangle\,S\,Q\,Q_t = \sphericalangle\,S_b\,S\,Q = \lambda_0$ folgt mit $\overline{SQ} = r_0$ bei dieser Annahme

$$\operatorname{tg}\lambda_0 = \frac{b_{t\,Q\,S}}{b_{n\,Q\,S}} = \frac{r_0\,\varepsilon}{r_0\,\omega^2} = \frac{\varepsilon}{\omega^2} = \frac{k\,b_S}{i_S^2\,\omega^2} \tag{347}$$

Wegen $r_0 \omega^2 = b_S \cos \lambda_0$ folgt aus Gl. (347) und Gl. (344)

$$\sin \lambda_0 = \frac{k}{i_s^2} \cdot r_0 = \frac{r_0}{\left(\dfrac{i_s^2}{k}\right)} \tag{348}$$

Macht man also, wie Abb. 80 zeigt, die Strecke $\overline{SE} = \dfrac{i_s^2}{k}$, so folgt aus Gl. (348) für $\sphericalangle SEQ = \lambda_0$ und $\sphericalangle SQE = 90°$.

Ferner schneidet die Verlängerung von $\overline{EQ}$ die in S zu $\overline{K_0 S}$ gezeichnete Senkrechte in S'; es ist

$$\overline{SS'} = \overline{SE} \operatorname{tg} \lambda_0 = \frac{i_s^2}{k} \frac{\varepsilon}{\omega^2} = \frac{i_s^2}{k} \cdot \frac{Kk}{m\, i_s^2\, \omega^2} = \frac{K}{m\, \omega^2} = \frac{b_s}{\omega^2} \tag{349}$$

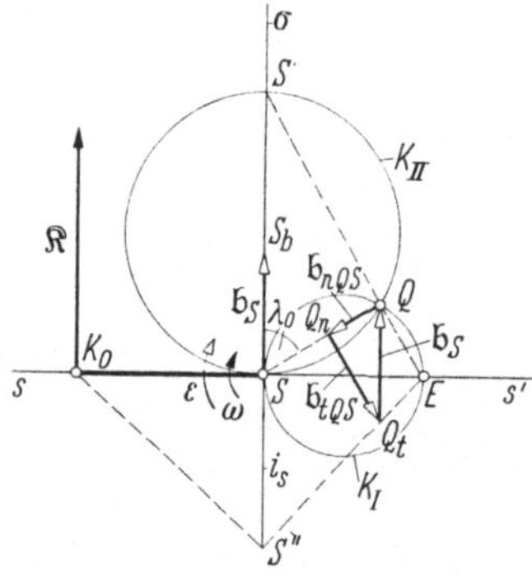

Abb. 80. Beschleunigungspol Q und Impulspol E. Die PÖSCHLschen Kreise K_I, K_{II}

Damit ist Q konstruierbar. Man zeichnet E mittels k und i_S und macht $\overline{SS'} = \dfrac{K}{m\, \omega^2}$. Der Fußpunkt des von S auf $\overline{ES'}$ gefällten Lotes ist der gesuchte Beschleunigungspol Q.

11.2 Die Bewegungsgröße

Werden von $\mathfrak{K}$ Angriffspunkt K_0 und Wirkungslinie festgehalten, durchläuft $K = |\mathfrak{K}|$ jedoch die Werte von Null bis Unendlich, so behält E seine Lage, dagegen wandert dann Q auf dem Kreis K_I, der über $\overline{SE} = k_1$ als Durchmesser geschlagen ist. Für $K = 0$ liegt Q in S, für $K = \infty$ fällt Q nach E.

Aus der Lehre vom Stoß ist bekannt, daß der Punkt E in seiner Bewegung durch den Stoß nicht gestört wird, wenn das Getriebeglied in K_0 den Stoß $\mathfrak{K}$ erfährt. E heißt deshalb der *Stoßmittelpunkt*. Eine Kraft $\mathfrak{K}$, die in der infinitesimal kleinen Zeit dt der Masse m eine endlich große Geschwindigkeit $\mathfrak{v}$, also — wegen $\mathfrak{v}/dt$ — eine unendlich große Beschleunigung erteilen soll, müßte unendlich groß sein. Man schreibt in diesem „Sonderfall" statt $\mathfrak{K} = m\,(\mathfrak{v}/dt)$ zweckmäßiger $\mathfrak{K}\, dt = m\mathfrak{v}$, stellt also die Gesamtwirkung einer solchen *Momentankraft* dar durch das Produkt aus der Masse m und der Geschwindigkeit $\mathfrak{v}$. Dieses Produkt

$$\mathfrak{B} = m\mathfrak{v} \tag{350}$$

heißt die *Bewegungsgröße* oder der *Impuls*.
$\mathfrak{B}$ ist ein Vektor, der mit $\mathfrak{v}$ gleiche Richtung und gleichen Richtungssinn besitzt. Ihr Betrag B ist

$$B = |\mathfrak{B}| = mv \tag{351}$$

und hat die Dimension $[\mathfrak{B}] = \text{kg sek}$.

Der Punkt E ist also der Beschleunigungspol, der einem Stoß oder Impuls in K_0 von irgendeiner endlichen Größe entspricht; E sei nach dem Vorschlag TH. PÖSCHLS [28] und F. WITTENBAUERS ([12], S. 62) als „*Impulspol*" bezeichnet.

Verschiebt man bei $\omega = \text{const}$ die Kraft $\mathfrak{K}$ unter Beibehaltung ihrer Größe parallel zu sich selbst, so bleibt b_S konstant, Punkt S' also stets an der gleichen

Stelle. Der Impulspol $I \equiv E$ wandert dagegen auf der festen Geraden ss' durch S in der Weise, daß $k\,k_1 = i_S^2 = \text{konstant}$ bleibt.

Der Beschleunigungspol Q wandert dann auf dem Kreis K_{II}, der über $\overline{SS'}$ als Durchmesser geschlagen wird.

Für $k = 0$ wird $k_1 = \infty$, wobei K_{II} in die Gerade durch S, S' übergeht. Für $k = \infty$ wird $k_1 = 0$, wobei K_{II} in den Nullkreis um S zusammenschrumpft und Q mit S zusammenfällt.

Die Kreise K_I und K_{II} werden als die *Pöschlschen Kreise* bezeichnet.

11.3   Ermitteln der Kraft aus dem Beschleunigungszustand

11.31   Gegeben S, Q, ω, ε (Abb. 81)

Die Gerade σ ist wegen des aus $\operatorname{tg}\lambda_0 = \dfrac{\varepsilon}{\omega^2}$ bekannten Winkels konstruierbar; gleiches gilt für die Gerade ss', die in S auf σ senkrecht steht. Hierdurch sind auch S' und $E \equiv I$ festgelegt; ferner folgt k aus $k \cdot k_1 = i_S^2$ und bestimmt somit K_0 auf ss'. Nach Gl. (349) ist $\overline{SS'} = \dfrac{b_S}{\omega^2}$, womit auch $K = m\,b_S = m\,\overline{SS'}\,\omega^2$ ermittelt ist.

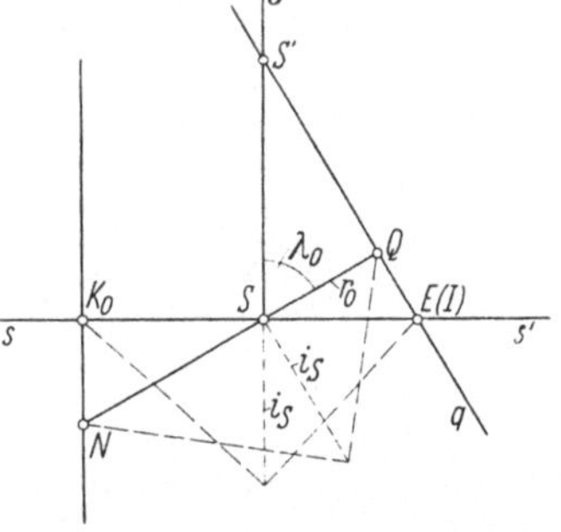

Abb. 81. Ermitteln der Kraft $\Re$ aus dem gegebenen Geschwindigkeits- und Beschleunigungszustand

Q = Beschleunigungspol
I = Impulspol

11.32   Gegeben: S, ω und Q

Aus Abb. 81 folgt

$$\overline{NS}\,\overline{SQ} = k\,k_1 = i_S^2 \qquad (352)$$

also

$$\overline{NS} = \frac{i_S^2}{\overline{SQ}} = \frac{i_S^2}{r_0} = \text{konstant}$$

Wandert der Impulspol $E \equiv I$ auf der zu SQ gezeichneten Senkrechten q, so geht die gesuchte Kraft $\Re$ stets durch den festen Punkt N.

Die Kräfte $\Re$, die bei gegebener Winkelgeschwindigkeit ω den ebenfalls gegebenen Beschleunigungspol Q liefern, bilden ein Kräftebüschel durch N.

Weitere beachtenswerte geometrische Zusammenhänge, z. B. über Wendepolgeraden und Tangentialpolgeraden findet man bei F. WITTENBAUER [*12*, S. 63/65].

11.4   Die resultierende Bewegungsgröße des komplan bewegten Getriebegliedes. Der Drallvektor

Nach Abb. 82 seien von dem gegen d bewegten Getriebeglied b als gegeben vorausgesetzt:

Momentanpol P und momentane Winkelgeschwindigkeit $\overline{\omega} = \overline{\omega}_{bd}$, Schwerpunkt S, Masse m, Massenträgheitsmoment $I_S = m\,i_S^2$.

Im beliebig gewählten Punkt A von b mit $\overrightarrow{PA} = \mathfrak{r}$ und dem Massenelement dm, hat dieses die infinitesimale Bewegungsgröße

$$d\mathfrak{B} = dm\,\mathfrak{v} = dm\,[\overline{\omega}\,\mathfrak{r}] \qquad (353)$$

Die *resultierende Bewegungsgröße* $\mathfrak{B}$ (*Impulsvektor*) ist also

$$\mathfrak{B} = \int [\overline{\omega}\,\mathfrak{r}]\,dm \qquad (354)$$

und hat mit $\overrightarrow{PS} = \mathfrak{r}_S$ unter Beachtung von $\mathfrak{v}_S = [\overline{\omega}\,\mathfrak{r}_S]$ wegen $\int \mathfrak{r}\,dm = \mathfrak{r}_S\,m$ den Betrag

$$|\mathfrak{B}| = |m\,\mathfrak{v}_S| = B = m\,v_S \tag{355}$$

Die Lage der Wirkungslinie $\mathfrak{b}\,\mathfrak{b}'$ der zu $\mathfrak{v}_S$ parallelen resultierenden Bewegungsgröße

$$\mathfrak{B} = m\,\mathfrak{v}_S \tag{356}$$

wird aus dem resultierenden Moment $\mathfrak{M}$ der $d\,\mathfrak{B}$ bezüglich P bestimmt.

Für diese gilt, wenn für dieses spezielle Moment die Bezeichnung $\mathfrak{D}$ eingeführt wird,

$$\mathfrak{D} = \mathfrak{M} = \int [\mathfrak{r},\,dm[\overline{\omega}\,\mathfrak{r}]] = [\mathfrak{R}\,\mathfrak{B}] = I_p\,\overline{\omega} = m\,i_p^2\,\overline{\omega} \tag{357}$$

mit $\mathfrak{R} = \overrightarrow{PP'}$ und P' auf der Geraden durch P und S.

Aus $|\mathfrak{R}| = R = \overline{PP'}$ und $B = mv_S = mr_S\,\omega = ms\,\omega$, wobei $r_S = s$ gesetzt worden ist, folgt

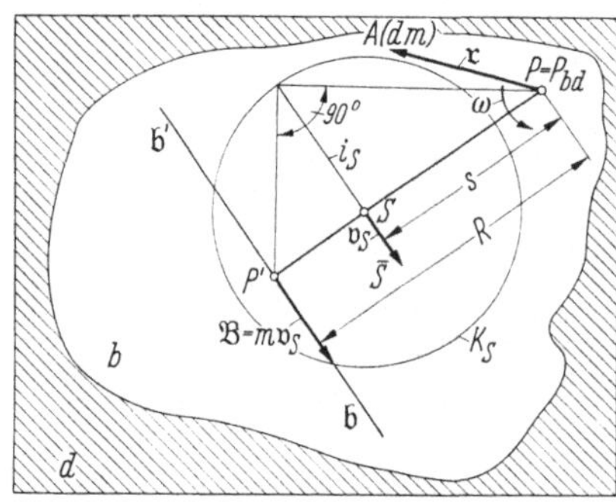

Abb. 82. Die resultierende Bewegungsgröße $\mathfrak{B} = m\,\mathfrak{v}_S$ mit Wirkungslinie $\mathfrak{b}\,\mathfrak{b}'$ als Antipolare des Momentanpols P bezüglich des Kreises K_S

$$R\,m\,s\,\omega = m\,i_p^2\,\omega$$

$$R = \frac{i_p^2}{s} \tag{358}$$

und mit

$$i_p^2 = s^2 + i_S^2 \tag{359}$$

$$\overline{PP'} = R = s + \frac{i_S^2}{s} \tag{360}$$

Die Wirkungslinie $\mathfrak{b}\,\mathfrak{b}'$ des Impulsvektors $\mathfrak{B}$ hat also vom Schwerpunkt S den Abstand

$$\overline{P'S} = \zeta = \frac{i_S^2}{s} \tag{361}$$

und steht in P' senkrecht auf $\overline{PS}$.

Die Wirkungslinie $\mathfrak{b}\,\mathfrak{b}'$ des Impulsvektors $\mathfrak{B}$ ist — anders ausgedrückt — die Antipolare des Momentanpols P bezüglich des um S mit dem Trägheitshalbmesser i_S geschlagenen Kreises K_S.

Der Vektor des Impulsmomentes $\mathfrak{M}$ bezüglich P hat nach Gl. (357) mit dem Winkelgeschwindigkeitsvektor $\overline{\omega}$ gleiche Richtung und gleichen Richtungssinn; er wird im Schrifttum auch „*Drallvektor*" von $\mathfrak{B}$ bezüglich P genannt und mit $\mathfrak{D}$ bezeichnet. Für diesen folgt durch Differentiation der Gl. (357)

$$\frac{d\mathfrak{D}}{dt} = \frac{d\mathfrak{M}}{dt} = I_p\,\frac{d\overline{\omega}}{dt} = I_p\,\overline{\varepsilon} \tag{362}$$

Ganz allgemein kann für ein beliebig gegen ein ruhendes Bezugssystem d komplan bewegtes Getriebeglied b die Summe der Momente der Bewegungsgrößen $d\,\mathfrak{B} = dm\,\mathfrak{v}$ der einzelnen Massenelemente dm für einen beliebigen Bezugspunkt O von d gebildet werden (Abb. 82a). Bekanntlich ist nach Abb. 82b das Moment $\mathfrak{M}$ des Vektors $\mathfrak{B}$ für O als Bezugspunkt dargestellt durch das Vektorprodukt

$$\mathfrak{M} = [\mathfrak{r}\,\mathfrak{B}]$$

Das Massenelement dm besitze die Geschwindigkeit $\mathfrak{v} = \dfrac{d\mathfrak{r}}{dt} = \dot{\mathfrak{r}}$ und die Beschleunigung $\mathfrak{b} = \dfrac{d^2\mathfrak{r}}{dt^2} = \ddot{\mathfrak{r}}$, hat also die Bewegungsgröße $d\,\mathfrak{B} = dm\,\mathfrak{v} = dm\,\dot{\mathfrak{r}}$, vom Moment

$$d\mathfrak{M} = [\mathfrak{r},\,dm\,\mathfrak{v}] = [\mathfrak{r},\,dm\,\dot{\mathfrak{r}}] \tag{363}$$

Integration über das ganze Getriebeglied liefert aus Gl. (363)

$$\mathfrak{M} = \int dm\,[\mathfrak{r}\,\dot{\mathfrak{r}}] \quad \text{bzw.} \quad \mathfrak{D} = \int dm\,[\mathfrak{r}\,\dot{\mathfrak{r}}] \tag{363a}$$

da dieses Moment $\mathfrak{M}$ im Schrifttum als der *Drallvektor* $\mathfrak{D}$ bzw. als *Drall* $\mathfrak{D}$ bezeichnet wird.

Andererseits gilt für das Massenelement dm, stehend unter der Einwirkung der äußeren Kraft $d\mathfrak{K}$,

$$dm\cdot\mathfrak{b} = d\mathfrak{K}$$

bzw.

$$dm\cdot\ddot{\mathfrak{r}} = d\mathfrak{K}$$

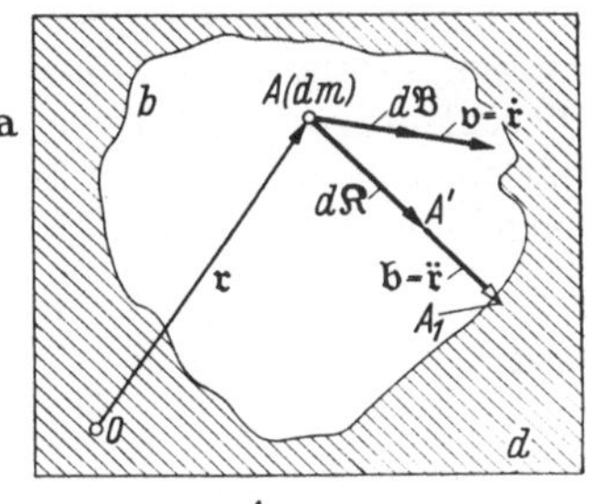

Diese Kraft $d\mathfrak{K}$ hat bezüglich O das Moment

$$d\mathfrak{M}_a = [\mathfrak{r},\, dm\,\ddot{\mathfrak{r}}]$$

Summation der Momente $d\mathfrak{M}_a$ der äußeren Kräfte $d\mathfrak{K}$ liefert ferner

$$\mathfrak{M}_a = \int dm\,[\mathfrak{r}\,\ddot{\mathfrak{r}}]$$

Wegen $[\dot{\mathfrak{r}}\,\dot{\mathfrak{r}}] = 0$ und

$$\frac{d[\mathfrak{r}\,\dot{\mathfrak{r}}]}{dt} = [\dot{\mathfrak{r}}\,\dot{\mathfrak{r}}] + [\mathfrak{r}\,\ddot{\mathfrak{r}}]$$

also

$$[\mathfrak{r}\,\ddot{\mathfrak{r}}] = \frac{d[\mathfrak{r}\,\dot{\mathfrak{r}}]}{dt}$$

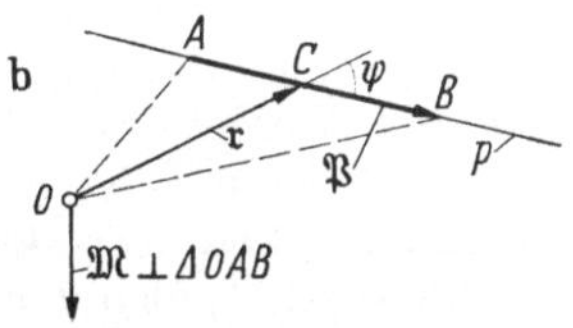

folgt

$$\mathfrak{M}_a = \int dm\,\frac{d[\mathfrak{r}\,\dot{\mathfrak{r}}]}{dt} = \frac{d}{dt}\left(\int dm\,[\mathfrak{r}\,\dot{\mathfrak{r}}]\right) \tag{363b}$$

und wegen Gl. (363a)

$$\mathfrak{M}_a = \frac{d\mathfrak{D}}{dt} \tag{364}$$

Abb. 82 a u. b. a) Beziehung zwischen Kraft $d\mathfrak{K}$ und Bewegungsgröße $(dm)\,\mathfrak{v} = d\mathfrak{B}$. Drall $d\mathfrak{D}$ als Moment der Bewegungsgröße $d\mathfrak{B}$ bezüglich 0; b) Momentvektor der Kraft $\mathfrak{P}$ für Bezugspunkt 0, dargestellt als Vektorprodukt $\mathfrak{M} = [\mathfrak{r}\,\mathfrak{P}]$

Ergebnis: Das Moment $\mathfrak{M}_a$ aller am Getriebeglied b angreifenden äußeren Kräfte ist gleich der Änderung des Drallvektors $\mathfrak{D}$ nach der Zeit.

Man kann ferner beweisen, daß dieser wichtige Satz nicht nur bezüglich eines gestellfesten Punktes O gilt, sondern auch für einen beliebigen Punkt O, unabhängig davon, ob O in Ruhe ist oder eine beliebige Bewegung ausführt.

Der Drallsatz gilt also auch für den Schwerpunkt S des Getriebegliedes b als Bezugspunkt.

In Verbindung mit dem *Schwerpunktssatz* liefert der *Drallsatz* bei der komplanen Bewegung eines Getriebegliedes drei Gleichungen (skalare Komponentengleichungen), die grundsätzlich zur Bestimmung der drei Freiheitsgrade ausreichen.

Drallvektor des komplan bewegten Getriebegliedes bezüglich des Schwerpunktes. Für das mit der Winkelgeschwindigkeit $\overline{\omega}$ gegenüber dem Gestell d bewegte Getriebeglied b gilt ferner:

Nach Gl. (363a) ist der Drallvektor, bezogen auf den Schwerpunkt S,

$$\mathfrak{D} = \int dm\,[\mathfrak{r}\,\dot{\mathfrak{r}}]$$

mit $\mathfrak{r} = \overrightarrow{SA}$ und $\dot{\mathfrak{r}} = [\overline{\omega}\,\mathfrak{r}]$.

$$\mathfrak{D} = \int dm\,[\mathfrak{r}[\overline{\omega}\,\mathfrak{r}]] = \int [\mathfrak{r}[\overline{\omega},\, dm\,\mathfrak{r}]]$$

$$\mathfrak{D} = \int \{(dm\,\mathfrak{r}\cdot\mathfrak{r})\,\overline{\omega} - (\overline{\omega}\,\mathfrak{r})\,dm\,\mathfrak{r}\} = \overline{\omega}\int r^2\,dm$$

also wegen

$$(\overline{\omega}\,\mathfrak{r}) = 0$$

$$\boxed{\mathfrak{D} = I_S\,\overline{\omega}} \quad \text{und} \quad \frac{d\mathfrak{D}}{dt} = I_S\,\overline{\varepsilon} \tag{365a, b}$$

11.5 Federhofers λ-Verfahren für Drei- und Mehrkurbelgetriebe

Unter Benutzung von Eigenschaften des Vektors der resultierenden Bewegungsgröße eines komplan bewegten Getriebegliedes und einer Darstellung der Beschleunigungsvektoren nach Art der Gl. (313) macht K. FEDERHOFER [16] für einen beliebigen Punkt D des einem Dreikurbelgetriebe nach Art von Abb. 78 angehörenden Gliedes g den Ansatz

$$\mathfrak{b}_D = \mathfrak{b}_D^0 + \lambda_1\,\mathfrak{b}_1 + \lambda_2\,\mathfrak{b}_2 + \lambda_3\,\mathfrak{b}_3 \tag{366}$$

mit

$$\lambda_1 = \frac{\varepsilon_1}{\omega_1}, \quad \lambda_2 = \frac{\varepsilon_2}{\omega_2}, \quad \lambda_3 = \frac{\varepsilon_3}{\omega_3} \tag{367}$$

Die ω_i, ε_i sind dabei die Winkelgeschwindigkeiten bzw. Winkelbeschleunigungen der drei Antriebskurbeln a, b, c.

Der Vektor $\mathfrak{b}_D^0$ ist die Beschleunigung von D, wenn als Antrieb nur Winkelgeschwindigkeiten ω_i, keine Winkelbeschleunigungen ε_i eingeleitet werden. Nach Gl. (366) ist $\mathfrak{b}_D^0$ also der Beschleunigungsvektor von D, wenn $\lambda_1 = \lambda_2 = \lambda_3 = 0$; $\mathfrak{b}_D^0$ entspricht — wie man auch sagen könnte — dem ,,Fall reiner Normalbeschleunigung" der Antriebsbewegung.

Die Vektoren $\mathfrak{b}_1$, $\mathfrak{b}_2$, $\mathfrak{b}_3$ von Gl. (366) sind Geschwindigkeiten, da die λ_i die Dimension einer Winkelgeschwindigkeit (s^{-1}) haben. Bildet man für das in D vorhandene Massenelement dm die D'ALEMBERTsche Trägheitskraft

$$d\mathfrak{T} = -dm\,\mathfrak{b}_D$$

oder nach Gl. (366)

$$d\mathfrak{T} = -dm\,\mathfrak{b}_D^0 + (-\lambda_1\,dm\,\mathfrak{b}_1) + (-\lambda_2\,dm\,\mathfrak{b}_2) + (-\lambda_3\,dm\,\mathfrak{b}_3) \tag{368}$$

und setzt man

$$dm\,\mathfrak{b}_i = d\mathfrak{B}_i$$

wobei $d\mathfrak{B}_i$ und $\mathfrak{B}_i$ die Dimension

$$[d\mathfrak{B}_i] = \frac{\text{kgs}^2}{\text{m}} \cdot \frac{\text{m}}{s} = \text{kg}\,\text{s}$$

also die Dimension einer Bewegungsgröße besitzen, so ist $d\mathfrak{T}$ wie folgt darstellbar

$$d\mathfrak{T} = -dm\,\mathfrak{b}_S^0 + (-\lambda_1\,d\mathfrak{B}_1) + (-\lambda_2\,d\mathfrak{B}_2) + (-\lambda_3\,d\mathfrak{B}_3)$$

Summation sämtlicher Trägheitskräfte $d\mathfrak{T}$ liefert mit

$$\mathfrak{T} = \int d\mathfrak{T} = -\int dm\,\mathfrak{b}_D$$

unter Einführung der Schwerpunktsgeschwindigkeit $\mathfrak{v}_S = \mathfrak{s}$ und der Schwerpunktsbeschleunigung $\mathfrak{b}_S$ die Darstellung

$$\mathfrak{T} = \mathfrak{T}^0 + \mathfrak{T}_1 + \mathfrak{T}_2 + \mathfrak{T}_3 \tag{369}$$

$$\mathfrak{T} = -m\,\mathfrak{b}_S^0 + (-\lambda_1\,m\,\mathfrak{s}_1) + (-\lambda_2\,m\,\mathfrak{s}_2) + (-\lambda_3\,m\,\mathfrak{s}_3) \tag{369'}$$

mit

$$\mathfrak{T}_0 = -m\,\mathfrak{b}_S^0, \quad \mathfrak{T}_1 = -\lambda_1\,m\,\mathfrak{z}_1, \quad \mathfrak{T}_2 = -\lambda_2\,m\,\mathfrak{z}_2, \quad \mathfrak{T}_3 = -\lambda_3\,m\,\mathfrak{z}_3 \qquad (369\,\mathrm{a,\ b,\ c,\ d})$$

Entsprechend Gl. (366) gilt

$$\mathfrak{b}_S = \mathfrak{b}_S^0 + \lambda_1\,\mathfrak{z}_1 + \lambda_2\,\mathfrak{z}_2 + \lambda_3\,\mathfrak{z}_3 \qquad (370)$$

In ein Getriebe mit dreifachem Antrieb (Abb. 78) können nun Bewegungszustände mit folgenden Annahmen eingeleitet werden:

Fall 0: $\lambda_1 = \lambda_2 = \lambda_3 = 0$, d. h. $\varepsilon_1 = \varepsilon_2 = \varepsilon_3 = 0$

$\mathfrak{b}_S^0$ von Gl. (370) ist also derjenige Wert der Schwerpunktsbeschleunigung, der zu dem gegebenen Geschwindigkeitszustand ω_1, ω_2, ω_3 gehört, wenn sämtliche Winkelbeschleunigungen der Antriebsglieder mit dem Wert 0 angenommen werden.

Fall I: $\mathfrak{b}_S^0 = 0$, $\quad \lambda_2 = \lambda_3 = 0$ und $\quad \lambda_1 = 1$

Aus $\lambda_1 = \varepsilon_1/\omega_1$ folgt wegen $\lambda_1 = 1$ — rein zahlenmäßig gesehen — für $|\varepsilon_1| = |\omega_1|$. Die Kurbelzapfenmitte A_1 hat $\mathfrak{b}_{t_{A_1}}$ vom Betrag $\overline{\mathfrak{A}_1 A_1}\,\varepsilon_1 = \overline{\mathfrak{A}_1 A_1}\,\omega_1 = v_{A_1}$, $\mathfrak{b}_{t_{A_1}}$ wird also in der Zeichnung durch $\mathfrak{v}_{A_1}$ dargestellt.

Zufolge $\mathfrak{b}_S^0 = 0$ treten am betrachteten Getriebeglied keine Normalbeschleunigungen auf. Der Geschwindigkeitsvektor $\mathfrak{z}_1$ ergibt sich also aus dem Bewegungszustand

$$\omega_1, \quad \omega_2 = \omega_3 = 0, \quad \varepsilon_1 = 1, \quad \varepsilon_2 = \varepsilon_3 = 0$$

Für diesen Sonderfall I ist also, da die Kurbeln *2* und *3* wegen $\omega_2 = \omega_3 = 0$ in Ruhe sind, das Dreikurbelgetriebe zwangläufig und so auf ein Siebengelenkgetriebe der STEPHENSONschen Bauart zurückführbar, angetrieben in der Fünfgelenkanordnung. Die weiteren Annahmen

Fall II: $\quad \mathfrak{b}_S^0 = 0$, $\quad \lambda_1 = 0$, $\quad \lambda_2 = 1$, $\quad \lambda_3 = 0$

Fall III: $\quad \mathfrak{b}_S^0 = 0$, $\quad \lambda_1 = 0$, $\quad \lambda_2 = 0$, $\quad \lambda_3 = 1$

liefern mit Fall II den Geschwindigkeitsvektor $\mathfrak{z}_2$ und mit Fall III den Geschwindigkeitsvektor $\mathfrak{z}_3$. Die Trägheitskräfte der Glieder des Dreikurbelgetriebes sind damit sämtlich in der Form der Gl. (369 a, b, c, d) darstellbar, wobei die jeweils dazugehörigen Vektoren $\mathfrak{b}_S^0$, $\mathfrak{z}_1$, $\mathfrak{z}_2$, $\mathfrak{z}_3$ bekannt sind.

Zusammenfassung. Zum Ermitteln der Richtungen der D'ALEMBERTschen Trägheitskräfte $\mathfrak{T}_i$ der einzelnen Glieder n_i des Dreikurbelgetriebes ist also erforderlich:

a) Geschwindigkeitsplan des Dreikurbelgetriebes,
b) Beschleunigungsplan für reine Normalbeschleunigung (Fall 0),
c), d), e) Geschwindigkeitspläne für die Fälle I bis III,
f) Festlegen der Wirkungslinien w_i der Trägheitskräfte $\mathfrak{T}_i$, bzw. ihrer Ersatzkräfte gemäß Gln. (369 a, b, c, d).

Auf das ausführliche Durcharbeiten einer solchen Aufgabe sei hier verzichtet. Es wird ähnlich wie im Beispiel von Ziff. 9.2 vorgegangen.

Das Prinzip der virtuellen Leistungen, angewandt auf die Gesamtheit der sich nach D'ALEMBERT das Gleichgewicht haltenden Trägheitskräfte $\mathfrak{T}_i$ und äußeren Kräfte $\mathfrak{P}_i$ und angesetzt für die Geschwindigkeitszustände der Fälle I, II, III, liefert drei Gleichungen mit den drei unbekannten Werten λ_1, λ_2, λ_3.

Damit sind die Beschleunigungen der Gelenkpunkte, die Winkelbeschleunigungen ε_1, ε_2, ε_3 und auch die Beträge der D'ALEMBERTschen Trägheitskräfte bekannt. Mit diesen kann dann der endgültige dynamische Kräfteplan aufgestellt werden.

K. FEDERHOFER gab ein ausführlich behandeltes Zahlenbeispiel [16], dessen Durchführung dem Leser empfohlen wird. Die Lösung der I. WITTENBAUERschen Grundaufgabe für ein derartiges Dreikurbelgetriebe erfordert also einen erheblichen theoretischen und zeichnerischen Aufwand. Man vergleiche diesen auch mit dem Beispiel 2 von Ziff. 10.31, wo zur Ermittlung der sog. reduzierten Trägheitsmomente ebenfalls verschiedene Bewegungszustände angenommen werden mußten.

12. Bewegung des Schwerpunktes der Gliederanordnung eines ebenen Getriebes

Gewisse Aufgaben des Maschinenbaues und die Theorie der Mechanik lebender Körper erfordern das Studium der Bewegungsverhältnisse des Gesamtschwerpunktes der Glieder kinematischer Ketten und Getriebe. Untersuchungen solcher Art lieferten O. FISCHER [17], A. NERRETER [27] und F. WITTENBAUER [12]. Das von A. F. MÖBIUS begründete sog. baryzentrische Kalkül gestattet in einfacher und übersichtlicher Weise die Herleitung der wichtigsten Grundlagen.

12.1 Schwerpunkt der Glieder eines Einzelgelenks

Für das in Abb. 83 gezeigte Einzelgelenk mit den Gliedern a, b, den Schwerpunkten S_a, S_b und den Gewichten $\mathfrak{G}_a$, $\mathfrak{G}_b$ liegt der Schwerpunkt S_{ab} auf der Geraden durch S_a, S_b. Die von O des Gestells d nach S_a, S_b, S_{ab} gezeichneten Ortsvektoren $\mathfrak{r}_a$, $\mathfrak{r}_b$, $\mathfrak{r}_{ab}$ genügen der Gleichung

$$G_a \, \mathfrak{r}_a + G_b \, \mathfrak{r}_b = (G_a + G_b) \, \mathfrak{r}_{ab} \tag{371}$$

Dies sei in der folgenden Form angeschrieben, indem die Ortsvektoren $\mathfrak{r}_a$, $\mathfrak{r}_b$, $\mathfrak{r}_{ab}$ nur durch ihre Endpunkte S_a, S_b, S_{ab} bezeichnet werden

$$G_a \cdot S_a + G_b \cdot S_b = (G_a + G_b) \cdot S_{ab} \tag{372}$$

Die durch S_{ab} zu $A\,S_b$ und $A\,S_a$ gezeichneten Parallelen schneiden $A\,S_a$ und $A\,S_b$ in den „Hauptpunkten" H_a bzw. H_b.

Aus den Proportionalitäten ist ohne weiteres auch die Gültigkeit der nachstehenden Gleichungen erkennbar

$$G_a \cdot S_a + G_b \cdot A = (G_a + G_b) \cdot H_a \tag{373}$$

$$G_b \cdot S_b + G_a \cdot A = (G_a + G_b) \cdot H_b \tag{374}$$

Diese Hauptpunkte H_a, H_b sind also auf den Strecken $\overline{A\,S_a}$, $\overline{A\,S_b}$ durch die gegebene Gewichtsanordnung eindeutig bestimmt. Dem Einzelgelenk a, b kann auf diese Weise ein Gelenkparallelogramm mit den konstanten Gliedern $a' = \overline{H_a A}$, $b' = \overline{A H_b}$, $a'' = \overline{H_b S_{ab}}$, $b'' = \overline{S_{ab} H_a}$ zugeordnet werden, dessen vierter Eckpunkt S_{ab} stets den Schwerpunkt der Gesamt-Gewichtsanordnung beschreibt.

Aus Abb. 83 folgt ferner

$$\overrightarrow{AS_{ab}} = \overrightarrow{AH_a} + \overrightarrow{H_aS_{ab}} = \overrightarrow{AH_b} + \overrightarrow{H_bS_{ab}} = \overrightarrow{AH_a} + \overrightarrow{AH_b} \qquad (375)$$

Die gerichteten Strecken vom Gelenkpunkt zum *Hauptpunkt* (z. B. von A nach H_a) heißen die *Hauptstrecken*. Hauptpunkte und Hauptstrecken sind hinsichtlich ihrer Lage bzw. Größe in jeder Stellung des Getriebegliedes vollkommen

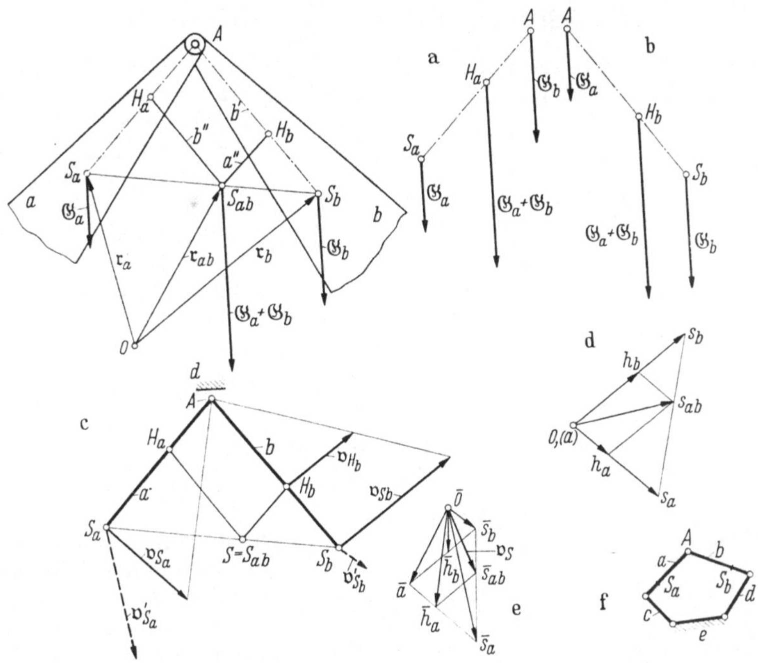

Abb. 83. Schwerpunkt der Glieder a, b eines Einzelgelenks. Hauptpunkte H_a, H_b, Hauptstrecken $\overrightarrow{AH_a}$ und $\overrightarrow{AH_b}$. a) und b) Definition der Hauptpunkte; c) und d) Einzelgelenk mit A, gelagert im Gestell d mit Geschwindigkeitsplan in Abb. 83 d; e) Geschwindigkeitsplan der Punkte S_a, S_b, A, wenn Gelenk A vom Gestell d gelöst, wie beispielsweise nach Abb. 83 f

bestimmt, sie ändern sich im betreffenden Getriebeglied nicht, wie es sich auch bewegen mag.

Dem Einzelgelenk a, b ist somit das Gelenkparallelogramm a', b', a'', b'' — wie F. WITTENBAUER es ausdrückt — die *Schwerpunktskette* $\overrightarrow{AH_a} + \overrightarrow{H_aS_{ab}}$ oder $\overrightarrow{AH_b} + \overrightarrow{H_bS_{ab}}$ zugeordnet.

Die Abb. 83 a, b zeigen anschaulich die Bedeutung der Gl. (373) bzw. (374), d. h. die statische Festlegung der Hauptpunkte H_a und H_b.

In Abb. 83 c sind beide Glieder a, b im Gestell d bei A drehbar gelagert. Zu den beliebig angenommenen Geschwindigkeiten $\mathfrak{v}_{Sa}$ und $\mathfrak{v}_{Sb}$ der Schwerpunkte S_a, S_b gehört der Geschwindigkeitsplan von Abb. 83 d mit $\mathfrak{v}_{Sa} = \overrightarrow{os_a}$, $\mathfrak{v}_{Sb} = \overrightarrow{os_b}$ und der Schwerpunktsgeschwindigkeit $\mathfrak{v}_{Sab} = \overrightarrow{os_{ab}}$.

Zu den in Abb. 83 c gestrichelt eingetragenen Geschwindigkeiten $\mathfrak{v}'_{S_a}$, $\mathfrak{v}'_{S_b}$ gehört der Geschwindigkeitsplan von Abb. 83 e, wobei angenommen wurde, daß das Gelenk a, b vom Gestell d gelöst, also in der Bildebene beweglich ist. Dies entspräche z. B. einem getrieblichen Einbau von a, b in ein Fünfgelenkgetriebe von Abb. 83f, wenn in diesem S_a, S_b mit den Geschwindigkeiten v'_{S_a}, v'_{S_b} angetrieben werden.

Der Aufbau der Geschwindigkeitspläne von Abb. 83d, 83e läßt in beiden Fällen die geometrische Grundfigur, d. h. die Storchschnabelgetriebeanordnung, von Abb. 83c klar hervortreten.

12.2   Schwerpunkt einer Zweigelenkkette

Für die in Abb. 84 dargestellte Zweigelenkkette mit den Gelenken $A = P_{ab}$, $B = P_{bc}$ und den Gliedern a, b, c (offene dreigliedrige kinematische Kette),

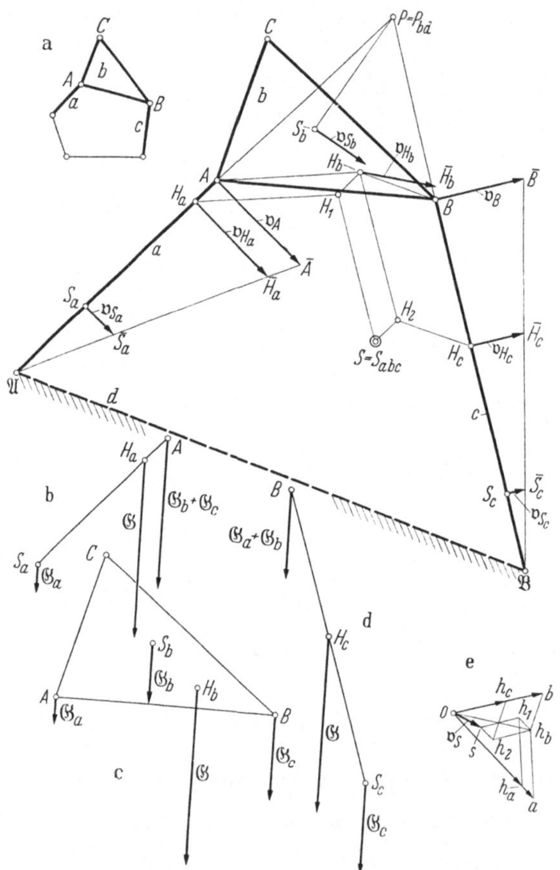

etwa als Baukette der getrieblichen Anordnung von Abb. 84a, sind mit $G = G_a + G_b + G_c$ die Hauptpunkte durch die folgenden Gleichungen bestimmt

$$G \cdot H_a = G_a \cdot S_a +$$
$$+ (G_b + G_c) \cdot A \qquad (376\,\text{a})$$

$$G \cdot H_b = G_a \cdot A +$$
$$+ G_b \cdot S_b + G_c \cdot B \qquad (376\,\text{b})$$

$$G \cdot H_c = G_c \cdot S_c +$$
$$+ (G_a + G_b) \cdot B \qquad (376\,\text{c})$$

Die Bedeutung dieser Gleichungen ist aus den Abb. 84b, c, d anschaulich erkennbar.

Abb. 84b: H_a ist Schwerpunkt der in S_a und A angeordneten Gewichte G_a bzw. $(G_b + G_c)$.

Abb. 84c: H_b ist Schwerpunkt der Gewichte G_a in A, G_b in S_b und G_c in B.

Abb. 84d: H_c ist Schwerpunkt der Gewichte $(G_a + G_b)$ in B, G_c in S_c. Durch die *Hauptpunkte* H_a, H_b, H_c sind die *Hauptstrecken*

$$\overrightarrow{AH_a}, \quad \overrightarrow{AH_b}, \quad \overrightarrow{BH_b}, \quad \overrightarrow{BH_c}$$

festgelegt (mit Richtungssinn vom Gelenkpunkt zum Hauptpunkt).

Abb. 84.   Schwerpunkt S_{abc} einer Zweigelenkkette a, b, c. b), c), d) Definition der Hauptpunkte und Hauptstrecken der einzelnen Glieder a, b, c der Zweigelenkkette;   e) Geschwindigkeitsplan für das Viergelenkgetriebe $\mathfrak{A}\,A\,\mathfrak{B}\,B$, bei dem die Zweigelenkkette a, b, c an das Gestell d angelenkt ist

Der Schwerpunkt $S_{abc} = S$ wird erhalten entweder durch

$$\overrightarrow{AS} = \overrightarrow{AH_a} + \overrightarrow{AH_b} + \overrightarrow{BH_c}$$
$$\overrightarrow{AS} = \overrightarrow{AH_a} + \overrightarrow{H_aH_1} + \overrightarrow{H_1S} \qquad (377)$$

oder

$$\overrightarrow{BS} = \overrightarrow{BH_c} + \overrightarrow{BH_b} + \overrightarrow{AH_a}$$
$$\overrightarrow{BS} = \overrightarrow{BH_c} + \overrightarrow{H_cH_2} + \overrightarrow{H_2S}$$

(378)

oder durch die zwischen den Gliedern a, b, c angeordneten drei Gelenkparallelogramme

$$A H_a H_1 H_b, \qquad B H_c H_2 H_b, \qquad H_2 H_b H_1 S$$

deren Bewegung mit den gegenseitigen Relativbewegungen der Glieder a, b, c verträglich ist und durch den Gelenkpunkt S die jeweilige Lage des Schwerpunktes $S = S_{abc}$ angibt. Diese aus den gewichtslos gedachten Stäben gebildete kombinierte Parallelkurbelgetriebe-Anordnung sei die *Schwerpunktskette* genannt.

12.3 Schwerpunkt einer geschlossenen kinematischen Kette und eines zwangläufigen Getriebes. Geschwindigkeitsplan

Werden die Glieder a und c der offenen Zweigelenkkette a, b, c von Abb. 84 mit a in $\mathfrak{A}$ und mit c in $\mathfrak{B}$ an das Gestell $d = \overline{\mathfrak{A}\mathfrak{B}}$ (in Abb. 84 gestrichelt) angelenkt, so entsteht ein Viergelenkgetriebe $\mathfrak{A}AB\mathfrak{B}$. Da das Gestell d keine Bewegung ausführt, hat sein Gewicht auf die Schwerpunktslage der Gesamtheit der im Getriebe bewegten Glieder keinen Einfluß. Das Gestell kann also außer Betracht gelassen werden, wodurch die geschlossene Kette von selbst geöffnet wird. Die Schwerpunktskette der offenen Zweigelenkkette ist also gleichzeitig die Schwerpunktskette des Viergelenkgetriebes.

In Abb. 84e ist zu der angenommenen Geschwindigkeit $\mathfrak{v}_A = \overrightarrow{A\,\tilde{A}}$ der Geschwindigkeitsplan sämtlicher Gelenkpunkte (einschließlich der Schwerpunktskette) aus folgenden Vektorgleichungen gezeichnet:

$$\mathfrak{v}_B = \mathfrak{v}_A + \mathfrak{v}_{BA}, \qquad \mathfrak{v}_{H_b} = \mathfrak{v}_A + \mathfrak{v}_{H_bA}, \qquad \mathfrak{v}_{H_b} = \mathfrak{v}_B + \mathfrak{v}_{H_bB}$$
$$\overrightarrow{o\,b} = \overrightarrow{o\,a} + \overrightarrow{a\,b}, \qquad \overrightarrow{o\,h_b} = \overrightarrow{o\,a} + \overrightarrow{a\,h_b}, \qquad \overrightarrow{o\,h_b} = \overrightarrow{o\,b} + \overrightarrow{b\,h_b}$$

ferner

$$\overrightarrow{o\,h_a} = \mathfrak{v}_{H_a}, \qquad \overrightarrow{o\,h_c} = \mathfrak{v}_{H_c} \qquad \text{(entnommen Abb. 84)}$$

und

$$\mathfrak{v}_{H_1} = \mathfrak{v}_{H_a} + \mathfrak{v}_{H_1H_a}, \qquad \mathfrak{v}_{H_1} = \mathfrak{v}_{H_b} + \mathfrak{v}_{H_1H_b}$$
$$\overrightarrow{o\,h_1} = \overrightarrow{o\,h_a} + \overrightarrow{h_a\,h_1}, \qquad \overrightarrow{o\,h_1} = \overrightarrow{o\,h_b} + \overrightarrow{h_b\,h_1}$$

$$\mathfrak{v}_{H_2} = \mathfrak{v}_{H_c} + \mathfrak{v}_{H_2H_c}, \qquad \mathfrak{v}_{H_2} = \mathfrak{v}_{H_b} + \mathfrak{v}_{H_2H_b}$$
$$\overrightarrow{o\,h_2} = \overrightarrow{o\,h_c} + \overrightarrow{h_c\,h_2}, \qquad \overrightarrow{o\,h_2} = \overrightarrow{o\,h_b} + \overrightarrow{h_b\,h_2}$$

$$\mathfrak{v}_S = \mathfrak{v}_{H_1} + \mathfrak{v}_{SH_1}, \qquad \mathfrak{v}_S = \mathfrak{v}_{H_2} + \mathfrak{v}_{SH_2}$$
$$\overrightarrow{o\,s} = \overrightarrow{o\,h_1} + \overrightarrow{h_1\,s}, \qquad \overrightarrow{o\,s} = \overrightarrow{o\,h_2} + \overrightarrow{h_2\,s}$$

Anmerkung: Sämtlichen Vektorengleichungen liegt für Gliedpunkte D, E desselben Getriebegliedes die Beziehung

$$\mathfrak{v}_D = \mathfrak{v}_E + \mathfrak{v}_{DE}$$
$$\overrightarrow{o\,d} = \overrightarrow{o\,e} + \overrightarrow{e\,d}$$

mit $\mathfrak{v}_{DE} \perp \overline{DE}$ zugrunde (vgl. [*1, c*], S. 10 und [*1, d*], S. 60).

Bemerkenswerter Zusammenhang: Den Punkten A, B, H_a, H_b, H_c von Abb. 84 entsprechen im Geschwindigkeitsplan von Abb. 84e die Punkte (sog. ,,Geschwindigkeitspunkte'') a, b, h_a, h_b, h_c, den Hauptstrecken

$$\overrightarrow{AH_a},\quad \overrightarrow{AH_b},\quad \overrightarrow{BH_b},\quad \overrightarrow{BH_c},\quad \overrightarrow{AS},\quad \overrightarrow{BS}$$

die gerichteten Strecken

$$\overrightarrow{a\,h_a},\quad \overrightarrow{a\,h_b},\quad \overrightarrow{b\,h_b},\quad \overrightarrow{b\,h_c},\quad \overrightarrow{a\,s},\quad \overrightarrow{b\,s}$$

Den Gln. (377) und (378) entsprechen im Geschwindigkeitsplan die Gleichungen

$$\overrightarrow{a\,s} = \overrightarrow{a\,h_a} + \overrightarrow{h_a h_1} + \overrightarrow{h_1 s}, \quad \overrightarrow{b\,s} = \overrightarrow{b\,h_c} + \overrightarrow{h_c h_2} + \overrightarrow{h_2 s} \qquad \text{(379 a, b)}$$

Der Geschwindigkeitsplan entsteht also aus den Geschwindigkeitspunkten a, b, h_a, h_b, h_c der Gelenke A, B und der Hauptpunkte H_a, H_b, H_c ebenfalls durch das Einfügen dreier Gelenkparallelogramme, gebildet aus den ,,Geschwindigkeits-Hauptstrecken'', wie die Vektoren der Gl. (379a, b) bezeichnet werden sollen.

12.4 Beschleunigung des Schwerpunktes der getrieblichen Gesamtanordnung

Das Ermitteln der Beschleunigung $\mathfrak{b}_S$ des ,,Gesamtschwerpunktes'' S sei am Beispiel des Viergelenkgetriebes von Abb. 84 erläutert. Dieses geschieht durch Aufstellen des Beschleunigungsplanes der ,,Schwerpunktskette'', wobei sich dann — wie im Geschwindigkeitsplan — gewisse Vereinfachungen ergeben.

Gegeben: $\mathfrak{v}_A$ und $\mathfrak{b}_{tA}$ bzw. $\overline{\omega}_{ad}$ und Winkelbeschleunigung $\overline{\varepsilon}_{ad}$ des Antriebsgliedes $a = \overline{\mathfrak{A}A}$.

Man zeichnet zunächst den Geschwindigkeitsplan, wie in Abb. 84 geschehen. Für den Beschleunigungsplan von Abb. 85a gelten dann nach ([*1, c*], S. 68) oder ([*1, d*], S. 77) die folgenden Vektorgleichungen:

$$\mathfrak{b}_B = \mathfrak{b}_A + \mathfrak{b}_{n_{BA}} + \mathfrak{b}_{t_{BA}}, \qquad \mathfrak{b}_B = \mathfrak{b}_{n_B} + \mathfrak{b}_{t_B}$$
$$\overrightarrow{o_1 b_1} = \overrightarrow{o_1 a_1} + \overrightarrow{a_1 a_1'} + \overrightarrow{a_1' b_1}, \qquad \overrightarrow{o_1 b_1} = \overrightarrow{o_1 b_1'} + \overrightarrow{b_1' b_1} \qquad \text{(380a, b)}$$

$$\mathfrak{b}_{H_b} = \mathfrak{b}_A + \mathfrak{b}_{nH_b A} + \mathfrak{b}_{t H_b A}, \qquad \mathfrak{b}_{H_b} = \mathfrak{b}_B + \mathfrak{b}_{nH_b B} + \mathfrak{b}_{t H_b B}$$
$$\overrightarrow{o_1 h_{b_1}} = \overrightarrow{o_1 a_1} + \overrightarrow{a_1 \bar{a}} + \overrightarrow{\bar{a}_1 h_{b_1}}, \qquad \overrightarrow{o_1 h_{b_1}} = \overrightarrow{o_1 b_1} + \overrightarrow{b_1 \bar{b}_1} + \overrightarrow{\bar{b}_1 h_{b_1}} \qquad \text{(381a, b)}$$

oder h_{b_1} aus $\mathfrak{b}_A = \overrightarrow{o_1 a_1}$ und $\mathfrak{b}_B = \overrightarrow{o_1 b_1}$ nach dem Satz von MEHMKE durch Zeichnen der gleichsinnig ähnlichen Dreiecke $\triangle a_1 b_1 h_{b1} \sim \triangle ABH_b$, wie in Abb. 85a ausgeführt worden ist.

Die Beschleunigungen $\mathfrak{b}_{H_a}$ und $\mathfrak{b}_{H_c}$ werden aus Abb. 85 ermittelt und nach Abb. 85a als $\mathfrak{b}_{H_a} = \overrightarrow{o_1 h_{a1}}$ und $\mathfrak{b}_{H_c} = \overrightarrow{o_1 h_{c1}}$ übertragen bzw. ebenfalls nach dem MEHMKEschen Ähnlichkeitssatz, z. B. $\overrightarrow{o_1 h_{a_1}} : \overrightarrow{o_1 a_1} = \overline{\mathfrak{A}H_a} : \overline{\mathfrak{A}A}$ gefunden.

Für das Ermitteln von $\mathfrak{b}_{H_1}$, $\mathfrak{b}_{H_2}$ und $\mathfrak{b}_S$ gelten Gleichungen von der Form

$$\mathfrak{b}_D = \mathfrak{b}_E + \mathfrak{b}_{n_{DE}} + \mathfrak{b}_{t_{DE}}$$

mit $\mathfrak{b}_{nDE} = \dfrac{v_{DE}^2}{\overline{DE}}$ und Richtungssinn von $\overrightarrow{DE}$ und $\mathfrak{b}_{tDE} \perp \overline{DE}$.

So folgt z. B.

$$\mathfrak{b}_{H_1} = \mathfrak{b}_{H_a} + \mathfrak{b}_{n\,H_1 H_a} + \mathfrak{b}_{t\,H_1 H_a}, \qquad \mathfrak{b}_{H_1} = \mathfrak{b}_{H_b} + \mathfrak{b}_{n\,H_1 H_b} + \mathfrak{b}_{t\,H_1 H_b}$$

$$\overrightarrow{o_1\,h_1^1} = \overrightarrow{o_1\,h_{a_1}} + \overrightarrow{h_{a_1}\,h_{a_1}'} + \overrightarrow{h_{a_1}'\,h_1}, \qquad \overrightarrow{o_1\,h_1^1} = \overrightarrow{o_1\,h_{b_1}} + \overrightarrow{h_{b_1}\,h_{b_1}'} + \overrightarrow{h_{b_1}'\,h_1} \qquad \text{(382a, b)}$$

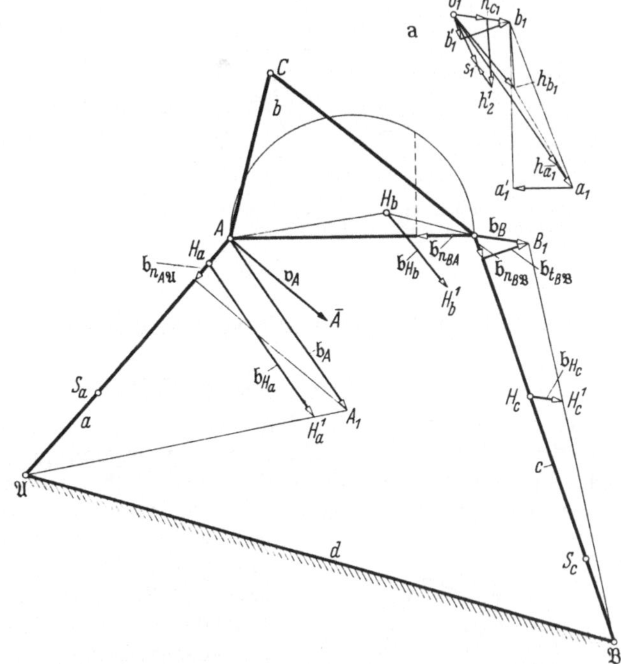

Abb. 85. Beschleunigungsverhältnisse der Schwerpunktskette des
Viergelenkgetriebes von Abb. 84. a) Beschleunigungsplan

Entsprechende Gleichungen gelten für das Ermitteln von $\mathfrak{b}_{H_2}$ aus $\mathfrak{b}_{H_c}$, $\mathfrak{b}_{H_b}$ und von $\mathfrak{b}_S$ aus $\mathfrak{b}_{H_1}$, $\mathfrak{b}_{H_2}$.

Ergebnis:

$$\mathfrak{b}_S = \overrightarrow{o_1\,s_1}$$

Den Geschwindigkeits-Hauptstrecken entsprechen wiederum „*Beschleunigungs-Hauptstrecken*"

$$\overrightarrow{a_1\,h_{a_1}}, \qquad \overrightarrow{a_1\,h_{b_1}}$$

$$\overrightarrow{b_1\,h_{b_1}}, \qquad \overrightarrow{b_1\,h_{c_1}}$$

Mit diesen kann durch Einfügen von drei Gelenkparallelogramm-Anordnungen die Schwerpunktsbeschleunigung $\mathfrak{b}_S$ gefunden werden.

12.5 Zusammenfassung

Die Verallgemeinerung der in Ziff. 12.3 und 12.4 gewonnenen Erkenntnisse führen bei Verwendung statischer Ersatzmassen nach F. WITTENBAUER ([*12*], S. 392) schließlich zu dem folgenden Satz:

Sind A, B, C, ... die Gelenke einer kinematischen Kette bzw. eines Getriebes, ferner a, b, c, ... und a_1, b_1, c_1 die dazugehörigen Geschwindigkeits- bzw. Beschleunigungspunkte, ferner m_A, m_B, m_C, ... die nach A, B, C, ... aufgeteilten statischen Ersatzmassen, so ist:

Geschwindigkeitspunkt s von $\mathfrak{v}_S = \overrightarrow{os}$ der Schwerpunkt der mit m_A, m_B, m_C behafteten Geschwindigkeitspunkte a, b, c, ...

Beschleunigungspunkt s_1 von $\mathfrak{b}_S = \overrightarrow{o_1 s_1}$ der Schwerpunkt der mit m_A, m_B, m_C behafteten Beschleunigungspunkte a_1, b_1, c_1, ...

12.6 Kinematische Ketten und Getriebe mit einzelnen Schubgelenken

Enthält die offene oder geschlossene kinematische Kette bzw. das Getriebe einzelne Schubgelenke, so wird das bisherige Verfahren sinngemäß übertragen. Dies sei im Beispiel des Schubkurbelgetriebes von Abb. 86 kurz erläutert.

Die Hauptpunkte H_a, H_b, H_c genügen den Gleichungen

$$G \cdot H_a = G_a \cdot S_a + (G_b + G_c) \cdot A \tag{383a}$$

$$G \cdot H_b = G_a \cdot A + G_b \cdot S_b + G_c \cdot B \tag{383b}$$

$$G \cdot H_c = (G_a + G_b) \cdot B + G_c \cdot S_c \tag{383c}$$

mit

$$G = G_a + G_b + G_c \tag{383d}$$

Mit den Hauptstrecken $\overrightarrow{BH_c}$, $\overrightarrow{BH_b}$ und $\overrightarrow{AH_a}$ folgt als Schwerpunktskette

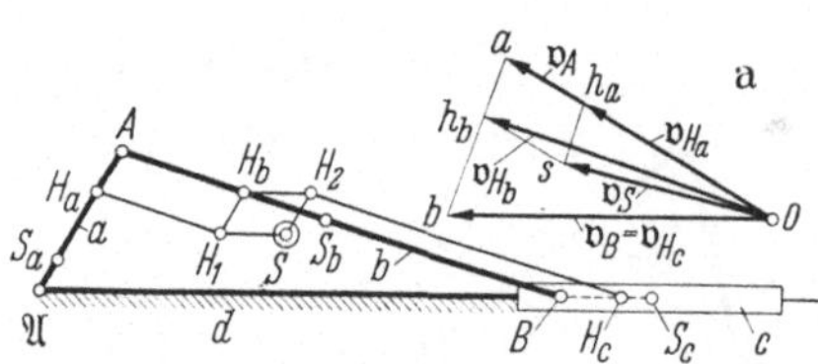

Abb. 86. Schwerpunktskette des Schubkurbelgetriebes. a) Geschwindigkeitsplan

$$\overrightarrow{BS} = \overrightarrow{BH_c} + \overrightarrow{H_cH_2} + \overrightarrow{H_2S}$$

oder $\quad \overrightarrow{BS} = \overrightarrow{BH_c} + \overrightarrow{BH_b} + \overrightarrow{AH_a}$

die in Abb. 86 durch die Gelenkparallelo-
gramm-Anordnung ergänzt werden kann.
In Abb. 86a ist auch der Geschwindig-
keitsplan aus $\mathfrak{v}_A = \overrightarrow{oa}$ gezeichnet und so
$\overrightarrow{os} = \mathfrak{v}_S$ ermittelt worden.

12.7   Kurbelgetriebe mit vorgeschriebener Schwerpunktsbewegung

12.71   Die Schwerpunktsbewegung

R. KREUTZINGER [25a] hat gezeigt, daß bei der Bewegung des Schwerpunktes S der bewegten Glieder eines Viergelenkgetriebes V, z. B. einer Kurbelschwinge, die vom Schwerpunkt S beschriebene Bahnkurve γ_S als Koppelkurve
eines dem gegebenen Getriebe zugeordneten Viergelenkgetriebes V' erzeugt

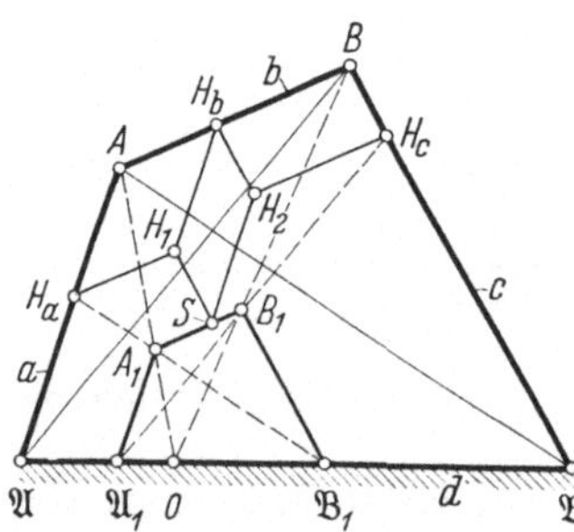

Abb. 87. Grundlagen für den Entwurf
von Viergelenkgetrieben mit vorgeschriebener Schwerpunktsbewegung. Schwerpunkt S beschreibt
Koppelkurve eines dem gegebenen
Viergelenkgetriebe zugeordneten
zentrisch ähnlichen Viergelenkgetriebes

werden kann, und zwar nach dem ROBERTSschen
Satz [1c] auf dreifache Weise durch Viergelenk-
getriebe V_1', V_2', V_3'. Der Beweis wird durch
Beiziehung von Ähnlichkeitsbeziehungen bei
Storchschnabelgetrieben erbracht [25a]. Eines
dieser möglichen V_i' ist in Abb. 87 konstruiert.

Die durch die Hauptpunkte H_a und H_c zu
$\overline{A\mathfrak{B}}$ bzw. $\overline{\mathfrak{A}B}$ gezeichneten Parallelen schneiden
das Gestell $\overline{\mathfrak{A}\mathfrak{B}} = d$ in $\mathfrak{B}_1$ bzw. $\mathfrak{A}_1$. Durch Zeichnen
der Parallelen durch $\mathfrak{A}_1$ zu $\overline{\mathfrak{A}A}$ und durch $\mathfrak{B}_1$ zu
$\overline{\mathfrak{B}B}$ findet man A_1 auf $\overline{H_a\mathfrak{B}_1}$ bzw. B_1 auf $\overline{H_c\mathfrak{A}_1}$.
Man kann leicht beweisen, daß $\overline{A_1B_1} \parallel \overline{AB}$ und
daß sich die Geraden durch A, A_1 und B, B_1 in
dem gleichen Punkt 0 des Gestells $\overline{\mathfrak{A}\mathfrak{B}} = d$
schneiden. Das Viergelenkgetriebe $V_1' \equiv \mathfrak{A}_1 A_1 B_1 \mathfrak{B}_1$
ist also zu dem gegebenen Getriebe $V \equiv \mathfrak{A} A B \mathfrak{B}$

zentrisch ähnlich mit dem Ähnlichkeitszentrum 0 auf $\overline{\mathfrak{A}\mathfrak{B}}$. Der dazugehörige
Proportionalitätsfaktor ist, wenn $\overline{\mathfrak{A}_1\mathfrak{B}_1} = d_1$, $\overline{\mathfrak{A}_1A_1} = a_1$, $\overline{A_1B_1} = b_1$, $\overline{B_1\mathfrak{B}_1} = c_1$
und $\overline{AH_a} = a'$, $\overline{AH_b} = b'$, $\overline{BH_b} = b''$, $\overline{BH_c} = c'$ gesetzt werden

$$k_1 = \frac{a_1}{a} = \frac{b_1}{b} = \frac{c_1}{c} = \frac{d_1}{d} = 1 - \frac{a'}{a} - \frac{c'}{c} \tag{384}$$

S der Schwerpunktskette von V fällt auf $\overline{A_1B_1}$ und ist mit $\overline{A_1S} = b_1'$, $\overline{B_1S} = b_1''$
festgelegt durch

$$b_1' = b' - \frac{c'}{c}b, \qquad b_1'' = b'' - \frac{a'}{a}b \tag{385a, b}$$

Für das Ähnlichkeitszentrum 0 gilt:

$$\overline{\mathfrak{A}O} = \frac{d}{\dfrac{a'c}{ac'}+1}, \qquad \overline{\mathfrak{B}O} = \frac{d}{\dfrac{ac'}{a'c}+1} \tag{386}$$

12.72 Sonderfall

Sind die Gewichte der Glieder des Viergelenkgetriebes V ihren Längen proportional, also
$$G_a = na, \qquad G_b = nb, \qquad G_c = nc,$$

so folgt für die Hauptpunkte H_a, H_b, H_c bzw. Hauptstrecken

$$a' = \frac{a^2}{2(a+b+c)}, \qquad b' = \frac{b(2c+b)}{2(a+b+c)},$$
$$b'' = \frac{b(2a+b)}{2(a+b+c)}, \qquad c' = \frac{c^2}{2(a+b+c)} \tag{387}$$

ferner

$$k_1 = 1 - \frac{a'}{a} - \frac{c'}{c} = \frac{a+2b+c}{2(a+b+c)} \tag{388}$$

$$\overline{\mathfrak{A}O} = \frac{dc}{a+c}, \qquad \overline{\mathfrak{B}O} = \frac{da}{a+c} \tag{389}$$

$$\overline{\mathfrak{A}_1 O} = \frac{d_1 c_1}{a_1+c_1}, \qquad \overline{\mathfrak{B}_1 O} = \frac{d_1 a_1}{a_1+c_1} \tag{390}$$

In diesem Sonderfall ist also das Ähnlichkeitszentrum 0 der Schwerpunkt der in $\mathfrak{A}$ und $\mathfrak{B}$ angreifend gedachten Gewichte von a bzw. c.

12.73 Grundgetriebe zur vorgeschriebenen Bahn seiner Schwerpunktsbewegung

Man kann umgekehrt auch ein Kurbelgetriebe entwerfen, das eine kinematisch als Koppelkurve γ_S erzeugte Kurve zur Schwerpunktskurve hat (Abb. 88).

Soll z. B. der Schwerpunkt S des gesuchten Getriebes innerhalb eines gewissen Bewegungsbereiches eine horizontale Gerade gg' beschreiben, so wird man diese durch eine der bekannten Lenkergeradführungen erzeugen, etwa durch das Viergelenkgetriebe $\overline{\mathfrak{A}_1 A_1 B_1 \mathfrak{B}_1}$ mit S als Mittelpunkt der Koppel $\overline{A_1 B_1}$.

Nach Gl. (390) berechnet man dann die Lage des Ähnlichkeitszentrums 0, ferner unter Beachtung von Gl. (384) aus Gl. (388)

$$k_1 = \frac{a_1 + 2b_1 + c_1}{2(a_1 + b_1 + c_1)} \tag{391}$$

womit das gesuchte Viergelenkgetriebe $\mathfrak{A}AB\mathfrak{B}$ gefunden ist.

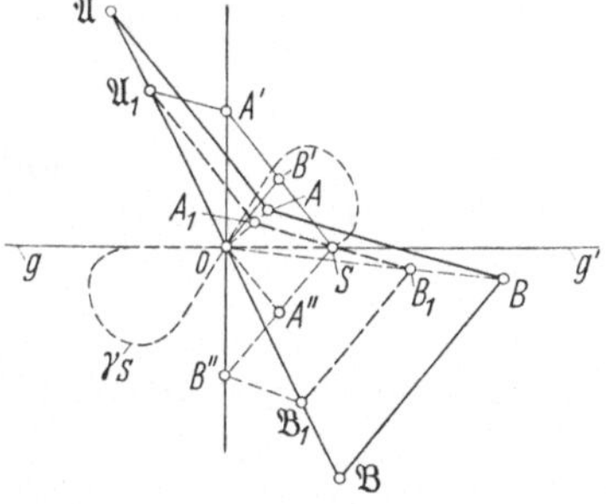

Abb. 88. Vorgeschriebene Schwerpunktsbahn eine Gerade $g\,g'$, erzeugbar durch eine bekannte Lenker-Geradführung, z. B. durch $\mathfrak{A}_1 A_1 B_1 \mathfrak{B}_1$. Konstruktion des dazugehörigen Viergelenkgetriebes $\mathfrak{A}\,A\,B\,\mathfrak{B}$

13. Das Wittenbauersche Massen-Wucht-Diagramm

Bei einer Massen- und Kraftreduktion ergaben sich das $m^*\text{-}s$-Diagramm von Abb. 89a und das $A\text{-}s$-Diagramm von Abb. 89b für die von der reduzierten Kraft P^* längs des Reduktionsweges s verrichtete mechanische Arbeit A. Die Anordnung ist dabei so gewählt, daß die s-Achsen beider Schaubilder aufeinander senkrecht stehen.

Aus beiden Schaubildern ist dann das m^*-A-Diagramm (Abb. 89c), von F. WITTENBAUER das *Massen-Wucht-Diagramm* genannt, abgeleitet, das eine Reihe beachtenswerter Eigenschaften besitzt.

Ganz allgemein gilt nach Gl. (273)

$$A - A_0 = \frac{m^*}{2}\,v^2 - \frac{m_0^*}{2}\,v_0^2 \tag{392}$$

oder

$$A_{s_0\div s} = \frac{m^*}{2}\,v^2 - \frac{m_0^*}{2}\,v_0^2 = L - L_0 \tag{393}$$

wobei $A_{s_0\div s}$ die mechanische Arbeit der äußeren Kräfte und

$$L = \frac{m^*}{2}\,v^2; \qquad L_0 = \frac{m_0^*}{2}\,v_0^2 \tag{394a, b}$$

die kinetische Energie des Getriebes in den Stellungen s bzw. s_0 des Reduktionspunktes bedeuten.

Im Beispiel von Abb. 89 ist $A_0 = 0$ und ebenso $L_0 = 0$, also A mit der kinetischen Energie L identisch; d. h. $A = L = m^*\,v^2/2$.

13.1 Eigenschaften der Massen-Wucht-Kurve

Verbindet man in Abb. 89c den beliebigen Punkt C der Massen-Wucht-Kurve k_C mit 0, so folgt unter Beachtung der Maßstäbe

$$M_A = M_L = 1 \text{ cm/kgm}, \qquad M_{m^*} = 0,5 \text{ cm/(kgs}^2\text{/m)}, \qquad M_s = 100 \text{ cm/m}$$

für $\sphericalangle\, COC_0 = \alpha$

$$\operatorname{tg}\alpha = \frac{A\,M_A}{m^*\,M_{m^*}} = \frac{L\,M_A}{m^*\,M_{m^*}} = \frac{v^2}{2}\,\frac{M_A}{M_{m^*}} \tag{395}$$

$$\frac{v^2}{2} = \frac{M_{m^*}}{M_A}\operatorname{tg}\alpha; \qquad \frac{v^2}{2} = \zeta\operatorname{tg}\alpha \quad \text{mit} \quad \zeta = \frac{M_{m^*}}{M_A} \tag{396}$$

Die Steigung des Fahrstrahles von 0 nach einem beliebigen Punkt C der Kurve k_C ist also ein Maß für die Geschwindigkeit v des Reduktionspunktes

$$v = \sqrt{2\zeta}\;\sqrt{\operatorname{tg}\alpha} \tag{397}$$

Differentiation von Gl. (394a) nach der Zeìt t liefert

$$\frac{dL}{dt} = \frac{v^2}{2}\,\frac{dm^*}{dt} + m^*\,v\,\frac{dv}{dt} \tag{398}$$

Betrachten wir solche Getriebestellungen, in denen v einen Größt- oder Kleinstwert besitzt, so liefert Gl. (398) wegen $dv/dt = 0$

$$\frac{dL}{dt} = \frac{v^2}{2}\,\frac{dm^*}{dt} \tag{399}$$

bzw.

$$\frac{dL}{dm^*} = \frac{v^2}{2} = \frac{M_{m^*}}{M_A}\operatorname{tg}\alpha \tag{400}$$

$\dfrac{dL}{dm^*}$ bedeutet für solche Stellungen die Steigung der Tangente an die k_C-Kurve. Diese Tangente muß wegen Gl. (395) auch durch den Punkt 0 gehen.

Im Beispiel von Abb. 89 c ist bei dem hier betrachteten Bewegungsbereich keine solche Stellung vorhanden, da an die Kurve k_C keine Tangente durch 0 gelegt werden kann.

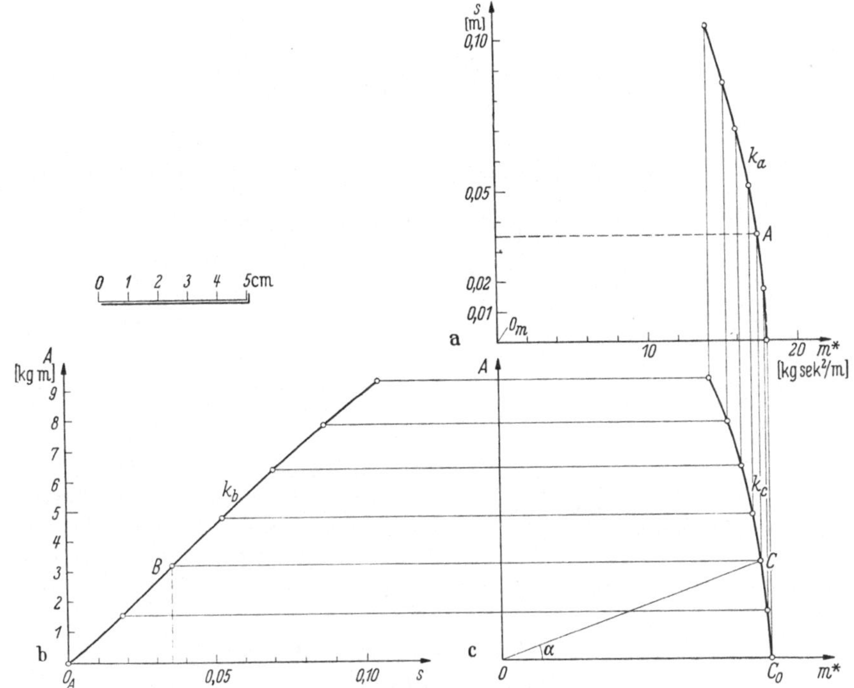

Abb. 89. Das WITTENBAUERsche Massen-Wucht-Diagramm.   a) m^*-s-Diagramm;   b) A-s-Diagramm;
c) m^*-A-Diagramm (Massen-Wucht-Diagramm)

13.2 Grundlagen für Schwungradberechnung

Der allgemeine Fall ($v_0 \neq 0$) sei durch Abb. 90 veranschaulicht.
Nach Gl. (393) gilt dann wiederum

$$A_{s_0 \div s} = \frac{m^*}{2} v^2 - \frac{m_0^*}{2} v_0^2$$

oder mit $A = A_{s_0 \div s}$ als Abkürzung

$$A = L - L_0 \quad \text{bzw.} \quad L = A + L_0 \tag{401}$$

Die von 0 aus an die hier beliebig angenommene geschlossene Massen-Wucht-Kurve k_C gelegten Tangenten T_1, T_2 mit U_1 bzw. U_2 als Berührungspunkte kennzeichnen diejenige Wertepaare m_1^*, L_1 bzw. m_2^*, L_2, denen die maximale bzw. minimale Geschwindigkeit v_1 bzw. v_2 des Reduktionspunktes an den Stellen s_1 bzw. s_2 entsprechen. Für diese Extremwerte v_1, v_2 der Geschwindigkeiten, denen die Winkel α_1, α_2 entsprechen, gelten nach Gl. (396)

$$\frac{v_1^2}{2} = \zeta \operatorname{tg} \alpha_1, \qquad \frac{v_2^2}{2} = \zeta \operatorname{tg} \alpha_2 \tag{402a, b}$$

Der durch

$$\delta = \frac{v_1 - v_2}{\dfrac{v_1 + v_2}{2}} = \frac{v_1 - v_2}{v_m} \tag{403}$$

definierte *Ungleichförmigkeitsgrad* δ liefert aus

$$v_1 - v_2 = \delta v_m$$
$$v_1 + v_2 = 2 v_m$$

die Formeln

$$v_1 = v_m \left(1 + \frac{\delta}{2}\right), \quad v_2 = v_m \left(1 - \frac{\delta}{2}\right) \tag{404a, b}$$

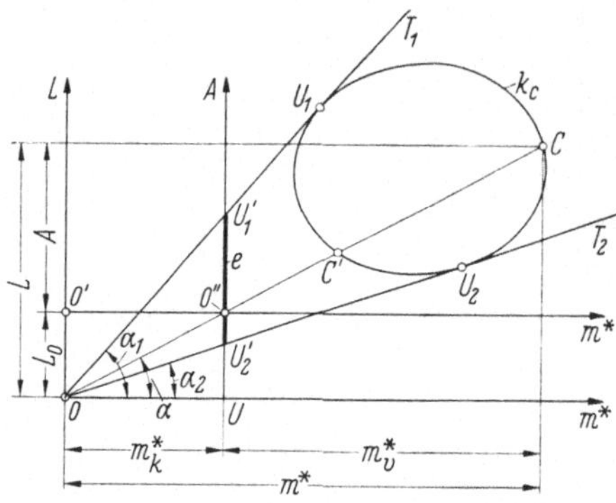

Abb. 90. Theoretische Grundlagen zur Schwungradberechnung mit Hilfe des Massen-Wucht-Diagramms

und für kleine Werte δ angenähert

$$v_1^2 \sim v_m^2(1 + \delta), \quad v_2^2 \sim v_m^2(1 - \delta) \tag{405a, b}$$

also nach Gl. (402a, b)

$$\operatorname{tg}\alpha_1 = \frac{v_m^2(1 + \delta)}{2\zeta} \tag{406a}$$

$$\operatorname{tg}\alpha_2 = \frac{v_m^2(1 - \delta)}{2\zeta} \tag{406b}$$

Hat die reduzierte Masse m^* die Form

$$m^* = m_k^* + m_v^* \tag{407}$$

wobei m_k^* eine konstante Masse und m_v^* den vom Reduktionsweg s abhängigen Betrag bedeuten, so schneidet die zur OL-Achse gezeichnete Parallele UA die

Tangenten T_1 und T_2 in U_1' bzw. U_2'. Für die Strecke $\overline{U_1' U_2'} = e$ gilt dann nach Gl. (406a, b)

$$e = m_k^* \, M_{m^*}(\operatorname{tg}\alpha_1 - \operatorname{tg}\alpha_2)$$

$$e = m_k^* \, M_{m^*} \frac{v_m^2 \delta}{\zeta} = m_k^* \, v_m^2 \, \delta \, M_A \tag{408}$$

$$\boxed{m_k^* = \frac{e}{v_m^2 \, \delta} \, \frac{1}{M_A}} \tag{409}$$

wobei e in „cm" einzusetzen ist und m_k^* die Dimension [kgs²/m] besitzt.

13.3 Zusammenfassung

Zeichnet man das m^*-A-Diagramm, indem man die Massen der Getriebeglieder — ohne die Masse der Antriebskurbel (z. B. Kurbelwelle zuzüglich Schwungmasse) — nach dem Kurbelzapfen A reduziert, ferner die Arbeit A aus den von außen eingeprägten Kräften einschließlich der entgegengesetzt wirkenden Abtriebskräfte ermittelt, so wird die nach A reduzierte Masse m_k^* des für die Verwirklichung des Ungleichförmigkeitsgrades δ erforderlichen Schwungrades in folgender Weise ermittelt.

Man berechnet α_1, α_2 aus den Gl. (406a, b), legt mit diesen Winkeln an die Massen-Wucht-Kurve k_C die Tangenten T_1, T_2, die sich in 0 schneiden. Das Lot $\overrightarrow{0U}$ von 0 auf die Achse $\overrightarrow{0''A}$ ist die reduzierte Masse m_k^* des gesuchten- Schwungrades.

Da 0 sehr oft außerhalb der Zeichenebene liegt, kann m_k^* auch aus Gl. (409) berechnet werden, wobei die Strecke e in „cm" abgegriffen wird und v_m in „(ms^{-1})" einzusetzen ist.

Aus dem Kurbelhalbmesser r folgt dann das Schwungrad-Massenträgheitsmoment

$$I^* = m_k^* \, r^2 = \frac{e\,r^2}{v_m^2\,\delta}\,\frac{1}{M_A} = \frac{e}{\omega_m^2\,\delta}\,\frac{1}{M_A} \qquad (410)$$

bzw. das *Schwungmoment*

$$GD^2 = 4g\,I^* \qquad (410\,\mathrm{a})$$

von der Dimension [kgm²].

13.4 Zahlenbeispiel: Schwungradberechnung für eine Viertakt-Verbrennungs-Kraftmaschine

13.41 Gegebene Abmessungen und Größen

Schubkurbelgetriebe (Abb. 91) Kolben mit Kolbenbolzen: $G_c = 0{,}765$ kg, $m_c = 0{,}078$ kgs²/m

Schubstange b:

$G_b = 0{,}371$ kg

$m_b = 0{,}0378$ kgs²/m

$I_{s_b} = 0{,}0003$ kgms²

$s_A = \overline{AS} = 0{,}051$ m

$s_B = \overline{BS} = 0{,}144$ m

$b = \overline{AB} = 0{,}195$ m

Kurbelhalbmesser:

$\mathfrak{A}A = r = 0{,}047$ m

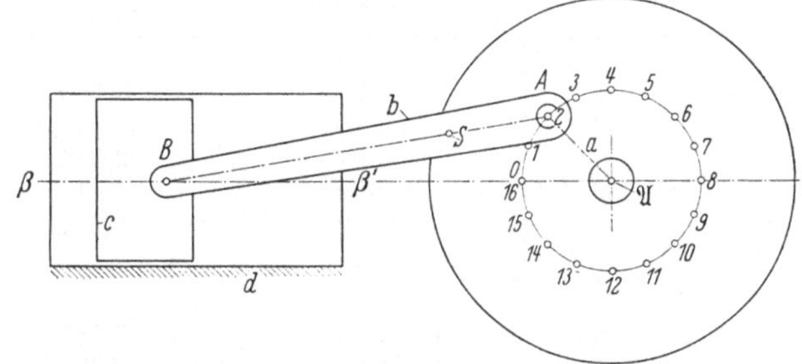

Abb. 91
Schubkurbelgetriebe einer Viertakt-Verbrennungskraftmaschine

Maximale Drehzahl $n_{\max} = 4000$ U/min, Zylinderbohrung $D_z = 82$ mm, Hubvolumen $v_h = 493$ cm³, Verdichtungsverhältnis $\varepsilon = 4{,}2$, indizierte Maximalleistung $N_i = 10$ PS.

13.42 Das Indikatordiagramm

Abb. 92 zeigt das theoretische Indikatordiagramm, wie es der maximalen Drehzahl $n = 4000$ U/min und der vorgeschriebenen Leistung $N_i = 10$ PS entspricht.

Ansaugedruck: 0,9 at abs, Druck am Ende der Expansion (45° vor dem Totpunkt): 3 at abs, Druck für den Auspuff: 1,1 at abs. Polytropische Kurven für Expansion: Exponent $n = 1{,}36$, für Kompression: $n = 1{,}2$. Zündungsbeginn 15° vor dem äußeren Totpunkt.

Maßstäbe für Abb. 92: Hub: $M_h = M_s = 100$ cm/m, Druck: $M_P = 0{,}7$ cm/at. Als mittlerer indizierter Druck ergibt sich $p_{i_m} = 4{,}44$ at abs, ferner für die am Kurbelzapfen A wirkende und als konstant angenommene Widerstandskraft W aus

$$N_i = \frac{W\,v}{75} \quad \text{mit} \quad v = r\,\pi\,n/30$$

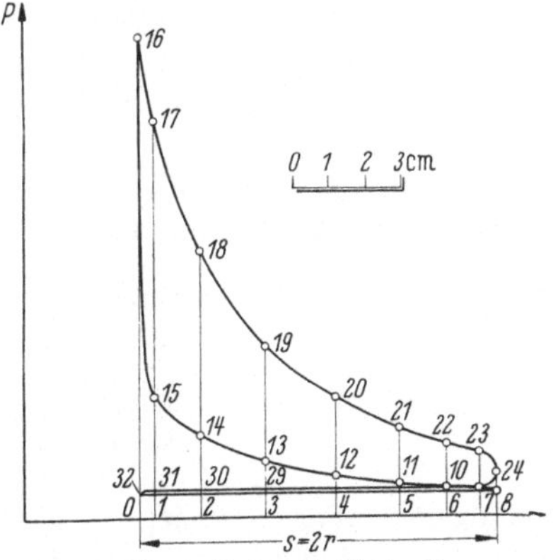

Abb. 92. Theoretisches Indikatordiagramm

9*

der Betrag $W = 38,17$ kg und für die gesamte Arbeit der Widerstandskraft W bei 2 Umdrehungen der Kurbel $\overline{\mathfrak{A}A}$ der Betrag $A'_w = 22,5$ kgm.

Auf 2/32 dieses Weges kommt also die Arbeit $A'_w = 22,5/16 = 1,406$ kgm. Für die Arbeit A der von außen eingeprägten Kräfte (Verbrennungsgase, Luftdruck 1 at) gilt folgendes:

Unter Berücksichtigung der Lage der atmosphärischen Linie ergeben sich für diese Arbeiten A_a durch Planimetrieren des Indikatordiagramms die in der Zahlentafel eingetragenen Werte, wobei die vom Schwungrad an das Getriebe abgegebene Arbeit mit dem negativen Vorzeichen angesetzt ist, die während der Expansion verrichtete Arbeit dagegen das positive Vorzeichen erhält.

Zahlentafel VII

Stellung	Arbeit der Kolbenkräfte A_a [mkg]	Widerstandsarbeit am Kurbelzapfen A_w [mkg]	Resultierende Arbeit $A = A_a + A_w$ [mkg]
0	0,000	0,000	0,000
2	$-$ 0,114	$-$ 1,406	$-$ 1,520
4	$-$ 0,387	$-$ 2,812	$-$ 3,199
6	$-$ 0,622	$-$ 4,218	$-$ 4,840
8	$-$ 0,699	$-$ 5,624	$-$ 6,323
10	$-$ 0,733	$-$ 7,030	$-$ 7,763
12	$-$ 0,963	$-$ 8,436	$-$ 9,399
14	$-$ 2,745	$-$ 9,842	$-$12,587
16	$-$ 4,810	$-$11,248	$-$16,058
18	$+$ 6,830	$-$12,654	$-$ 5,824
20	$+$17,110	$-$14,060	$+$ 3,050
22	$+$22,300	$-$15,466	$+$ 6,834
24	$+$22,200	$-$16,872	$+$ 6,328
26	$+$23,060	$-$18,278	$+$ 4,782
28	$+$22,850	$-$19,684	$+$ 3,166
30	$+$22,600	$-$21,090	$+$ 1,510
32	$+$22,500	$-$22,500	0,000

In Abb. 93b sind die Werte A_a, A_w und A über dem Weg s der Kurbelzapfenmitte A als Kurven k_1, k_2 bzw. k aufgetragen, entsprechend

Stellung   0— 8 Ansaugperiode
Stellung   8—16 Kompressionsperiode
Stellung 16—24 Expansionsperiode
Stellung 24—32 Auspuffperiode

Maßstäbe: Weg: $M_s = 21,6$ cm/m
Arbeit: $M_A = 0,5$ cm/mkg

Die Reduktion der Schubstangen- und Kolbenmassen m_b, m_c nach der Kurbelzapfenmitte A geschieht gemäß Ziff. 3.412 und liefert für m_v^*

Diese Werte sind in Abb. 93a über dem Weg s des Kurbelzapfens A aufgetragen und liefern die m^*-s-Kurve k_3.

Schließlich wird aus den Kurven k und k_3 die Massen-Wucht-Kurve k_C von Abb. 93c abgeleitet oder auch direkt mit den Werten der Zahlentafeln VII, VIII, mit den Maßstäben

$$M_{m^*} = 98{,}1\ \mathrm{cm/kgs^2\,m^{-1}}$$

$$M_A = 0{,}5\ \mathrm{cm/mkg}$$

aufgezeichnet.

Für

Zahlentafel VIII

Kurbelstellung		Reduzierte Masse m_v^* [kgs²/m]	Reduziertes Massengewicht G_v^* [kg]
0	16	0,0286	0,281
1	15	0,0461	0,452
2	14	0,0890	0,873
3	13	0,1090	1,070
4	12	0,1159	1,138
5	11	0,0837	0,821
6	10	0,0582	0,571
7	9	0,0361	0,354
8	8	0,0286	0,281

$$\delta = \frac{1}{10}, \quad n_m = 4000\ \mathrm{U/min}, \quad v_m = 19{,}65\ \mathrm{m/s}, \quad \zeta = \frac{M_{m^*}}{M_A} = \frac{98{,}1}{0{,}5} = 196{,}2\left(\frac{\mathrm{m}}{\mathrm{s}}\right)^2$$

folgt

$$\operatorname{tg}\alpha_1 = \frac{19{,}65^2 \cdot 1{,}1}{196{,}2 \cdot 2} = 1{,}086; \qquad \operatorname{tg}\alpha_2 = \frac{19{,}65^2 \cdot 0{,}9}{196{,}2 \cdot 2} = 0{,}889$$

Aus diesen Werten sind in Abb. 93d mit $\overline{EF} = 10$ cm, $\overline{FH_1} = 10{,}86$ cm, $\overline{FH_2} = 8{,}89$ cm die Winkel α_1, α_2 konstruiert und damit die Richtungen der Tangenten

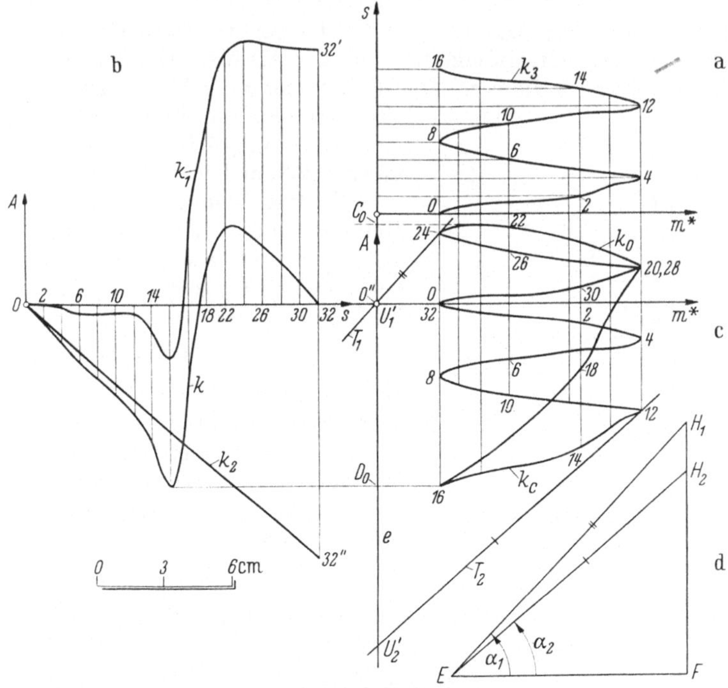

Abb. 93. Entwurf des m^*-A-Diagramms für Schwungradberechnung eines Kraftrad-Motors.   a) m^*-s-Diagramm;   b) A-s-Diagramm;   c) m^*-A-Diagramm;   d) Hilfsfigur zur Ermittlung der Tangenten-Neigungswinkel von T_1, T_2

T_1 und T_2 festgelegt; diese schneiden auf der $O''A$-Achse die Strecke $e = \overline{U_1' U_2'}$ $= 15{,}1$ cm heraus. Hieraus folgt:

$$m_k^* = \frac{15{,}1}{19{,}65^2 \cdot 0{,}1} \cdot \frac{1}{0{,}5} = 0{,}782 \text{ kgs}^2/\text{m}$$

und das dazugehörige Massenträgheitsmoment für die Kurbelwellenachse.

$$I^* = m_k^* \cdot r^2 = 0{,}782 \cdot 0{,}047^2 = 0{,}00173 \text{ kgms}^2$$

Wiederholung des Verfahrens für andere Werte des Ungleichförmigkeitsgrades δ ergibt

Zahlentafel IX

δ	0,1	0,02	0,01	0,005
I^* [kgms²]	0,0017	0,0096	0,0191	0,0382

Ein Vergleich mit dem älteren Verfahren, bei dem der Einfluß der bewegten Massen überhaupt vernachlässigt wurde, ergibt für $\delta = 0{,}1$ aus der Strecke $e_0 = \overline{C_0 D_0} = 11{,}6$ cm für $I^* = 0{,}00133$ kgms².

14. Reibung in Getrieben

14.1 Allgemeine Grundlagen

Zur Bestimmung der Arbeits- oder Leistungsverluste in einem Getriebe ist die Kenntnis der Geschwindigkeits- und der Kräfteverhältnisse erforderlich. Bei Kurbelgetrieben ist die rechnerische Erfassung der Reibkräfte, insbesondere auch der Zapfenreibungsverluste praktisch gesehen unmöglich, wie bereits das einfachste Beispiel von Ziff. 14.41 zeigt.

Wichtige Grundlagen für die gleitende Reibung sind in Abb. 94 veranschaulicht. Es zeigt die an dem gegenüber dem Gestell d bewegten Glied b wirkende Reibkraft $\mathfrak{R}$ vom Betrag

$$|\mathfrak{R}| = R = \mu N \tag{411}$$

Hierin bedeuten μ die Reibziffer der gleitenden Reibung und $\mathfrak{N} = (db)$ vom Betrag $|\mathfrak{N}| = N$ die von d auf b ausgeübte Normalkraft (Führungskraft). Die Resultierende $\mathfrak{W}$ aus der Reibkraft $\mathfrak{R}$ und der Normalkraft $\mathfrak{N}$

$$\mathfrak{W} = \mathfrak{R} + \mathfrak{N} \tag{412}$$

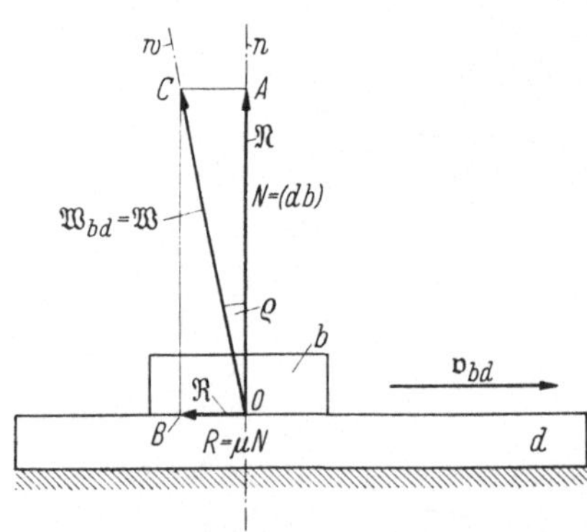

Abb. 94. Gleitende Reibung im Schubgelenk. ϱ = Reibungswinkel mit tg $\varrho = \mu$, $\mathfrak{W}$ = Widerstandskraft (Resultierende aus Normalkraft $\mathfrak{N}$ und Reibungskraft $\mathfrak{R}$

heißt die *Widerstandskraft*. Diese bildet mit der Normalkraft $\mathfrak{N}$ den Reibungswinkel ϱ, der durch

$$\operatorname{tg} \varrho = \frac{R}{N} = \mu \tag{413}$$

festgelegt ist.

14.2 Keilschubgetriebe

Sind — wie Abb. 95 am Beispiel eines Keilschubgetriebes erläutert — beide Glieder, z. B. a und b bewegt, so ist zunächst der Richtungssinn der Geschwindigkeit $\mathfrak{v}_{ab}$ von a gegen b bzw. der Geschwindigkeit $\mathfrak{v}_{ba}$ von b gegen a aus einem Geschwindigkeitsplan gemäß Abb. 95a zu ermitteln.

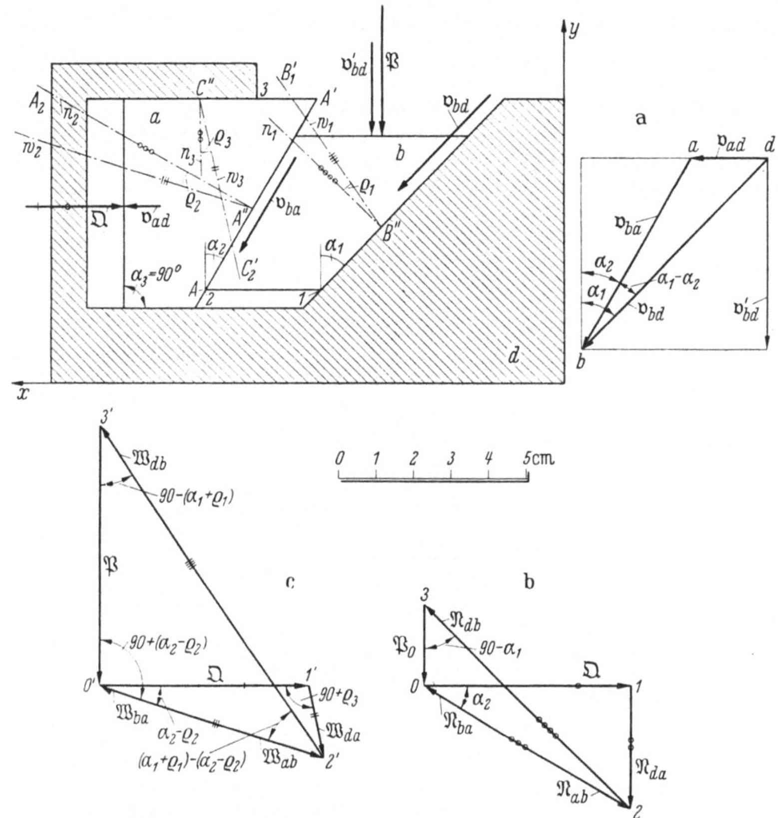

Abb. 95. Reibungsverhältnisse am dreigliedrigen Keilschubgetriebe. a) Geschwindigkeitsplan für die Bewegung in den Schubgelenken; b) Kräfteplan des verlustlosen Getriebes (ohne Reibung); c) Kräfteplan bei Berücksichtigung der Reibung

Für diesen gilt ([1d], S. 126) bei Antrieb am Glied b

$$\mathfrak{v}_{bd} = \mathfrak{v}_{ba} + \mathfrak{v}_{ad} = \mathfrak{v}_{ad} + \mathfrak{v}_{ba}$$
$$\overrightarrow{db} = \overrightarrow{ab} + \overrightarrow{da} = \overrightarrow{da} + \overrightarrow{ab} \tag{414}$$

Um den Richtungssinn der Normalkräfte $\mathfrak{N}_i$ in den Schubgelenken 1, 2, 3 abzuschätzen, entwirft man zweckmäßig einen Kräfteplan ohne Berücksichtigung der Reibung (Abb. 95b), beginnend beim Abtriebsglied a, an dem die Kraft $\mathfrak{Q}$ zu überwinden sei

$$\mathfrak{Q} + \mathfrak{N}_3 + \mathfrak{N}_2 = 0$$
$$\overrightarrow{01} + \overrightarrow{12} + \overrightarrow{20} = 0 \tag{415}$$

$$\mathfrak{N}_2' + \mathfrak{N}_1 + \mathfrak{P}_0 = 0$$
$$\overrightarrow{02} + \overrightarrow{23} + \overrightarrow{30} = 0 \tag{416}$$

Dabei bedeuten

$$\mathfrak{R}_3 = \mathfrak{R}_{da} = (da), \quad \mathfrak{R}_2 = \mathfrak{R}_{ba} = (ba), \quad \mathfrak{R}_2' = \mathfrak{R}_{ab} = (ab), \quad \mathfrak{R}_1 = \mathfrak{R}_{db} = (db)$$

und $\mathfrak{P}_0 = \overrightarrow{3\,0}$ ist die gesuchte Antriebskraft in der verlustlosen getrieblichen Anordnung. Nun sind die Wirkungslinien der Reibkräfte bzw. Widerstandskräfte festzulegen, z. B. an der Seite $A\,A'$ des Keiles a. Nach Abb. 95a bewegt sich a gegen b mit Richtungssinn $\overrightarrow{ba}$ bzw. $\overrightarrow{A\,A'}$; die Reibkraft $\mathfrak{R}_2$ am Glied a hat also den Richtungssinn $\overrightarrow{A'A}$, die Normalkraft $\mathfrak{R}_2 = \mathfrak{R}_{ba}$ wirkt gemäß Kräfteplan mit Richtungssinn $\overrightarrow{20}$ bzw. $\overrightarrow{A''A_2}$. Damit ist auch die Wirkungslinie w_2 von $\mathfrak{W}_{ba}$ gefunden. Entsprechend sind die Wirkungslinien $C''C_2' = w_3$ und $B''B_1' = w_1$ von $\mathfrak{W}_{da} = \mathfrak{W}_3$ bzw. $\mathfrak{W}_{db} = \mathfrak{W}_1$ festzulegen.

Mittels der Vektorgleichungen

$$\mathfrak{D} + \mathfrak{W}_{da} + \mathfrak{W}_{ba} = 0$$
$$\overrightarrow{0'1'} + \overrightarrow{1'2'} + \overrightarrow{2'0'} = 0 \tag{417}$$

$$\mathfrak{W}_{ab} + \mathfrak{W}_{db} + \mathfrak{P} = 0$$
$$\overrightarrow{0'2'} + \overrightarrow{2'3'} + \overrightarrow{3'0'} = 0 \tag{418}$$

wird nun der Kräfteplan Abb. 95c aufgestellt.

Die rechnerische Auswertung dieses Planes liefert aus

$$\frac{W_{ba}}{Q} = \frac{\sin(90 + \varrho_3)}{\sin(90 - \alpha_2 + \varrho_2 - \varrho_3)} = \frac{\cos \varrho_3}{\cos[(\alpha_2 - \varrho_2) + \varrho_3]}$$

$$\frac{P}{W_{ba}} = \frac{\sin(\alpha_1 + \varrho_1 - \alpha_2 + \varrho_2)}{\sin(90 - \alpha_1 - \varrho_1)} = \frac{\sin[(\alpha_1 + \varrho_1) - (\alpha_2 - \varrho_2)]}{\cos(\alpha_1 + \varrho_1)}$$

nach Umformung

$$P = Q \, \frac{\operatorname{tg}(\alpha_1 + \varrho_1) - \operatorname{tg}(\alpha_2 - \varrho_2)}{1 - \operatorname{tg}\varrho_3 \operatorname{tg}(\alpha_2 - \varrho_2)} \tag{419}$$

und für die Reibkräfte

$$R_{ba} = \frac{Q \sin \varrho_2}{\cos(\alpha_2 - \varrho_2)} \cdot \frac{1}{1 - \operatorname{tg}\varrho_3 \operatorname{tg}(\alpha_2 - \varrho_2)} \tag{420}$$

$$R_{ad} = \left(Q \operatorname{tg}\varrho_3 \operatorname{tg}(\alpha_2 - \varrho_2)\right) \cdot \frac{1}{1 - \operatorname{tg}\varrho_3 \operatorname{tg}(\alpha_2 - \varrho_2)} \tag{421}$$

$$R_{bd} = \frac{Q \sin \varrho_1}{\cos(\alpha_1 + \varrho_1)} \cdot \frac{1}{1 - \operatorname{tg}\varrho_3 \operatorname{tg}(\alpha_2 - \varrho_2)} \tag{422}$$

Ferner folgt nach dem Geschwindigkeitsplan (Abb. 95a) aus der gegebenen Geschwindigkeit $\mathfrak{v}_{bd} = \overrightarrow{db}$ vom Betrag $v_{bd} = v$ für die Beträge der Relativgeschwindigkeiten in den Schubgelenken

$$v_{ba} = \frac{v \cos \alpha_1}{\cos \alpha_2}, \qquad v_{ad} = \frac{v \sin(\alpha_1 - \alpha_2)}{\cos \alpha_2} \tag{423a, b}$$

und für die Leistungen zur Überwindung der Reibkräfte

$$\overline{N}_{ad} = \frac{Q \, v \operatorname{tg}\varrho_3 \sin(\alpha_1 - \alpha_2) \operatorname{tg}(\alpha_2 - \varrho_2)}{\cos \alpha_2} \cdot \frac{1}{1 - \operatorname{tg}\varrho_3 \operatorname{tg}(\alpha_2 - \varrho_2)} \tag{424a}$$

$$\overline{N}_{ba} = \frac{Q \, v \sin \varrho_2 \cos \alpha_1}{\cos(\alpha_2 - \varrho_2) \cos \alpha_2} \cdot \frac{1}{1 - \operatorname{tg}\varrho_3 \operatorname{tg}(\alpha_2 - \varrho_2)} \tag{424b}$$

$$\overline{N}_{bd} = \frac{Q \, v \sin \varrho_1}{\cos(\alpha_1 + \varrho_1)} \cdot \frac{1}{1 - \operatorname{tg}\varrho_3 \operatorname{tg}(\alpha_2 - \varrho_2)} \tag{424c}$$

Die mit $\mathfrak{P}$ gleichgerichtete Kraft $\overline{\mathfrak{P}}$, welche dieselbe Leistung wie die der sämtlichen Reibkräfte verrichtet, folgt aus

$$\overline{P}\,v\,\cos\alpha_1 = \sum \overline{N}_{ik}$$

nach einigen Umformungen

$$\overline{P} = Q\left[\frac{\operatorname{tg}(\alpha_1 + \varrho_1) - \operatorname{tg}(\alpha_2 - \varrho_2)}{1 - \operatorname{tg}\varrho_3\operatorname{tg}(\alpha_2 - \varrho_2)} - (\operatorname{tg}\alpha_1 - \operatorname{tg}\alpha_2)\right] \qquad (425)$$

Gl. (425) konnte auch aus Gl. (419) und aus P_0 von Gl. (429) direkt angeschrieben werden. Vgl. Ziff. 14.22.

14.21 Näherungsverfahren

Die Normalkräfte N_{ik} des verlustlosen Kräfteplanes ($\varrho_1 = \varrho_2 = \varrho_3 = 0$), berechnet aus Abb. 95b, sind

$$N_{ad}^0 = Q\operatorname{tg}\alpha_2 \qquad (426\,\mathrm{a})$$

$$N_{ba}^0 = \frac{Q}{\cos\alpha_2} \qquad (426\,\mathrm{b})$$

$$N_{bd}^0 = \frac{Q}{\cos\alpha_1} \qquad (426\,\mathrm{c})$$

Würde man mit diesen Normalkräften die Reibungsleistungen berechnen und als Kraft $\overline{P}_n$ in Richtung von $\mathfrak{P}$ reduzieren, so ergäbe sich

$$\overline{P}_n = \frac{Q}{\cos\alpha_1}\left[\frac{\sin\alpha_2\sin(\alpha_1 - \alpha_2)\operatorname{tg}\varrho_3 + \cos\alpha_1\operatorname{tg}\varrho_2}{\cos^2\alpha_2} + \frac{\operatorname{tg}\varrho_1}{\cos\alpha_1}\right] \qquad (427)$$

14.22 Wirkungsgrad

Für den Wirkungsgrad η des Keilschubgetriebes folgt

$$\eta = \frac{P_0}{P} \qquad (428)$$

mit der Antriebskraft P_0 des verlustlosen Getriebes, die aus Gl. (419) für $\varrho_1 = \varrho_2 = \varrho_3 = 0$ erhalten wird.

$$P_0 = Q(\operatorname{tg}\alpha_1 - \operatorname{tg}\alpha_2) \qquad (429)$$

Also

$$\eta = \frac{\operatorname{tg}\alpha_1 - \operatorname{tg}\alpha_2}{\operatorname{tg}(\alpha_1 + \varrho_1) - \operatorname{tg}(\alpha_2 - \varrho_2)}\,[1 - \operatorname{tg}\varrho_3\operatorname{tg}(\alpha_2 - \varrho_2)] \cdot \qquad (430)$$

Zahlenbeispiel:

$$\alpha_1 = 45°, \quad \alpha_2 = 30°, \quad M_z = 10\ \mathrm{cm/m}, \quad M_v = 10\ \mathrm{cm/ms^{-1}}, \quad M_k = 0{,}1\ \mathrm{cm/kg}$$

$$Q = 55\ \mathrm{kg}, \quad \mu = 0{,}2 = \operatorname{tg}\varrho_1 = \operatorname{tg}\varrho_2 = \operatorname{tg}\varrho_3$$

Ergebnisse:

$$P = 68{,}53\ \mathrm{kg}, \quad P_0 = 23{,}25\ \mathrm{kg}, \quad \eta = 0{,}34$$

$$\overline{P} = 45{,}28\ \mathrm{kg}, \quad \overline{P}_n = 39{,}4\ \mathrm{kg}$$

Die Näherungslösung $\overline{P}_n$, bei der die Leistung der Reibungskräfte aus den Normalkräften des verlustlosen Kräfteplanes ermittelt wurden (M. Tolle), liefert gegenüber dem wirklichen Betrag $\overline{P}$ einen um 13% zu kleinen Wert.

$\overline{P}_n$ könnte auch aus den Abb. 95a, 95b nach dem Prinzip der virtuellen Leistungen ermittelt werden.

$$\overline{P}_n \cdot 5 = 0{,}2\,(3{,}2 \cdot 2 + 6{,}4 \cdot 5{,}8 + 7{,}6 \cdot 7{,}1); \qquad \overline{P}_n = 3{,}9 \text{ cm} \triangleq 39 \text{ kg}$$

Die Geschwindigkeiten und Kräfte wurden den Plänen in „cm" entnommen.

Hinweis: Dieses Beispiel wurde herausgegriffen, da das TOLLEsche Verfahren hier bezüglich seiner Genauigkeit rechnerisch nachgeprüft werden konnte [*9*].

14.3 Keilschubgetriebe als Grundlage für gleichachsige Schraubgetriebe

Wie vom Verfasser gezeigt wurde [*14c*], [*14 f*], sind die Kraftwirkungen und Wirkungsgrade von drei- und mehrgliedrigen koaxialen Schraubgetrieben, z. B. gemäß Abbildung 96, durch Zurückführen auf die ihnen zugeordneten Keilschubgetriebe leicht ableitbar.

So geht aus dem Keilschubgetriebe von Abb. 95 das *Differentialschraubgetriebe* von Abb. 97 hervor, wenn jene Figur zur Mantelfläche eines Kreiszylinders vom Halbmesser r verformt wird. Aus den y-Komponenten der Geschwindigkeiten des Planes Abb. 95a werden Umfangsgeschwindigkeiten, die x-Komponenten der Geschwindigkeiten liefern die axialen Vorschubgeschwindigkeiten.

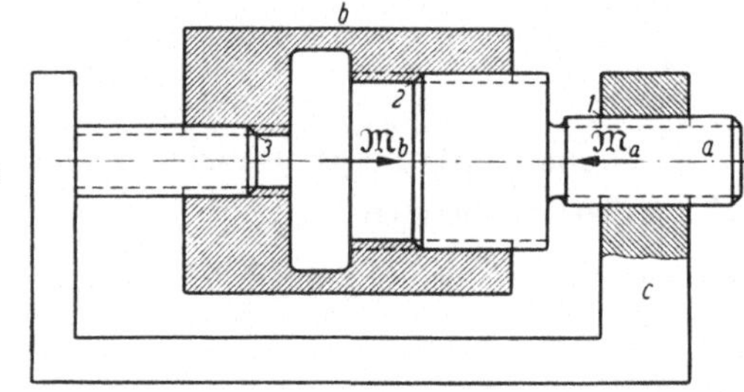

Abb. 96a u. b. Allgemeines koaxiales dreigliedriges Schraubgetriebe. a) Getriebemodell; b) Getriebeschema im Schnitt

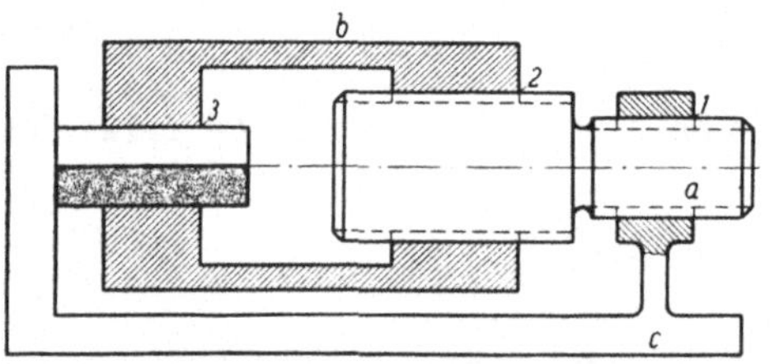

Abb. 97. Differentialschraubgetriebe mit zwei Schraubgelenken und einem Schubgelenk

Die Schubgelenke *1*, *2* werden zu Schraubgelenken mit den Steigungen $\operatorname{tg}\alpha_i = \dfrac{S_i}{2\pi R}$. Das Schubgelenk *3* bleibt Schubgelenk mit $\alpha_3 = 90$, also $\operatorname{tg}\alpha_3 = \infty$.

Gl. (419) geht mit dem Antriebsmoment $M_a = R\,P$ über in

$$M_a = QR \cdot \frac{\operatorname{tg}(\alpha_1 + \varrho_1) - \operatorname{tg}(\alpha_2 - \varrho_2)}{1 - \operatorname{tg}\varrho_3 \operatorname{tg}(\alpha_2 - \varrho_2)} \tag{431}$$

Der Wirkungsgrad des Differentialgetriebes ist für die hier vorliegenden Steigungs- und Bewegungsverhältnisse

$$\eta = \frac{M_a^0}{M_a} = \frac{\operatorname{tg}\alpha_1 - \operatorname{tg}\alpha_2}{\operatorname{tg}(\alpha_1 + \varrho_1) - \operatorname{tg}(\alpha_2 - \varrho_2)}\,[1 - \operatorname{tg}\varrho_3 \operatorname{tg}(\alpha_2 - \varrho_2)] \tag{432}$$

14.31 Hinweis

Es ist zu empfehlen, für andere Anordnungen, z. B. $\alpha_2 > \alpha_1$ oder für Bewegung im entgegengesetzten Richtungssinn stets auf die Grundfigur des zugeordneten Keilschubgetriebes zurückzugehen.

Für den Fall, daß die Kraft $\mathfrak{P}'$ so groß ist, daß die Bewegung von a in Richtung der x-Achse gerade noch verhindert wird, gilt beispielsweise mit $\alpha_2 > \alpha_1$

$$P' = Q \cdot \frac{\operatorname{tg}(\alpha_1 + \varrho_1) - \operatorname{tg}(\alpha_2 - \varrho_2)}{1 + \operatorname{tg}\varrho_3 \operatorname{tg}(\alpha_2 - \varrho_2)} \tag{433}$$

Die für $\alpha_2 < \alpha_1$ entwickelten Formeln können also bei $\alpha_2 > \alpha_1$ nicht übernommen werden. Auch ändern bei der Fragestellung gemäß Gl. (433) gegenüber Gl. (419) nicht sämtliche Reibungswinkel ihre Vorzeichen. In diesem Beispiel gilt dies nur für den Reibungswinkel ϱ_3.

14.4 Zapfenreibung

Abb. 98a enthält die bekannten Grundlagen für das Ermitteln des Zapfenreibungsmomentes $\mathfrak{M}_z$, das vom Gestell d auf die Welle b ausgeübt wird, wenn sich b gegen d mit der Winkelgeschwindigkeit $\overline{\omega} = \overline{\omega}_{bd}$ um die Achse k_{bd} dreht

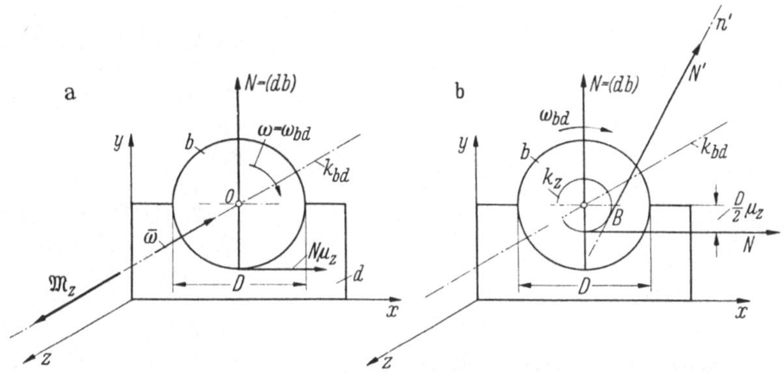

Abb. 98 a u. b.   a) Grundlagen der Zapfenreibung;   b) Zapfenreibungskreis

und $N = (db)$ die von d auf b ausgeübte Zapfenkraft (Normalkraft) bedeutet. Es gilt

$$|\mathfrak{M}_z| = M_z = N\,\mu_z\,\frac{D}{2} \tag{434}$$

$\mathfrak{M}_z$ und $\overline{\omega}_{bd} = \overline{\omega}$ sind stets entgegengesetzt gerichtet.

Formel (434) kann auch wie folgt angeschrieben werden

$$|\mathfrak{M}| = M_z = N\left(\mu_z\,\frac{D}{2}\right) = N\,r_z \tag{435}$$

mit $r_z = \mu_z\,\dfrac{D}{2}$; r_z ist der Halbmesser des sog. „Zapfenreibungskreises" k_z, der von der Wirkungslinie n' der Normalkraft $N' = N$ an irgendeiner Stelle B seines Umfangs berührt wird (Abb. 98b).

Der Zapfenreibungshalbmesser ist in den meisten Fällen eine so kleine Größe, daß im allgemeinen nur in Ausnahmefällen eine befriedigend genaue Kraftermittlung möglich ist. Darüber hinaus ist eine sorgfältige Beachtung des Drehsinnes der Relativbewegungen der Gelenkpartner erforderlich, da hiervon die

Lage n' der Tangenten an die Zapfenreibungskreise der einzelnen Gelenke abhängig ist.

Die Abb. 99a, b mögen dies für die Koppel b des hier dargestellten Schubkurbelgetriebes erläutern, wobei der Deutlichkeit halber die Halbmesser r_{zA}, r_{zB} der Zapfenreibungskreise k_{zA} und k_{zB} größer angenommen sind, als es in Wirklichkeit der Fall ist.

Unter der Annahme der Kraft $\mathfrak{P}_c$, wirkend auf den Gleitstein c mit Zapfen B, stellt man — zunächst ohne Berücksichtigung der Reibung (verlustlos) — in einem Kräfteplan (Abb. 99a') die angenäherte Richtung (nebst Richtungssinn) der zu erwartenden Gelenkkraft (cb) fest. Wegen

$$(cb) = \mathfrak{P}_c + (dc) = \overrightarrow{02}$$

wird die durch die Zapfenreibung beeinflußte Gelenkkraft N_{cb} in Richtung von B nach A weisen. Da $\overline{\omega}_{bc}$ im Uhrzeigersinn dreht, ergibt sich für $\mathfrak{M}_{zB}$, wirkend auf b, eine Drehwirkung im Gegensinn des Uhrzeigers. Unter der Annahme, daß an der Koppel — außer in den Gelenken A, B — keine äußeren Kräfte angreifen, muß die Wirkungslinie von N_{ab} mit der von N_{cb} zusammenfallen, wobei wegen $\mathfrak{N}_{ab} = -\mathfrak{N}_{cb}$, die Gelenkkraft $\mathfrak{N}_{ab}$ in die Richtung von A nach B weisen muß. Da $\mathfrak{M}_{zA}$ außerdem mit $\overline{\omega}_{ba}$ entgegengesetzten Drehsinn besitzen muß, kann die gemeinsame Wirkungslinie von $\mathfrak{N}_{ab}$ und $\mathfrak{N}_{cb}$ nur die in Abb. 99a eingezeichnete innere Tangente $T_i T_i'$ sein.

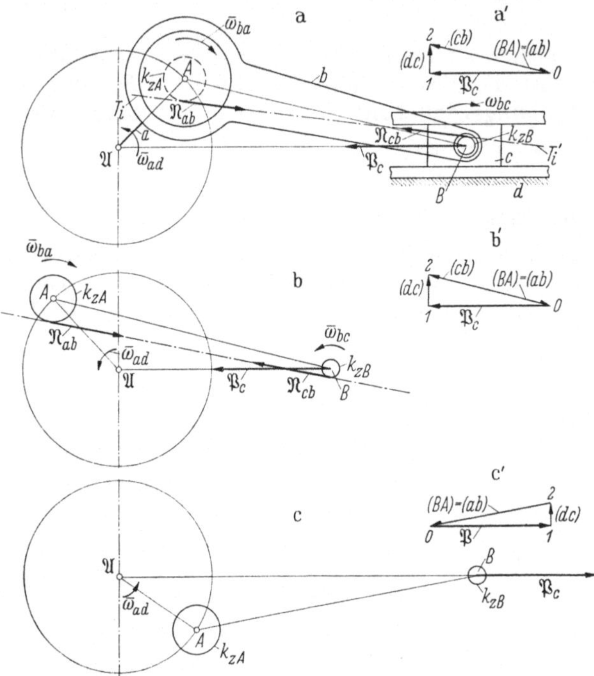

Abb. 99 a—c. Methode der Zapfenreibungskreise, angewandt auf ein Schubkurbelgetriebe. a), b), c) Verschiedene Lagen der Tangenten an die Zapfenreibungskreise; a'), b'), c') dazugehörige (verlustlose) Kräftepläne für die Gelenkkräfte

Die Beweisführung für die Getriebestellung von Abb. 99b bleibe dem Leser überlassen. Auch möge zur Übung in Abb. 99c die Wirkungslinie der $\mathfrak{N}_{ab}$, $\mathfrak{N}_{cb}$ eingetragen werden, und zwar bei Annahme der Kraftwirkung gemäß Abb. 99c.

14.41   Zapfenreibung an einem Doppelschieber

Selbst bei einfachsten Grundgetrieben erfordert die rechnerische Durchführung einen bereits erheblichen Aufwand.

Abb. 100 zeigt einen Doppelschieber in Form eines rechtwinkligen Kreuzschleifengetriebes. An den Gleitstücken a und c wirken senkrecht Ox die Kräfte (Gewichte) $\mathfrak{G}_a$, $\mathfrak{G}_c$. Die Koppel b sei der Einfachheit halber als gewichtslos angenommen.

Mit den Führungs- bzw. Gelenkkräften $\mathfrak{N}_1 = \mathfrak{N}_{dc}$, $\mathfrak{N}_2 = \mathfrak{N}_{da}$, den Reibkräften $|\mathfrak{N}_1| = N_1 \mu$, $|\mathfrak{N}_2| = N_2 \mu$, der angenommenen Bewegungsrichtung von c

mit Richtungssinn der Achse $O\,x$ und den Gelenkkräften $\Re_{cb} = -\Re_{ab}$, wirkend in der Koppelmittellinie $\overline{A\,B}$ vom Betrag S folgt bei Annahme gleicher Zapfendurchmesser D der Zapfen A und B für das an b angreifende und im Uhrzeigersinn drehende gesamte Zapfenreibungsmoment

$$|\mathfrak{M}_z| = S\,\mu_z\frac{D}{2} + S\,\mu_z\frac{D}{2} = S\,\mu_z D \tag{436}$$

das durch ein Kräftepaar

$$\Re_A = -\,\Re,\ \Re_B = \Re$$

vom Moment

$$|\mathfrak{M}_z| = K\cdot\overline{A\,B} = K\,b$$

ersetzt werden soll; also

$$|\Re_A| = |\Re_B| = K = \frac{S\,\mu_z D}{b} = S\,\nu \tag{437}$$

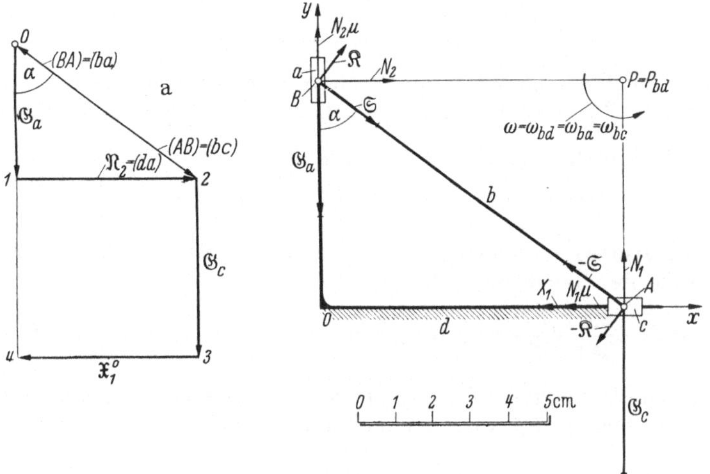

Abb. 100. Zapfenreibung an einem Doppelschieber-Getriebe. a) Kräfteplan ohne Berücksichtigung der Reibung

mit

$$\nu = \frac{\mu_z D}{b} = \operatorname{tg}\varrho_z \tag{438}$$

Gleichgewicht am Gelenk A:

$$N_1 + S\cos\alpha - K\sin\alpha - G_c = 0 \tag{439}$$

$$-N_1\mu - S\sin\alpha - K\cos\alpha - X_1 = 0 \tag{440}$$

Gleichgewicht am Gelenk B:

$$N_2 + S\sin\alpha + K\cos\alpha = 0 \tag{441}$$

$$N_2\mu - S\cos\alpha + K\sin\alpha - G_a = 0 \tag{442}$$

Summe aller Momente für Bezugspunkt A:

$$K\,b + N_2\,b\cos\alpha - G_a\,b\sin\alpha + N_2\,\mu\,b\sin\alpha = 0 \tag{443}$$

Aus den Gln. (439) bis (442) folgen:

$$N_1 + N_2\,\mu - G_a - G_c = 0 \tag{444}$$

$$N_2 - N_1\,\mu - X_1 = 0 \tag{445}$$

Auflösung dieser Gleichungen liefert für die in A erforderliche Gleichgewichtskraft X_1

$$X_1 = \frac{(1 + \mu\,v)\sin\alpha + (v - \mu)\cos\alpha}{(1 + \mu\,v)\cos\alpha - (v - \mu)\sin\alpha}\,G_a - \mu\,G_c = \mathrm{tg}(\alpha + \varrho_z - \varrho)\,G_a - \mathrm{tg}\,\varrho\,G_c \quad (446)$$

Ohne Berücksichtigung der Reibung ($\mu = 0$, $v = 0$)

$$X_1^0 = +\,G_a\,\mathrm{tg}\alpha \quad (447)$$

Die nach A in Richtung von $\overrightarrow{AO}$ reduzierte Reibungs-Ersatzkraft R^* ist also

$$R^* = X_1^0 - X_1$$

$$\boxed{\,R^* = \frac{G_a}{\cos^2\alpha}\,\frac{\mu - v}{(1 + \mu\,v) - (v - \mu)\,\mathrm{tg}\alpha} + G_c\,\mu\,} \quad (448)$$

14.42 Näherungslösung

Zeichne ohne Berücksichtigung der Reibkräfte zu den Kräften $\mathfrak{G}_a$, $\mathfrak{G}_c$, den Führungskräften $\mathfrak{N}_1^0 = (dc)$ und $\mathfrak{N}_2^0 = (da)$ den Kräfteplan von Abb. 100a

$$\mathfrak{G}_a + (da) + (AB) = 0; \qquad (BA) + \mathfrak{G}_c + X_1^0 + (dc) = 0$$
$$\overrightarrow{01} + \overrightarrow{12} + \overrightarrow{20} = 0 \qquad\quad \overrightarrow{02} + \overrightarrow{23} + \overrightarrow{34} + \overrightarrow{40} = 0$$

Mit $\omega_{bd} = \omega$, also $v_A = \omega\,b\cos\alpha$, $v_B = \omega\,b\sin\alpha$, der Gelenkkraft $(cb) = G_a/\cos\alpha$ ist die Summe der Leistungen der Reibkräfte

$$\sum \overline{N}_i = 2\cdot\frac{G_a}{\cos\alpha}\,\frac{\mu_z D}{2}\,\omega + G_a\,\mathrm{tg}\alpha\,\mu(\omega\,b\sin\alpha) + (G_a + G_c)\,\mu(\omega\,b\cos\alpha)$$

ersetzbar durch die Leistung $\overline{N}_0^*$ einer nach A in Richtung $\overline{AO}$ reduzierten Reibkraft $\mathfrak{N}_0^*$ vom Betrag R_0^* und der Leistung $R_0^*\,\omega b\,\cos\alpha$; Gleichsetzen ergibt

$$\boxed{\,R_0^* = \frac{G_a}{\cos^2\alpha}\,(v + \mu) + G_c\,\mu\,} \quad (449)$$

Zahlenbeispiel:

$G_a = 12$ kg, $G_c = 16$ kg, $\mathrm{tg}\alpha = \tfrac{4}{3}$, $\mu = 0{,}1$, $\mu_z = 0{,}05$

$\overline{OA} = 0{,}8$ m, $\overline{OB} = 0{,}6$ m, $\overline{AB} = b = 1$ m, $D = 0{,}04$ m, $v = \mu_z D/b = 0{,}002$

Ergebnis: $R^* = 4{,}49$ kg, $R_0^* = 5$ kg; $M_k = 1$ cm/kg, $M_z = 10$ cm/m

14.5 Das Verfahren von M. Tolle

Dieses wurde bereits in dem Beispiel von Ziff. 14.42 gestreift. Ganz allgemein beruht es auf dem folgenden Näherungsverfahren: Sind i, k die Glieder eines Drehgelenks vom Zapfendurchmesser D_{ik}, ω_{ik} die relative Winkelgeschwindigkeit des bewegten Gliedes i gegenüber dem ebenfalls gegen das Gestell g bewegten Glied k, $Z_{ik} = (ik)$ die Gelenkkraft (Normalkraft), die i auf k ausübt, so ist die zur Überwindung der Zapfenreibung von der Zapfenreibungsziffer μ_z erforderliche Leistung

$$\overline{N}_{ik} = \left(Z_{ik}\,\mu_z\,\frac{D_{ik}}{2}\right)\omega_{ik} \quad (450)$$

Für ein Schubgelenk mit der Relativgeschwindigkeit $\mathfrak{v}_{pq}$ von p gegen q, der Führungs- bzw. Normalkraft Z_{pq} und der Ziffer μ der gleitenden Reibung ist der erforderliche Leistungsaufwand

$$\overline{N}_{pq} = Z_{pq}\,\mu\,\mathfrak{v}_{pq} \tag{451}$$

Die gesamte Reibungsleistung ist also

$$\overline{N} = \sum \overline{N}_{ik} + \sum \overline{N}_{pq} \tag{452}$$

wobei sämtliche Summanden mit dem positiven Vorzeichen anzusetzen sind, also unabhängig vom Drehsinn der $\overline{\omega}_{ik}$ bzw. Richtungssinn der Relativgeschwindigkeiten $\mathfrak{v}_{pq}$.

Das Näherungsverfahren besteht nun darin, daß die Z_{ik} und Z_{pq} dem Getriebekräfteplan entnommen werden, der ohne Berücksichtigung der Reibkräfte aufgestellt wird (verlustloser Kräfteplan).

Die nach einem Punkt A von der Geschwindigkeit $\mathfrak{v}_A = \mathfrak{v}$ reduzierte Reibkraft R^*, wirkend im entgegengesetzten Sinn von $\mathfrak{v}$, verrichtet die Leistung $\overline{N}^* = R^* v$, die der Leistung $\overline{N}$ gleichzusetzen ist.

Ergebnis:

Reduzierte Reibkraft $\qquad\qquad R^* = \dfrac{\overline{N}}{v} \tag{453}$

14.51 Reibung im Viergelenkgetriebe (Abb. 101)

Im Viergelenkgetriebe $\mathfrak{A}\,A\,B\,\mathfrak{B}$, dessen Glieder a, b, c unter der Einwirkung von Kräften $\mathfrak{P}_i$ stehen, seien aus dem dazugehörigen verlustlosen Kräfteplan die Gelenkkräfte (da), (ab), (bc), (dc) ermittelt, desgleichen sämtliche ω_{ik} aus der in das Getriebe an a eingeleiteten und im Uhrzeigersinn wirkenden Winkelgeschwindigkeit $\omega = \omega_{ad}$.

Mit den Bezeichnungen

$$\overline{\mathfrak{A}A} = a, \qquad \overline{AB} = b, \qquad \overline{AP_{bd}} = p,$$

$$\overline{BP_{bd}} = q, \qquad \overline{B\mathfrak{B}} = c,$$

$$\overline{\mathfrak{A}\mathfrak{B}} = d, \quad \overline{\mathfrak{A}D} = \overline{\mathfrak{A}P_{ac}} = r \quad \text{und} \quad \overline{\mathfrak{B}D} = s$$

folgt
$$\overline{\omega}_{ba} = \overline{\omega}_{bd} + \overline{\omega}_{da} = \overline{\omega}_{bd} - \overline{\omega}_{ad}$$

$$= -\frac{a\,\omega}{p} - \omega = -\omega\left(\frac{a}{p} + 1\right) \tag{454}$$

$$\overline{\omega}_{cd} = \frac{v_B}{\overline{B\mathfrak{B}}} = \frac{q\,\omega_{bd}}{c} = \frac{q\,a}{p\,c}\,\omega \tag{455}$$

$$\overline{\omega}_{cb} = \overline{\omega}_{cd} + \overline{\omega}_{db} = \overline{\omega}_{cd} - \overline{\omega}_{bd}$$

$$= \frac{a\,q}{p\,c}\,\omega + \frac{a\,\omega}{p} = \frac{a}{p}\left(\frac{q}{c} + 1\right)\omega \tag{456}$$

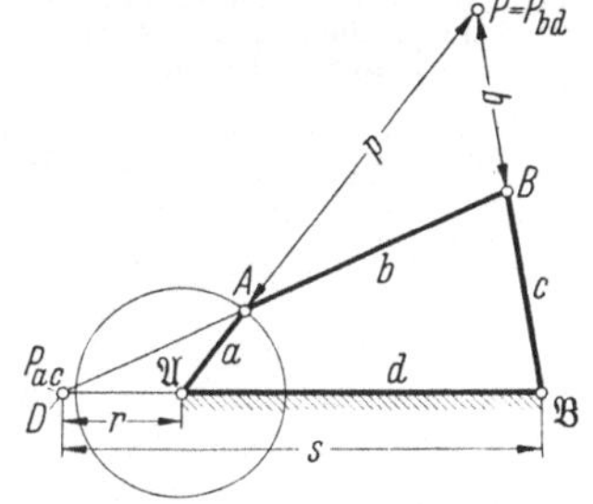

Abb. 101. Ermittlung der Zapfenreibungsleistung aus den relativen Winkelgeschwindigkeiten und den Gelenkkräften eines Kurbelschwinggetriebes

Also ist bei der Annahme gleich großer Zapfendurchmesser D und der gleichen Zapfenreibungsziffer μ_z

$$\overline{N} = \mu_z \frac{D}{2}\,\omega\left[(d\,a) + (a\,b)\left(\frac{a}{p} + 1\right) + (b\,c)\left(\frac{a}{p}\right)\left(\frac{q}{c} + 1\right) + (d\,c)\,\frac{a\,q}{p\,c}\right] \tag{457}$$

Nach dem Satz von MENELAOS gilt

$$a\,s\,q = r\,p\,c$$

$$\frac{a\,q}{p\,c} = \frac{r}{s}$$

$\overline{N}$ erhält somit die Form

$$\overline{N} = \mu_z \frac{D}{2}\, \omega \left[(da) + (ab) + [(ab) + (bc)] \frac{a}{p} + [(bc) + (dc)] \frac{r}{s} \right] \quad (458)$$

Für $\mathfrak{R}^*$ in A mit Richtung $-\mathfrak{v}_A$ folgt $R^* = |\mathfrak{R}^*|$ zu

$$R^* = \frac{\mu_z D}{2a} \left[(da) + (ab) + [(ab) + (bc)] \frac{a}{p} + [(bc) + (dc)] \frac{r}{s} \right] \quad (459)$$

Um den Gln. (457) bis (459), die nur für die spezielle Polanordnung von Abb. 101 abgeleitet sind, Allgemeingültigkeit zu verleihen, greift man zweckmäßig auf

$$\overline{N} = \frac{\mu_z D}{2}\, \omega \left[(da) + (ab)\left(\frac{a}{p} + 1\right) + (bc)\frac{a}{p}\left(\frac{q}{c} + 1\right) + (dc)\frac{a}{p}\frac{q}{c} \right] \quad (457\,\mathrm{a})$$

zurück, wobei die Quotienten (a/p) und (q/c) das Teilverhältnis von A bezüglich $\overline{\mathfrak{A} P_{bd}}$ bzw. von B bezüglich $\overline{\mathfrak{B} P_{ba}}$ bedeuten. Liegt A außerhalb $\overline{\mathfrak{A} P_{bd}}$, so ist (a/p) durch $-(a/p)$ zu ersetzen, ebenso geht (q/c) in $-(q/c)$ über, wenn B außerhalb $\overline{\mathfrak{B} P_{bd}}$ zu liegen kommt.

Die reduzierte Reibkraft erhält dann die Form

$$R^* = \frac{\mu_z D}{2a} \left[(da) + (ba)\left| \pm \frac{a}{p} + 1 \right| \right.$$
$$\left. + (bc)\left| \pm \frac{a}{p} \right|\left| \pm \frac{q}{c} + 1 \right| + (dc)\left| \pm \frac{a}{p} \right|\left| \pm \frac{q}{c} \right| \right]$$

In Zweifelsfällen wird man bezüglich des Vorzeichens stets auf die einfache Ableitung oder auf das Zeichnen eines Winkelgeschwindigkeitsplanes nach ([1d], S. 16) zurückgreifen.

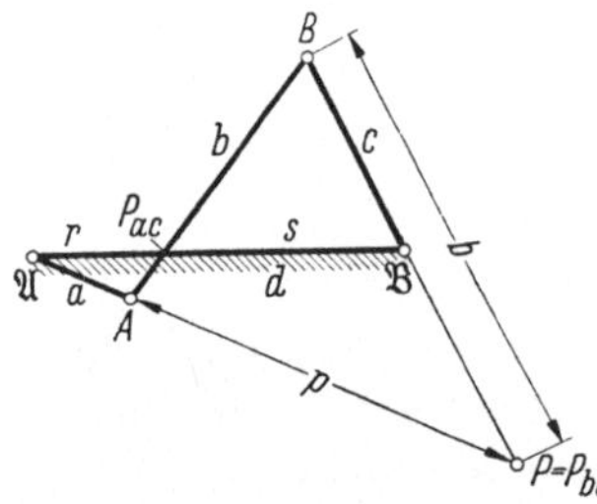

Abb. 102. Kurbelschwinggetriebe von Abb. 101 in anderer Getriebestellung. Vorzeichenwechsel in den Formeln für die relativen Winkelgeschwindigkeiten

Für die Getriebestellung von Abb. 102 lautet beispielsweise die Formel

$$R^* = \frac{\mu_z D}{2a} \left[(da) + (ba)\left| - \frac{a}{p} + 1 \right| \right.$$
$$\left. + (cb)\left| - \frac{a}{p} \right|\left| - \frac{q}{c} + 1 \right| + (dc)\left| - \frac{a}{p} \right|\left| - \frac{q}{c} \right| \right]$$

14.52 Sonderfall

Abb. 103 zeigt den einfachen Sonderfall, daß an dem hier gezeichneten Viergelenkgetriebe $\mathfrak{A} A B \mathfrak{B}$ am Abtriebsglied c nur ein Kräftepaar $\mathfrak{P}_c$, $-\mathfrak{P}_c$ angreift mit B als Angriffspunkt für $\mathfrak{P}_c$ und $\mathfrak{B}$ als Angriffspunkt für $-\mathfrak{P}_c$.

Das am Glied a zur Gleichgewichtsherstellung erforderliche Kräftepaar $\mathfrak{P}_a$, $-\mathfrak{P}_a$ mit A bzw. $\mathfrak{A}$ als den dazugehörigen Angriffspunkten folgt aus

$$P_a\, a\, \omega_{ad} = P_c\, c\, \omega_{cd}$$

oder aus dem Kräfteplan von Abb. 103a

$$\mathfrak{P}_c + (BA) + (B\mathfrak{B}) = 0; \quad (AB) + \mathfrak{P}_a + (A\mathfrak{A}) = 0$$
$$\overrightarrow{01} + \overrightarrow{12} + \overrightarrow{20} = 0; \quad \overrightarrow{21} + \overrightarrow{13} + \overrightarrow{32} = 0$$

Gelenkkräfte sind:

$$(a\,d) = (\mathfrak{A}A) + (-\mathfrak{P}_a) = \overrightarrow{23} + \overrightarrow{31} = \overrightarrow{21}, \quad (d\,a) = \overrightarrow{12}$$

$$(b\,a) = (AB) = \overrightarrow{21}, \qquad\qquad\qquad\quad (a\,b) = \overrightarrow{12};$$

$$(b\,c) = (BA) = \overrightarrow{12}, \qquad\qquad\qquad\quad (c\,b) = \overrightarrow{21};$$

$$(c\,d) = (-\mathfrak{P}_c) + (\mathfrak{B}B) = \overrightarrow{10} + \overrightarrow{02} = \overrightarrow{12}, \qquad (d\,c) = \overrightarrow{21}$$

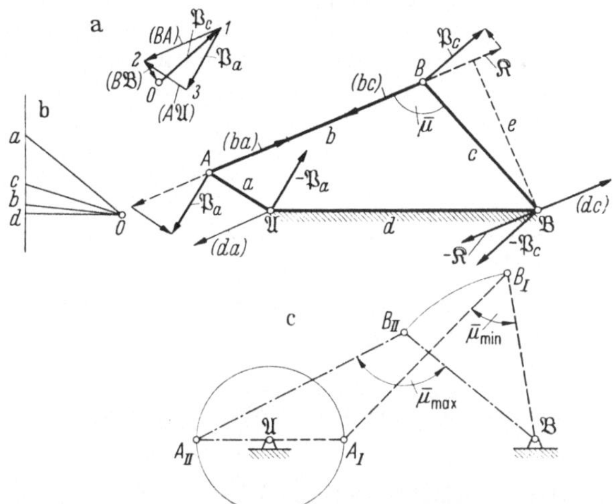

In jeder Getriebestellung haben also die sämtlichen Gelenkkräfte jeweils den gleichen Betrag K, nämlich gleich der in Richtung der Koppelmittellinie AB fallenden Komponente von $\mathfrak{P}_c$, wenn $\mathfrak{P}_c$ nach den Richtungen von $\overline{AB}$ und $\overline{B\mathfrak{B}}$ zerlegt wird. Für $K = |\mathfrak{K}|$ gilt $K\,e = P_c\,c$

$$K = \frac{P_c}{\sin\bar\mu}$$

da sich am Glied c das Kräftepaar $\mathfrak{P}_c$, $-\mathfrak{P}_c$ mit dem Kräftepaar $(a\,b) = \overrightarrow{12}$, $(d\,c) = \overrightarrow{21}$ das Gleichgewicht halten muß; $\bar\mu$ ist der bekannte von H. Alt [13b]

Abb. 103. Kurbelschwinggetriebe. Gelenkkräfte für den Fall, daß an der Abtriebsschwinge c nur ein Kräftepaar angreift. a) Kräfteplan (Stabkraftmethode); b) Winkelgeschwindigkeitsplan; c) Größt- und Kleinstwert des Übertragungswinkels $\bar\mu$

eingeführte „Übertragungswinkel", der in den Getriebestellungen $\mathfrak{A}A_I$ und $\mathfrak{A}A_{II}$ am kleinsten bzw. am größten wird (Abb. 103c). Dies folgt ohne weiteres aus dem veränderlichen Dreieck $AB\mathfrak{B}$ mit den konstanten Seiten b, c und der veränderlichen Seite $A\mathfrak{B}$, die für $\overline{A_I\mathfrak{B}}$ und $\overline{A_{II}\mathfrak{B}}$ am kleinsten bzw. am größten wird.

14.53 Reibung am Schubkurbelgetriebe

Für die ω_{ik} folgt in der gezeichneten Kurbelstellung des geschränkten Schubkurbelgetriebes von Abb. 104 aus $\omega_{ad} = \omega$

und $\bar\omega_{bd} = -\dfrac{a\,\omega}{p}$

$$\bar\omega_{ba} = \bar\omega_{bd} - \bar\omega_{ad}; \quad |\bar\omega_{ba}| = \left(\frac{a}{p} + 1\right)\omega$$

$$\bar\omega_{bc} = \bar\omega_{bd}, \qquad\quad |\bar\omega_{bc}| = \frac{a\,\omega}{p}$$

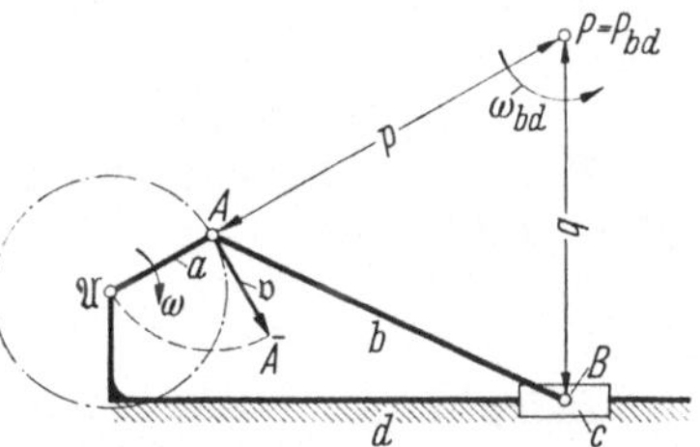

Der Gleitsteinzapfen B von c hat die Geschwindigkeit $v_B = \dfrac{a\,\omega}{p}\,q$. Die Reibkraft zwischen c und d erfordert die Reibleistung $|(d\,c)|\,\mu\,v_B$ mit μ als Ziffer der gleitenden Reibung. Die reduzierte Reibkraft R^* ist also

Abb. 104. Winkelgeschwindigkeitsverhältnisse zur Bestimmung der Reibungsverhältnisse im Schubkurbelgetriebe

$$R^* = \frac{\mu_z D}{2a}\left[(d\,a) + (a\,b)\left|\pm\frac{a}{p} + 1\right| + (b\,c)\left|\pm\frac{a}{p}\right|\right] + (d\,c)\,\mu\,\frac{q}{p} \qquad (460)$$

Bezüglich der doppelten Vorzeichen sei auf Ziff. 14.51 verwiesen.

14.6 Die rollende Reibung

Erfahrungsgemäß kann eine Walze (Vollzylinder) von großem Halbmesser und bei nicht zu großer Steigung auf einer schiefen Ebene liegenbleiben, was bei Annahme der Berührung längs einer Geraden nicht zu erklären ist, da bei einer derartigen Annahme das Gewicht $\mathfrak{G}$ der Walze und die Normalkraft $\mathfrak{N}$ der Ebene auf die Walze nicht in einer Geraden liegen, sich also nicht das Gleichgewicht halten können.

Zur Erklärung muß die Fiktion des starren Körpers aufgegeben und angenommen werden, daß der im allgemeinen härtere Körper die Unterlage deformiert, so daß eine flächenhafte Berührung gemäß Abb. 105a entsteht.

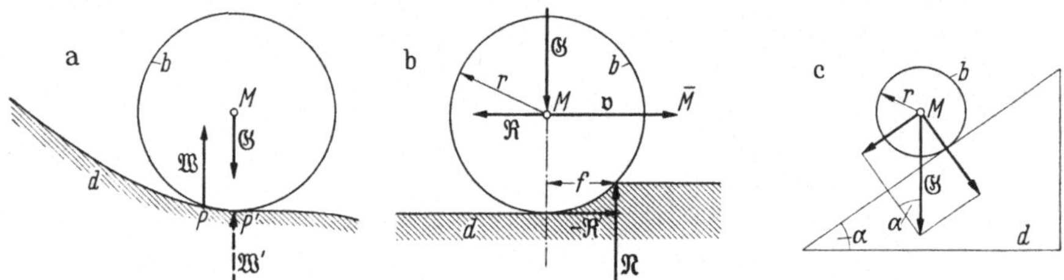

Abb. 105 a—c. Theoretische Grundlagen für die rollende Reibung. Rollreibungsmoment, f = Ziffer der rollenden Reibung, eingeführt als Strecke, gemessen in „cm". Grenzwinkel für gleichförmiges Abwärtsrollen auf schiefer Ebene

Dabei verlagert sich die Widerstandskraft $\mathfrak{W}$ des Bodens auf die Walze von P nach dem Berührungspunkt P' und kann als Widerstandskraft $\mathfrak{W}'$ dem Gewicht $\mathfrak{G}$ das Gleichgewicht halten.

Dieselbe Erscheinung tritt auch bei der Rollbewegung nach Abb. 105b auf.

Mit der Erfahrungsgröße f, der *Ziffer der rollenden Reibung* (zumeist in „cm" angegeben), ist das der Bewegung entgegengesetzt wirkende *Rollreibungsmoment*

$$M_R = f N \tag{461}$$

Für Eisenbahnräder auf Schienen ist z. B. $f = 0{,}05$ cm $\div$ 0,005 cm, für Gummiräder auf Wiesengrund kann man Werte von 1 cm bis 1,5 cm annehmen. Der Leistungsverlust der rollenden Reibung ist

$$\overline{N} = M_R\,\omega \tag{462}$$

mit $\omega = \omega_{bd}$; im Beispiel von Abb. 105b ist $\omega = v/r$ mit r als Halbmesser.

Wird das Moment $\mathfrak{M}_R$ durch ein Kräftepaar $\mathfrak{R}$, $-\mathfrak{R}$ am Arm r ersetzt (Abb. 105b), so ist

$$|\mathfrak{R}| = R = \frac{f N}{r} \tag{463}$$

Beispiel: An der Walze b von Abb. 105c wirkt mit $N = mg\,\cos\alpha$ das Drehmoment

$$\mathfrak{M} = -mg\,\sin\alpha \cdot r + mg\,\cos\alpha \cdot f \tag{464}$$

$\mathfrak{M} = 0$ stellt den Grenzfall für den Beginn des gleichförmigen Abwärtsrollens dar; der dazugehörige Winkel α_g genügt der Gleichung

$$\operatorname{tg}\alpha_g = \frac{f}{r} \tag{465}$$

15. Übungsbeispiele mit Lösungen

15.1 Plötzliches Festhalten eines komplan bewegten Getriebegliedes

Das Getriebeglied b sei mit der Winkelgeschwindigkeit $\overline{\omega}_{bd} = \overline{\omega}$ gegenüber dem Gestell d bewegt und besitze die Schwerpunktsgeschwindigkeit $\mathfrak{v}_S$. In diesem Geschwindigkeitszustand werde b im Punkt A plötzlich festgehalten. Dadurch wird ihm eine neue Bewegung aufgezwungen, die offenbar eine Drehung um den Punkt A ist. Die dazugehörige neue Winkelgeschwindigkeit sei $\overline{\omega}_1$. Wie groß ist diese, und welchen Stoßimpuls erfährt Punkt A?

Mit den Bezeichnungen von Abb. 106, in der die Achse $A\,x$ parallel zur Schwerpunktsgeschwindigkeit $\mathfrak{v}_S$ gewählt worden ist, folgt für die Änderungen

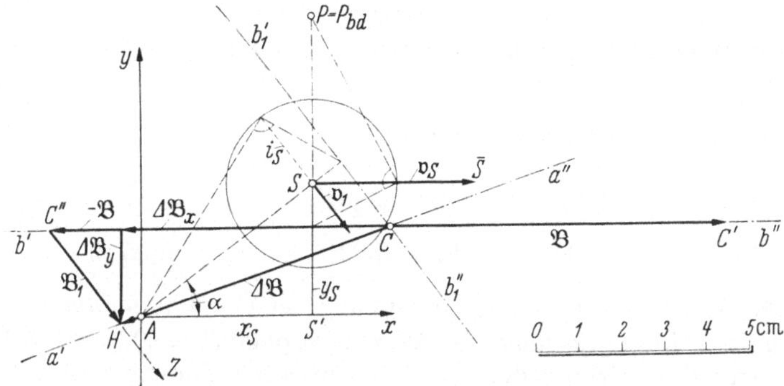

Abb. 106. Plötzliches Festhalten eines komplan bewegten Getriebegliedes in einem Punkt. Änderungen der Stoß-Impulskomponenten (Komponenten der Bewegungsgrößen). Satz vom Drall

ΔB_{1x}, ΔB_{1y} der Impulskomponenten des Stoßimpulses $\mathfrak{B}$ in A unter Beachtung der neuen Schwerpunktsgeschwindigkeit $\mathfrak{v}_1$ mit $v_1 = r_S\,\omega_1$ und deren Komponenten, berechnet aus

$$\overline{AS} = r_S, \qquad \overline{AS'} = x_S, \qquad \overline{S'S} = y_S$$

$$v_{1x} = +\, v_1 \sin\alpha = +\, \omega_1 r_S\, \frac{y_S}{r_S} = +\, \omega_1\, y_S$$

$$v_{1y} = -\, v_1 \cos\alpha = -\, \omega_1 r_S\, \frac{x_S}{r_S} = -\, \omega_1\, x_S$$

mit
$$\Delta \mathfrak{B} = \mathfrak{B}_1 - \mathfrak{B} \tag{466}$$

die folgende Darstellung

$$\Delta B_x = +\, m\,\omega_1\, y_S - m\, v_S = m\,(\omega_1\, y_S - v_S)$$

$$\Delta B_y = -\, m\,\omega_1\, x_S$$

Nach dem Drallsatz gilt unter Beachtung des Drehsinns der Winkelgeschwindigkeiten $\overline{\omega}, \overline{\omega}_1$ für das Moment von $\Delta \mathfrak{B}\,(\Delta B_x, \Delta B_y)$ bezüglich des Schwerpunktes S

$$I_S\overline{\omega}_1 - I_S\overline{\omega} = I_S\omega_1 - I_S(-\omega) = \Delta B_y\, x_S - \Delta B_x\, y_S$$

$$I_S\omega_1 + I_S\omega = -\, m\,\omega_1\, x_S^2 - (m\,\omega_1\, y_S - m\, v_S)\, y_S$$

$$\omega_1[I_S + m\,(x_S^2 + y_S^2)] = -\, I_S\,\omega + m\, v_S\, y_S$$

$$\omega_1\, m\,(i_S^2 + r_S^2) = -\, I_S\,\omega + m\, v_S\, y_S$$

10*

oder mit

$$i_S^2 + r_S^2 = i_A^2; \qquad I_A = m\, i_A^2$$

$$\omega_1 = -\frac{I_S}{I_A}\,\omega + \frac{m\,v_S\,y_S}{I_A} \tag{467}$$

Der gesuchte Stoßimpuls $\Delta\mathfrak{B}$ hat nach Fixierung von A also die Komponenten

$$\Delta B_x = -m\left(\frac{i_S^2\,\omega\,y_S - v_S\,y_S^2}{i_A^2} + v_S\right) \tag{468}$$

$$\Delta B_y = \frac{m\,x_S}{i_A^2}\,(i_S^2\,\omega - v_S\,y_S) \tag{469}$$

Der in A auftretende Stoßimpuls, ausgeübt vom Gestell d auf Glied b, ist dann $\Delta\overline{\mathfrak{B}} = -\Delta\mathfrak{B}$.

Zahlenbeispiel und zeichnerische Lösung

Gegeben:

$m = 0{,}1\ \text{kgs}^2/\text{m}, \quad i_S = 0{,}02\ \text{m}, \qquad \omega = 5\ \text{s}^{-1}$ (Gegensinn des Uhrzeigers),

$v_S = 0{,}2\ \text{ms}^{-1}, \qquad x_S = 0{,}04\ \text{m}, \qquad y_S = 0{,}03\ \text{m}, \qquad r_S = 0{,}05\ \text{m}$

Maßstäbe: $M_z = 100\ \text{cm/m}, \ M_v = 20\ \text{cm/ms}^{-1}, \ M_{\mathfrak{B}} = 400\ \text{cm/kgs}$

Aus v_S und ω folgt die Lage des Momentanpols $P = P_{bd}$ mit $\overline{SP} = v_S/\omega$ $= 0{,}04$ m, ferner die Wirkungslinie des resultierenden Impulsvektors $\mathfrak{B} = m\,\mathfrak{v}_S$ vor der Fixierung in A als Antipolare $b'b''$ von P bezüglich des um S mit i_S als Halbmesser geschlagenen Kreises k_S. Nach dem Festhalten von b in A wird A zum Drehpol (Momentanpol). Die Wirkungslinie $b_1'b_1''$ des resultierenden Impulsvektors $\mathfrak{B}_1 = m\,\mathfrak{v}_1$ ist dann die Antipolare von A bezüglich desselben Kreises k_S. Der Schnittpunkt von $b'b''$ und $b_1'b_1''$ sei C. Die Änderung des Impulses in A ist

$$\mathfrak{B}_1 - \mathfrak{B} = \Delta\mathfrak{B} \tag{470}$$

wobei $\mathfrak{B} = m\,\mathfrak{v}_S = \overrightarrow{C\,C'}$ bekannt, während $\mathfrak{B}_1$ durch die Richtung $b_1'b_1''$ festgelegt ist. Da die Einwirkung von $\Delta\mathfrak{B}$ in A gesucht wird, hat $\Delta\mathfrak{B}$ als Wirkungslinie die Gerade $a'a''$ durch A und C. Die Zerlegung gemäß Gl. (470) liefert mit $\overrightarrow{C\,C''} = -\mathfrak{B}$ und $C''Z \parallel b_1'b_1''$ den Schnittpunkt H von $C''Z$ mit $a'a''$.

Ergebnis:

$$\Delta\mathfrak{B} = \overrightarrow{CH}, \qquad\qquad \mathfrak{B}_1 = \overrightarrow{C''H}$$

$$\Delta B_x = -0{,}0158\ \text{kgs}, \qquad \Delta B_y = -0{,}0055\ \text{kgs}$$

die mit den Ergebnissen von Gl. (468), (469) gut übereinstimmen. Ferner folgt

$|\mathfrak{B}_1| = |\overrightarrow{C''H}| = 2{,}85/400 = 0{,}0071$ kgs   und $v_1 = 0{,}0071/0{,}1 = 0{,}071$ m/s, für $\omega_1 = 0{,}071/0{,}05 = 1{,}4\ \text{s}^{-1}, \ \overline{\omega}_1 = +1{,}4\ \text{s}^{-1}$ (Uhrzeigersinn).

15.2   Komplexe Behandlung dynamischer Aufgaben

Die Scheibe b von der Masse m wird in einer horizontalen Ebene des Gliedes d reibungslos bewegt und steht gemäß Abb. 107 unter der Einwirkung der parallelen Kräfte $\mathfrak{R}_1$, $\mathfrak{R}_2$. Bei Beginn der Einwirkung habe b gegen d die Winkelgeschwindigkeit $\overline{\omega} = \overline{\omega}_{bd}$.

Ermittle: Winkelbeschleunigung $\bar{\varepsilon} = \bar{\varepsilon}_{bd}$

Schwerpunktsbeschleunigung $\mathfrak{b}_S$ und Beschleunigungspol Q.

Lösung: Nach dem Schwerpunktssatz gelten

$$m\,\mathfrak{b}_S = \sum \mathfrak{R}_i, \qquad m\,\mathfrak{b}_S = K_1 - K_2, \qquad \mathfrak{b}_S = \frac{K_1 - K_2}{m} \tag{471}$$

$$m\,i_S^2\,\varepsilon = K_2\,a_2 - K_1\,a_1, \qquad\qquad \varepsilon = \frac{K_2\,a_2 - K_1\,a_1}{m\,i_S^2} \tag{472}$$

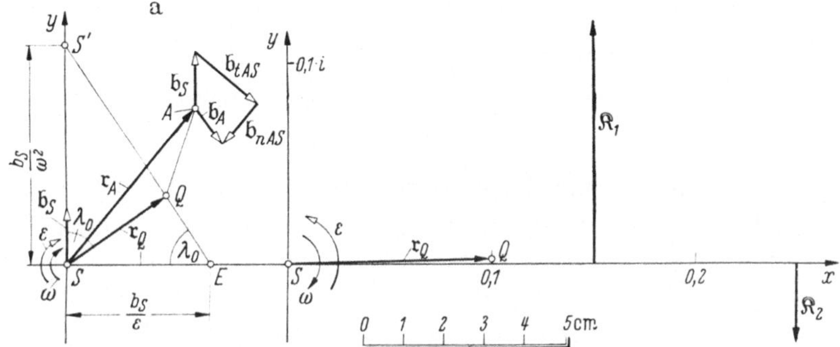

Abb. 107. Darstellung der Beschleunigungsverhältnisse mittels komplexer Zahlen. Berichtigung: Spiegele in der Abbildung rechts den Punkt Q an der Achse $S\,y$

oder mit $l = a_2 - a_1$ und nach Elimination von K_2

$$\varepsilon = \frac{K_1\,l}{m\,i_S^2} - \frac{a_2\,b_S}{i_S^2} \tag{473}$$

Die Beschleunigung des beliebigen Punktes A von b ist mit $\mathfrak{r}_A = \overrightarrow{SA}$ in vektorieller Schreibweise (Abb. 107a).

$$\mathfrak{b}_A = \mathfrak{b}_S + (-\mathfrak{r}_A\,\omega^2) + [\bar{\varepsilon}\,\mathfrak{r}_A] \tag{474}$$

oder mit Benutzung der komplexen Zahlenebene ($S\,x =$ reelle Achse, $S\,y =$ imaginäre Achse)

$$\mathfrak{b}_A = b_S\,i + (-\mathfrak{r}_A)\,\omega^2 + \varepsilon\,\mathfrak{r}_A\,(-i)$$
$$\mathfrak{b}_A = b_S\,i - \mathfrak{r}_A\,\omega^2 - \varepsilon\,\mathfrak{r}_A\,i \tag{475}$$

Für Beschleunigungspol Q mit $\overrightarrow{OQ} = \mathfrak{r}_Q$ folgt aus Gl. (475) wegen $\mathfrak{b}_Q = 0$

$$\mathfrak{r}_Q = \frac{b_S\,i}{\omega^2 + \varepsilon\,i} = \frac{b_S\,\varepsilon}{\omega^4 + \varepsilon^2} + \frac{\omega^2\,b_S}{\omega^4 + \varepsilon^2}\,i \tag{476}$$

und für $\lambda_0 = \sphericalangle\,QSy$ aus Gl. (476)

$$\operatorname{tg}\lambda_0 = \frac{\varepsilon}{\omega^2} \tag{477}$$

ferner gemäß Abb. 107 mit $S'E \perp SQ$

$$\overline{SS'} = \frac{b_S}{\omega^2}, \qquad \overline{SE} = \frac{b_S}{\varepsilon} \tag{478a, b}$$

Die hier gegenüber Nr. 11.1 benutzte komplexe Schreibweise zeigt zweifellos beachtliche Vorteile und gibt — wie bei dem Frequenzgangverfahren der Regelungstechnik — einen schnellen Überblick.

Für veränderliche Werte ω bei $\varepsilon = $ const wandert Q auf dem Halbkreis K mit $\overline{SE} = b_S/\varepsilon$ als Durchmesser.

Sonderfall: a) Kräftepaar $\mathfrak{R}_2 = -\mathfrak{R}_1$, $K_1 = K_2$, $b_S = 0$

$$\varepsilon = \frac{K_1\, l}{m\, i_s^2}$$

Zahlenbeispiel: $m = 0{,}1$ kgs²/m, $\quad K_1 = 3$ kg, $\quad K_2 = 1$ kg, $\quad i_S = 0{,}1$ m

$$a_1 = 0{,}15 \text{ m}, \qquad a_2 = 0{,}25 \text{ m}, \quad l = 0{,}1 \text{ m}, \; \overline{\omega} = +2 \text{ s}^{-1}$$
(Uhrzeigersinn)

$$b_S = 20 \text{ ms}^{-2}, \quad \varepsilon = -200 \text{ s}^{-2} \text{ (Gegensinn des Uhrzeigers)}$$

Beschleunigungspol: $\mathfrak{r}_Q = -0{,}1 + 0{,}002\, i$ [m]

15.3 Komplane Teilbewegungen im Kegelradgetriebe

Auf den Wellen k_{ac} und k_{bc} des in Abb. 108 schematisch dargestellten Kegelradgetriebes sind zwei Schwungmassen a_1, b_1 aufgekeilt, ferner ist eine Bremsscheibe a_2 angeordnet, auf die durch Anpressen eines Bremsklotzes ein verzögerndes Moment $\mathfrak{M}$ auf das mit $\overline{\omega}_{ac}$ laufende Kegelrad a ausgeübt wird.

Zu ermitteln sind die auftretende Winkelverzögerung $\overline{\varepsilon}_{ac}$ und die vom Kegelrad a auf das Kegelrad b ausgeübte Umfangskraft Z_{ab}.

Lösung: Die auftretenden Winkelgeschwindigkeitsvektoren $\overline{\omega}_{ac}$, $\overline{\omega}_{bc}$ und $\quad \overline{\omega}_{ba} = \overline{\omega}_{bc} + \overline{\omega}_{ca}$ $= \overline{\omega}_{bc} - \overline{\omega}_{ac}$ und die eingeleitete Winkelverzögerung $\overline{\varepsilon}_{ac}$ sind in Abb. 108 durch die ihnen zugeordneten Vektoren veranschaulicht. Man beachte, daß $\overline{\omega}_{ac}$ und $\overline{\varepsilon}_{ac}$ entgegengesetzten Richtungssinn besitzen. Sind $\mathfrak{M}$ vom Betrag M das eingeleitete verzögernde Moment und $\mathfrak{Z}_{ab} = -\mathfrak{Z}_{ba}$ vom Betrag Z die Umfangskräfte von a auf b und umgekehrt, ferner I_a und I_b die Massenträgheitsmomente von a und b für die Achse k_{ac} bzw. k_{bc}, so folgt für das Gleichgewicht an a:

$$-M + I_a\,\varepsilon_a + Z\,a = 0 \tag{479a}$$

Gleichgewicht an b:

$$I_b\,\varepsilon_b - Z\,b = 0 \tag{479b}$$

und nach Elimination von Z

$$M = \frac{I_a\, b\, \varepsilon_a + I_b\, a\, \varepsilon_b}{b}$$

$$M = I_a\,\varepsilon_a + I_b\,\frac{a}{b}\,\varepsilon_b \tag{480}$$

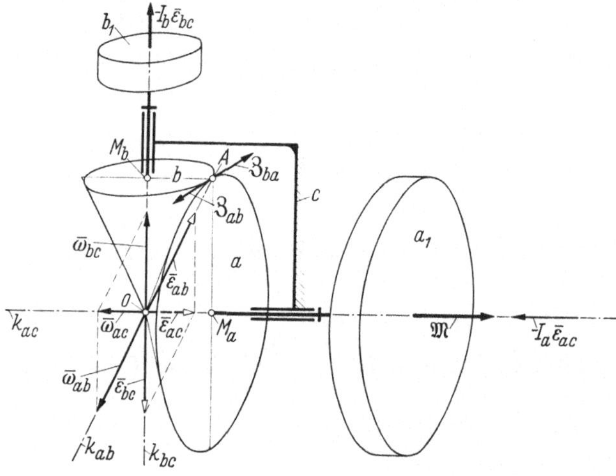

Abb. 108. Winkelverzögerung in einem Kegelradgetriebe, wenn ein Rad abgebremst wird

Ferner wegen $\dfrac{\omega_a}{\omega_b} = \dfrac{b}{a}$, also auch $\dfrac{\varepsilon_a}{\varepsilon_b} = \dfrac{b}{a}$, mit

$$\varepsilon_b = \frac{a}{b}\,\varepsilon_a \quad \text{aus Gl. (480)}$$

$$M = I_a\,\varepsilon_a + I_b \left(\frac{a}{b}\right)^2 \varepsilon_a \qquad (480\,\text{a})$$

oder

$$\varepsilon_a = \frac{M}{I_a + I_b \left(\dfrac{a}{b}\right)^2} \qquad (481)$$

2. *Lösung:* Für die in A am Glied a angeordnete reduzierte Masse m^* gilt wegen

$$\frac{m^*}{2}\,(a\,\omega_a)^2 = \frac{I_a}{2}\,\omega_a^2 + \frac{I_b}{2}\,\omega_b^2$$

$$m^* = \frac{I_a}{a^2} + \frac{I_b}{a^2}\left(\frac{\omega_b}{\omega_a}\right)^2 = \frac{I_a}{a^2} + \frac{I_b}{b^2} \qquad (482)$$

für die nach A reduzierte Kraft

$$P^* = \frac{M}{a} \qquad (483)$$

und für die Tangentialbeschleunigung b_{tA} in A

$$b_{tA} = a\,\varepsilon_a$$

Nach Gl. (264) folgt wegen $m^* = \text{const}$ aus $P^* = m^* b_{tA}$ wiederum

$$\varepsilon_a = \frac{M}{I_a + I_b \left(\dfrac{a}{b}\right)^2}$$

Für den Betrag Z der Umfangskraft liefert Gl. (479a)

$$Z = \frac{M}{a}\;\frac{I_b}{I_a \left(\dfrac{b}{a}\right)^2 + I_b} \qquad (484)$$

15.4 Festhalten eines Getriebegliedes bei sich schneidenden Achsen

Ein Getriebeglied (Scheibe) b von der Masse m drehe sich um die in der Bewegungsebene liegende gestellfeste Achse Ox mit der Winkelgeschwindigkeit $\overline{\omega}_x = \overline{\omega}$. Diese Achse sei plötzlich freigegeben und dafür die Scheibe in der Achse $O\xi$ festgehalten, wobei $\sphericalangle\,xO\xi = \beta$ ist. Welche Winkelgeschwindigkeit $\overline{\omega}_\xi$ ergibt sich dann für die Drehung um die Achse $O\xi$ [2b, T. III, S. 31]?

Lösung (Abb. 109): Die bei dem plötzlichen Fixieren der Achse ent-

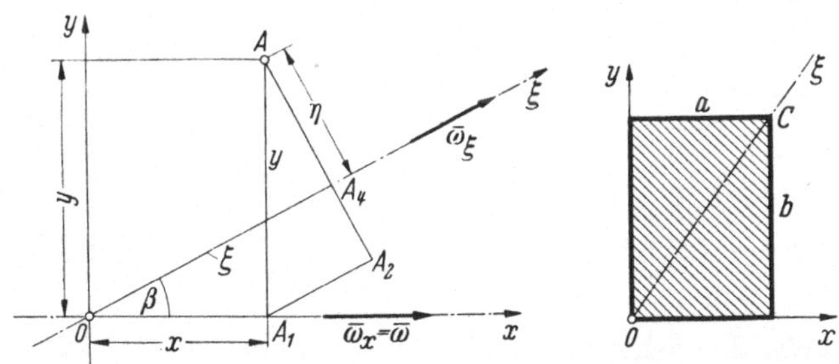

Abb. 109. Festhalten eines Getriebegliedes bei sich schneidenden Achsen. Ermitteln der Winkelgeschwindigkeit für die neue Drehachse $O\xi$. a) Sonderfall: Rechteckige Platte, rotierend vorher um eine Seite, dann drehend um die Diagonale

lang dieser Achse auftretenden Stoßkräfte liefern kein Moment um diese Achse. Deshalb ist der Drall $D_{\xi v}$ um die Achse $O\xi$ vor dem Festhalten gleich dem Drall $D_{\xi n}$ um die gleiche Achse $O\xi$ nach dem Vorgang. Für das Massenteilen dm in A, vorher bewegt mit der Geschwindigkeit $y\omega$ und nachher mit der Geschwindigkeit $\eta\,\omega_\xi$, gilt mit $\eta = y\cos\beta - x\sin\beta$ also

$$
\left.
\begin{aligned}
D_{\xi v} &= \int dm\,(y\,\omega)\,\eta = \omega \int (y^2\cos\beta - x\,y\sin\beta)\,dm \\
D_{\xi v} &= \omega \int (y^2\,dm)\cos\beta - \omega \int (x\,y\,dm)\sin\beta \\
D_{\xi v} &= \omega\,(I_x\cos\beta - I_{xy}\sin\beta)
\end{aligned}
\right\} \qquad (485)
$$

mit $\quad I_x = \int y^2\,dm, \quad I_{xy} = \int x\,y\,dm$.

Nach dem Stoß ist

$$
\left.
\begin{aligned}
D_{\xi n} &= \int dm\,(\eta\,\omega_\xi)\,\eta = \omega_\xi \int \eta^2\,dm \\
D_{\xi n} &= \omega_\xi \int (y^2\cos^2\beta - x\,y\sin 2\beta + x^2\sin^2\beta)\,dm \\
D_{\xi n} &= \omega_\xi\,[I_x\cos^2\beta - I_{xy}\sin 2\beta + I_y\sin^2\beta]
\end{aligned}
\right\} \qquad (486)
$$

Aus $D_{\xi v} = D_{\xi n}$ folgt

$$
\omega_\xi = \frac{I_x\cos\beta - I_{xy}\sin\beta}{I_x\cos^2\beta - I_{xy}\sin 2\beta + I_y\sin^2\beta} \qquad (487)
$$

Sonderfall: Rechteckige Scheibe (Abb. 109a): Aus

$$
I_x = \frac{a\,b^3}{3}, \qquad I_y = \frac{a^3\,b}{3}, \qquad I_{xy} = \frac{a^2\,b^2}{4}
$$

folgt für die neue Achse $O\xi$ durch O und C mit $d = \overline{OC}$ nach Gl. (487)

$$
\omega_\xi = \frac{d}{2\,a}\,\omega
$$

15.5   Roll- und Kippbewegung eines Zylinders (Abb. 110)

Der Zylinder b von der Masse m und dem Massenträgheitsmoment $I_S = \dfrac{m}{2}\,r^2$ stößt bei $A \equiv D_1$ auf die Kante d_1 der um h überhöhten Bahn. Vor dem Anstoß

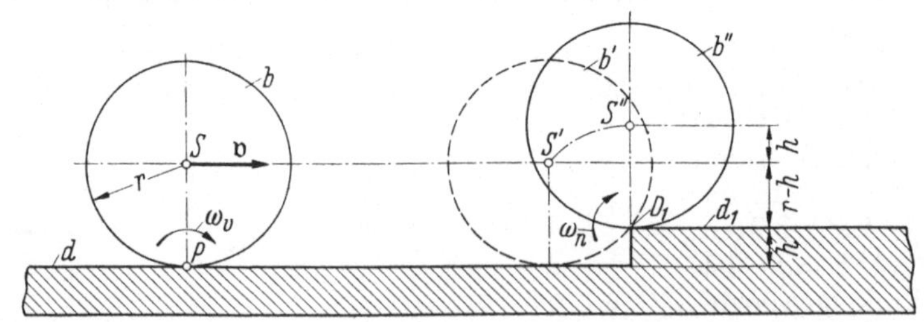

Abb. 110. Auf ein Hindernis stoßender rollender Zylinder. Ermitteln der kleinstmöglichen Geschwindigkeit v zum Heben des Schwerpunktes S um die Höhendifferenz h

habe der Schwerpunkt S die Geschwindigkeit v und b die Winkelgeschwindigkeit $\omega_v = v/r$.

Ermittle die kleinste Geschwindigkeit $v_{\min}$, mit der das Hindernis überwunden werden kann.

Lösung: Drall vor dem Stoß

$$D_v = I_s \frac{v}{r} + m\,v\,(r - h) \tag{488}$$

Drall nach dem Stoß

$$D_n = I_A\,\omega_n \tag{489}$$

Aus $D_v = D_n$ folgt

$$\omega_n = \frac{I_s\,v + m\,v\,r\,(r - h)}{r\,I_A}$$

$$\omega_n = \frac{(I_s + m\,r^2)\,v - m\,v\,r\,h}{r\,I_A}$$

$$\omega_n = \frac{i_A^2 - r\,h}{r\,i_A^2}\,v$$

$$\omega_n = \frac{i_A^2 - r\,h}{i_A^2}\,\omega_v \tag{490}$$

Für das Überwinden des Hindernisses gilt die Bedingung:

$$\frac{I_A}{2}\,\omega_n^2 \geqq m\,g\,h \tag{491}$$

$$\frac{m\,i_A^2}{2}\left(\frac{i_A^2 - r\,h}{r\,i_A^2}\right)^2 v^2 \geqq m\,g\,h$$

$$v^2 \geqq 2\,g\,h\left(\frac{r\,i_A}{i_A^2 - r\,h}\right)^2$$

$$v_{\min} = \frac{r\,i_A}{i_A^2 - r\,h}\,\sqrt{2\,g\,h} \tag{492}$$

Zahlenbeispiel:

$$i_s^2 = \frac{r^2}{2}, \qquad i_A^2 = \frac{3}{2}\,r^2, \qquad h = \frac{r}{4}$$

$$v_{\min} = \frac{2}{5}\,\sqrt{3\,g\,r}$$

15.6 Halbzylinder auf horizontaler Ebene

Ein homogener schwerer Halbzylinder b wird in der gezeichneten Stellung auf eine horizontale Gestellebene d gelegt (Abb. 111).

Gegeben:

$G = 4{,}905$ kg, $\quad m = 0{,}5$ kgs²/m, $\quad r = 40$ mm, $\quad \overline{MS} = r_s = 4\,r/3\,\pi = 17$ mm, $i_s^2 = 5{,}11$ cm², $i_s = 2{,}28$ cm und Stellungswinkel φ bei Ausgangslage $\varphi = 30°$. $M_z = 100$ cm/m, $M_k = 1$ cm/kg

Es sind zu ermitteln:

a) für vollkommen glatte Ebene (ohne gleitende Reibung): Momentane Drehachse k_{bd} für die Bewegung aus dem Ruhezustand heraus, ferner ruhende und bewegte Polkurve k_d bzw. k_b der kontinuierlichen Bewegung und Winkelbeschleunigung ε der Anfangsbewegung.

b) Bei Berücksichtigung gleitender Reibung (Reibungsziffer μ): Winkelbeschleunigung ε für die Bewegung von b aus der ruhenden Ausgangsstellung, die erforderliche Haftreibungskraft zwischen b und d.

Lösung:

Zu a): Da keine Reibkraft vorhanden sein soll, muß sich der Schwerpunkt S auf der zu g_d vertikalen Geraden ss' bewegen, während der Berührungspunkt A_b von b momentan längs g_d gleitet. Folglich ist der Schnittpunkt der Bahnnormalen $n_S \perp ss'$, $n \perp g_d$ der Momentanpol $P = P_{bd}$,

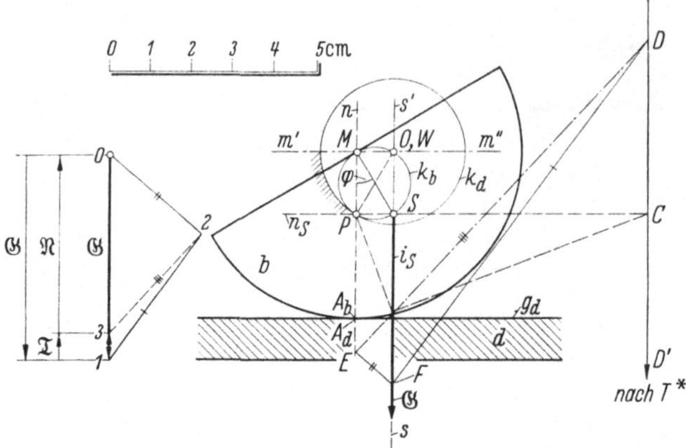

Abb. 111. Halbzylinder auf horizontaler Ebene, seine Bewegung aus einer Ausgangslage ohne Berücksichtigung der gleitenden Reibung

und die durch P_{bd} senkrecht zur Bildebene gelegte Gerade ist die Momentanachse k_{bd}.

Der über $\overline{MS}$ als Durchmesser geschlagene Kreis ist die bewegte Polkurve k_b, und der Kreis um $O = ss' \times m'm''$ mit Halbmesser r_S ist die ruhende Polkurve k_d (Kardankreispaar).

Zu b) (Abb. 112): Bei Annahme der rollenden Bewegung b auf d ist jetzt der Berührungspunkt P von b und d der Momentanpol und M gleichzeitig der Wendepol W. Nach Ziff. 4.55 bestimmt man den Trägheitspol T^* als Schnittpunkt der Antipolaren g von P bezüglich des um S mit i_S als Halbmesser geschlagenen Kreises k_S mit der Geraden durch W und S.

Für die Bewegung aus dem Ruhezustand hat $\mathfrak{b}_S$ nur eine Tangentialbeschleunigung, also mit Richtung senkrecht auf PS. Die Gerade g ist also Wirkungslinie der resultierenden Trägheitskraft $\mathfrak{T} = -m\,\mathfrak{b}_S$ und schneidet die Wirkungslinie von $\mathfrak{G}$ in H. Die im Pol P auf b wirkende Widerstandskraft $\mathfrak{W}$ hat also die Gerade w durch P und H als Wirkungslinie, da

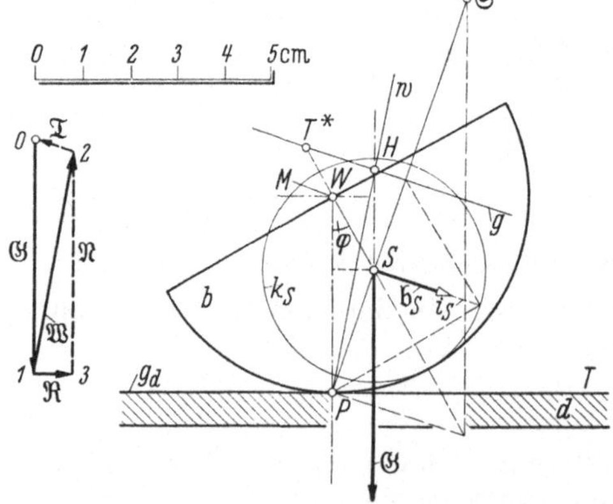

Abb. 112. Bewegung des Halbzylinders von Abb. 111 bei Berücksichtigung der gleitenden Reibung

$$\mathfrak{G} + \mathfrak{W} + \mathfrak{T} = 0$$

$$\overrightarrow{01} + \overrightarrow{12} + \overrightarrow{20} = 0$$

sein muß.

Ergebnis: $|\mathfrak{T}| = \overline{20} = 0{,}8\,\text{kg}$, wegen $m\mathfrak{b}_S = 0{,}8$ folgt für $\mathfrak{b}_S = 1{,}6\,\text{m/s}^2$ und $\varepsilon = \dfrac{b_s}{\overline{SP}} = +59{,}3\,\text{s}^{-2}$. Ferner Haftreibungskraft $|\mathfrak{R}| = \overline{13} \sim 0{,}8\,\text{kg}$. Zur Verwirklichung der Rollbewegung ist also $\mu = \overline{13}/\overline{32} = 0{,}174$ erforderlich.

Abb. 111 zeigt auch die Ermittlung von $\mathfrak{T} = \overrightarrow{13}$ und $\mathfrak{N} = \overrightarrow{30}$ für den Fall a).

Beachte dabei, daß der Trägheitspol T^* in Richtung $\overrightarrow{CD}$ im Unendlichen liegt, daß also die Gerade CD Wirkungslinie von $\mathfrak{T}$ ist und die Stützkraft $\mathfrak{N}$ von d auf b die Wirkungslinie n besitzt. $\mathfrak{G}$ ist also mittels der Seileckmethode nach diesen beiden Wirkungslinien aufzuteilen. Ergebnis: $T_a = |\overrightarrow{13}| = 0{,}68\,\text{kg}$, $b_S = 0{,}68/0{,}5 = 1{,}36\,\text{m/s}^{-2}$, $\bar{\varepsilon} = 1{,}36/0{,}0085 = +160\,\text{s}^{-2}$.

Aufgabe: Gib für die Fälle a) und b) auch eine analytische Lösung, wenn die Bewegung von der „ruhenden" Ausgangslage $\varphi_0 = \alpha$ geschieht und b dann in die Stellung φ gelangt.

15.7 Drall für ortsveränderlichen Bezugspunkt

Zur Ergänzung von Nr. 11.4 soll der Drallvektor für den Fall bestimmt werden, bei dem als Bezugspunkt ein ortsveränderlicher Punkt ausgewählt wird, beispielsweise in Abb. 112 der Momentanpol P von Aufgabe 15.6 b.

Gegeben sei der Massenpunkt $\overline{m}$, an dem die Kraft $\mathfrak{K}$ im Punkt A von der Geschwindigkeit $\mathfrak{v} = \overrightarrow{AA}$ angreift (Abb. 113). A sei durch den Ortsvektor $\mathfrak{r} = \overrightarrow{OA}$ mit O als gestellfestem Bezugspunkt festgelegt. Ein weiterer Punkt B des bewegten Getriebegliedes b habe den Ortsvektor $\mathfrak{N} = \overrightarrow{OB}$. Für den bewegten Punkt B als Bezugspunkt sind:

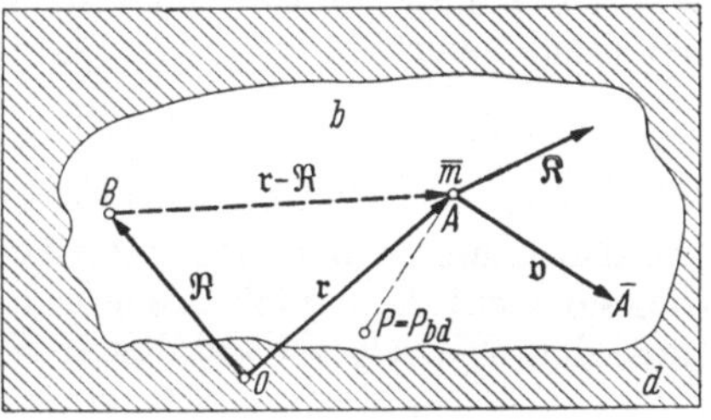

Abb. 113. Ermittlung des Dralls (Drallvektors) für ortsveränderlichen Bezugspunkt B des komplan bewegten Getriebegliedes b, z. B. auch für den Momentanpol P, aufgefaßt als Punkt von Glied b

Drall: $\qquad \overline{\mathfrak{D}}_B = [\mathfrak{r} - \mathfrak{N},\ \overline{m}\,\mathfrak{v}]$ (493)

Kraftmoment: $\overline{\mathfrak{M}}_B = [\mathfrak{r} - \mathfrak{N},\ \mathfrak{K}]$ (494)

Differentiation von Gl. (493) nach der Zeit t liefert

$$\frac{d\overline{\mathfrak{D}}_B}{dt} = [\dot{\mathfrak{r}} - \dot{\mathfrak{N}},\ \overline{m}\,\mathfrak{v}] + \left[\mathfrak{r} - \mathfrak{N},\ \overline{m}\,\frac{d\mathfrak{v}}{dt}\right]$$

ferner wegen

$$\dot{\mathfrak{r}} = \mathfrak{v}, \qquad \dot{\mathfrak{N}} = \mathfrak{v}_B, \qquad \frac{d\mathfrak{v}}{dt} = \mathfrak{b}, \qquad \overline{m}\,\frac{d\mathfrak{v}}{dt} = \mathfrak{K}$$

$$\frac{d\overline{\mathfrak{D}}_B}{dt} = [\mathfrak{v} - \mathfrak{v}_B,\ \overline{m}\,\mathfrak{v}] + [\mathfrak{r} - \mathfrak{N},\ \mathfrak{K}]$$

und bei Beachtung von Gl. (494) und $[\mathfrak{v},\ \overline{m}\,\mathfrak{v}] = 0$

$$\boxed{\frac{d\overline{\mathfrak{D}}_B}{dt} = \overline{\mathfrak{M}}_B - [\mathfrak{v}_B,\ \overline{m}\,\mathfrak{v}]} \tag{495}$$

Entsprechend gilt für die Bewegung eines Punkthaufens von der Gesamtmasse $m = \sum \overline{m}$, der Schwerpunktsgeschwindigkeit $\mathfrak{v}_S$ und dem Gesamtmoment $\mathfrak{M}_B = \sum \overline{\mathfrak{M}}_B$ für den Drallvektor $\mathfrak{D}_B$.

$$\frac{d\mathfrak{D}_B}{dt} = \mathfrak{M}_B - [\mathfrak{v}_B,\ m\,\mathfrak{v}_S]$$

$$\frac{d\mathfrak{D}_B}{dt} = \mathfrak{M}_B - m\,[\mathfrak{v}_B,\ \mathfrak{v}_S] \tag{496}$$

Dies folgt aus Gl. (495), wenn diese für jeden einzelnen Massenpunkt angeschrieben und die Einzelgleichungen dann addiert werden. Zu beachten ist dabei, daß wegen des Wechselwirkungsgesetzes die zwischen den einzelnen Massenpunkten wirkenden inneren Kräfte herausfallen.

Der Drallvektor $\mathfrak{D}_B$ für B als Bezugspunkt lautet gemäß Gl. (493)

$$\mathfrak{D}_B = \sum [\mathfrak{r}_i \, \overline{m}_i \, \mathfrak{v}_i] - [\mathfrak{R}, \sum \overline{m}_i \, \mathfrak{v}_i]$$

$$\mathfrak{D}_B = \mathfrak{D}_O - [\mathfrak{R}, \, m \, \mathfrak{v}_S]$$

oder nach Gl. (356)

$$\boxed{\mathfrak{D}_B = \mathfrak{D}_O - [\mathfrak{R}, \, \mathfrak{B}]} \tag{497}$$

mit

$$\mathfrak{B} = m \, \mathfrak{v}_S \tag{498}$$

Der Drallvektor $\mathfrak{D}_B$ für den bewegten Bezugspunkt B ist also gleich dem Drallvektor $\mathfrak{D}_O$ für den festen Bezugspunkt O, vermindert um den Drall der im bewegten Bezugspunkt B angetragenen resultierenden Bewegungsgröße $\mathfrak{B} = m \mathfrak{v}_S$.

Sonderfall: Wird als bewegter Bezugspunkt B der Momentanpol P des bewegten Gliedes gewählt, so bedeutet $\mathfrak{v}_B$ die sog. Polwechselgeschwindigkeit $\mathfrak{u}$. Gl. (496) liefert dann

$$\frac{d\mathfrak{D}_P}{dt} = \mathfrak{M}_P - m \, [\mathfrak{u}, \, \mathfrak{v}_S] \tag{499}$$

Komplane Bewegung mit P als Bezugspunkt

Ein komplan bewegtes Getriebeglied b von der Masse m, dem Massenträgheitsmoment $I_S = m \, i_S^2$ drehe sich gegen das Gestell d um den Momentanpol P mit der Winkelgeschwindigkeit $\overline{\omega} = \overline{\omega}_{bd}$ unter der Einwirkung des Kraftmomentes $\mathfrak{M}_P$ bezüglich P (Abb. 114). Gesucht wird Winkelbeschleunigung $\bar{\varepsilon} = \bar{\varepsilon}_{bd}$.

Es gelten die folgenden Beziehungen:

$$\mathfrak{v}_S = [\overline{\omega} \, \mathfrak{r}_S], \quad \mathfrak{u} = [\overline{\omega} \, \overline{\delta}] \quad \text{mit} \quad \overline{\delta} = \overrightarrow{PW}$$

als Wendekreisdurchmesser; Drallvektor bezüglich P ist $\mathfrak{D} = I_P \overline{\omega}$, ferner

$$[\mathfrak{u}, \, \mathfrak{v}_S] = [\mathfrak{u}, \, [\overline{\omega} \, \mathfrak{r}_S]] = (\mathfrak{r}_S \, \mathfrak{u}) \, \overline{\omega} - (\overline{\omega} \, \mathfrak{u}) \, \mathfrak{r}_S$$

Wegen $(\overline{\omega} \mathfrak{u}) = 0$, weil $\overline{\omega} \perp \mathfrak{u}$, vereinfacht sich $[\mathfrak{u} \mathfrak{v}_S] = (\mathfrak{r}_S \, \mathfrak{u}) \, \overline{\omega},$

Nach Gl. (496) folgt dann

$$\frac{d(I_P \, \overline{\omega})}{dt} = \mathfrak{M}_P - m \, (\mathfrak{r}_S \, \mathfrak{u}) \, \overline{\omega}$$

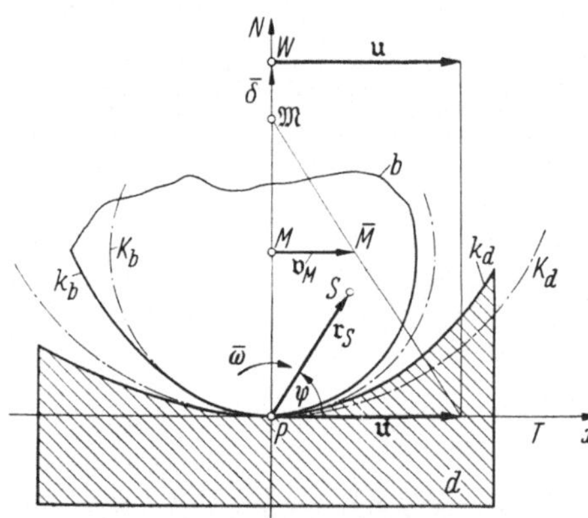

Abb. 114. Ermitteln der Winkelbeschleunigung des komplan bewegten Getriebegliedes b mittels des auf den Momentanpol P bezogenen Drallvektors

und nach Differentiation des Produktes

$$\frac{dI_P}{dt} \, \overline{\omega} + I_P \, \frac{d\overline{\omega}}{dt} = \mathfrak{M}_P - m \, (\mathfrak{r}_S \, \mathfrak{u}) \, \overline{\omega}$$

bei Beachtung von Gleichung $\dfrac{dI_P}{dt} = \dfrac{dI_P}{d\varphi} \, \dfrac{d\varphi}{dt} = \dfrac{dI_P}{d\varphi} \, \overline{\omega}$ und $\bar{\varepsilon} = \dfrac{d\overline{\omega}}{dt}$ die skalare

$$\boxed{I_p \, \varepsilon = M_P - \omega \left[\omega \, \frac{dI_P}{d\varphi} + m \, (\mathfrak{r}_S \, \mathfrak{u}) \right]} \tag{500}$$

Hinweis: Die bei Drehung um eine feste Achse gültige Formel $I_p \, \varepsilon = M_P$ ist bei der komplanen Bewegung für P als Bezugspunkt also nur dann anwendbar, wenn I_p vom Drehwinkel φ unabhängig ist und S außerdem auf der Polnormale liegt ($\psi_S = 90°$).

15.8 Zweipunktführung (Abb. 115)

Beispiel: Eine Stange b, dargestellt durch $\overline{AB} = 2a$, besitzt die Masse $m = 0{,}1$ kgs²/m, die Länge $2a = 0{,}60$ m, den Trägheitshalbmesser $i_S = 0{,}173$ m, und stützt sich mit A auf den Kreis k_A vom Halbmesser $R = \overline{A\mathfrak{A}} = 2a = 0{,}60$ m und mit B längs der horizontalen Geraden g_B des Gestells d. In der Ausgangs-stellung von $\overline{AB}$ ist $\sphericalangle A_0 B_0 Z_0 = \alpha = 30°$, in einer zweiten Stellung (Abb. 115) ist $= ABZ = \varphi = 60°$. Zu ermitteln sind bei Vernachlässigung der Reibung:

Winkelbeschleunigung $\bar\varepsilon = \bar\varepsilon_{bd}$, Führungskräfte $\mathfrak{N}_A$, $\mathfrak{N}_B$

Maßstäbe:

$M_z = 10$ cm/m

$M_v = 2$ cm/ms⁻¹

$M_b = 0{,}4$ cm/ms⁻²

$M_k = 4$ cm/kg

Lösung: Zum Momentanpol $P = P_{bd}$ als Bezugspunkt gehört mit $r_S = \overline{PS}$ das Massenträgheitsmoment

$$I_P = I_S + m\,r_S^2 = m(i_S^2 + r_S^2) \quad (501)$$

Abb. 115 a—c. Dynamik einer Zweipunktführung des Gliedes b als Anwendung der durch Abb. 113 und 114 erhaltenen Grundlagen. a) Beschleunigungsplan; b) Kräfteplan; c) Geschwindigkeitsplan

wobei

$$r_S^2 = a^2 + (2a)^2 - 2a \cdot 2a \cos(180 - 2\varphi) = 5a^2 + 4a^2\cos 2\varphi$$

also

$$I_P = m(i_S^2 + 5a^2 + 4a^2\cos 2\varphi)$$

$$\frac{dI_P}{d\varphi} = -8m\,a^2\sin 2\varphi \quad (502)$$

Die Bewegung von b gegen d ist ersetzbar durch das Abrollen des kleinen Kardankreises k_b des Gliedes b in dem großen Kardankreis k_d des Gestells d, da wegen $\overline{\mathfrak{A}A} = \overline{AB}$ die Abstände $\overline{PA} = 2a$, $\overline{P\mathfrak{A}} = 4a$ konstant sind. Kreismittelpunkt $\mathfrak{A}$ von k_d ist also der Wendepol W mit $\delta = \overline{PW}$ als Wendekreisdurchmesser; $PT \perp \overline{PA}$ liefert die Poltangente. Die Polwechselgeschwindigkeit $\mathfrak{u}$ hat den Betrag

$$|\mathfrak{u}| = u = \overline{P\mathfrak{A}}\,\omega = \delta\omega = 4a\,\omega \quad (503)$$

und $\sphericalangle TPS = \psi = 90 - \sigma$ wird mit Hilfe von

$$\frac{\sin\sigma}{\sin 2\varphi} = \frac{a}{r_s}$$

berechnet; $\cos\psi = \sin\sigma = \dfrac{a}{r_s}\sin 2\varphi$, und

$$(\mathfrak{r}_S\,\mathfrak{u}) = r_S\,u\cos\psi = 4a^2\,\omega\sin 2\varphi \quad (504)$$

Das Moment $\mathfrak{M}_P$ der äußeren Kraft $\mathfrak{P} =$ Gewicht $\mathfrak{G}$ mit $G = mg$ für Bezugspunkt P ist

$$\mathfrak{M}_P = [\mathfrak{r}_S\,\mathfrak{G}] = \left[\overrightarrow{PS},\,\mathfrak{G}\right], \qquad |\mathfrak{M}_P| = M_P = m\,g\,a\sin\varphi \tag{505}$$

Anwendung von Gl. (500) liefert

$$I_P\,\varepsilon = m\,g\,a\sin\varphi - \omega[\omega(-8\,m\,a^2\sin 2\varphi) + m\,4\,a^2\,\omega\sin 2\,\varphi]$$

$$\varepsilon = \frac{m\,g\,a\sin\varphi}{I_P}\left[1 + \omega^2\,\frac{8\,a\cos\varphi}{g}\right] \tag{506}$$

Anwendung des Energieprinzips zwischen Ausgangsstellung (Annahme $\omega_0 = 0$ bei $\varphi_0 = \alpha$) und Endstellung ergibt

$$\frac{I_P}{2}\,\omega^2 - \frac{I_{P_0}}{2}\cdot 0^2 = m\,g\,a(\cos\alpha - \cos\varphi)$$

$$\omega^2 = \frac{2\,m\,g\,a(\cos\alpha - \cos\varphi)}{I_P} \tag{507}$$

und nach Gl. (506)

$$\varepsilon = \frac{m\,g\,a\sin\varphi}{I_P}\left[1 + \frac{16\,m\,a^2\cos\varphi\,(\cos\alpha - \cos\varphi)}{I_P}\right] \tag{508}$$

Zahlenbeispiel: Für $\varphi = 60°$ $I_P = 0{,}03$ kgm s^2; $r_S = 0{,}3\,\sqrt{3} = 0{,}52$ und $\varepsilon = 15{,}95$ s^{-2}, $\omega = 2{,}68$ s^{-1}. Mit diesen Werten ergibt sich in Abb. 115a der Beschleunigungszustand in bekannter Weise ($\mathfrak{b}_S = \mathfrak{b}_P + \mathfrak{b}_{nSP} + \mathfrak{b}_{tSP}$), desgleichen die Ermittlung der resultierenden D'ALEMBERTschen Trägheitskraft $\mathfrak{T} = -m\,\mathfrak{b}_S$ und ihrer Wirkungslinie g_T durch den Trägheitspol. Abb. 115b zeigt den dazugehörigen Kräfteplan.

Kontrolle: g_T und g_S schneiden sich in H; HP ist Wirkungslinie $g_\mathfrak{R}$ der Resultierenden $\mathfrak{R} = \mathfrak{R}_A + \mathfrak{R}_B$ der Führungskräfte $\mathfrak{R}_A$ und $\mathfrak{R}_B$ in A bzw. B; $\overline{02} \parallel g_\mathfrak{R}$.

Zur weiteren Kontrolle des gefundenen Ergebnisses der Gl. (508) sei noch das Verfahren der Massen- und Kraftreduktion gemäß Ziff. 2 und 3.3 angewandt. Für A als Reduktionspunkt, Bogen $\overset{\frown}{A_0 A} = s$ und $ds = 2a\,d\varphi$ werden erhalten:

$$m^* = \frac{I_P}{4a^2} = \frac{m}{4a^2}\,(i_S^2 + 5a^2 + 4a^2\cos 2\varphi) \tag{509}$$

$$\frac{d\,m^*}{d\,s} = \frac{d\,m^*}{d\,\varphi}\,\frac{d\,\varphi}{d\,s} = -\frac{m}{a}\sin 2\varphi \tag{510}$$

$$M_P\,\omega = P^*\,2a\,\omega; \qquad m\,g\,a\sin\varphi = P^*\,2a; \qquad P^* = \frac{m\,g\sin\varphi}{2}$$

Da die Kurbel $\overline{\mathfrak{A}A}$ den gleichen Betrag der Winkelbeschleunigung ε besitzt, ist $b_t = 2\,a\,\varepsilon$; Gl. (264) liefert

$$\frac{m\,g\sin\varphi}{2} = \frac{I_P}{4a^2}\cdot 2a\,\varepsilon + \frac{(2\,a\,\omega)^2}{2}\left(-\frac{m}{a}\sin 2\varphi\right) \tag{511}$$

und damit das gleiche Ergebnis der Gl. (506).

16. Aufgaben

16.1 Das in Abb. 116 dargestellte Getriebe ist im Zeichenmaßstab $M_z = 20$ cm/m zu zeichnen. Die Massenträgheitsmomente der einzelnen Glieder für den jeweiligen Schwerpunkt sind nach der Formel $I_S = \dfrac{m\,l^2}{12}$ zu berechnen, wobei für die Masse pro Längeneinheit $\mu = 0{,}2$ kgs² m^{-1}/m anzunehmen ist, für die Gleithülle c ist $m_c = 0{,}08$ kgs²/m und $\overline{\mathfrak{B}S_c} = 25$ mm, $i_{Sc} = 34$ mm. Die Schwerpunkte seien jeweils im Mittelpunkt der betreffenden Mittellinie des einzelnen Gliedes angenommen. An der Abtriebsschwinge f greife in D die Kraft $\mathfrak{P} = 100$ kg an. Antrieb: $n_{ad} = -382$ U/min; $\varepsilon_{ad} = 0$.

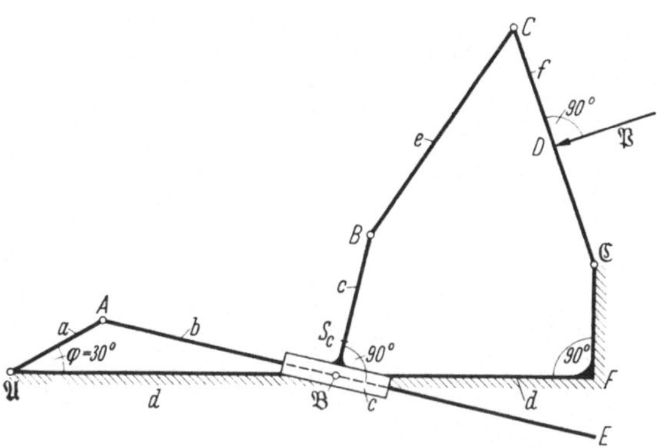

Abb. 116. Schwingende Kurbelschleife mit hintereinander geschaltetem viergelenkigem Kurbelgetriebe (Siebengelenkgetriebe der „Wattschen“ Bauform)

Abmessungen: $\overline{\mathfrak{A}A} = a = 75$ mm, $\overline{AE} = b = 400$ mm, $\overline{\mathfrak{B}B} = 100$ mm

$\overline{BC} = e = 175$ mm, $\overline{\mathfrak{C}C} = f = 175$ mm, $\overline{CD} = 87{,}5$ mm

$\overline{\mathfrak{A}F} = 400$ mm, $\overline{F\mathfrak{C}} = 75$ mm.

Für die gezeichnete Getriebestellung sind zu ermitteln:

a) Reduzierte Kraft $\mathfrak{P}^*$ der äußeren Kraft $\mathfrak{P}$ und der Gewichte $\mathfrak{G}$ für Kurbelzapfenmitte A als Reduktionspunkt und Wirkungslinie $\perp \overline{\mathfrak{A}A}$.

b) Die D'ALEMBERTschen Trägheitskräfte $\mathfrak{T}_i$ der einzelnen Getriebeglieder und die ebenfalls nach A reduzierte Kraft $\mathfrak{P}_T^*$ der sämtlichen $\mathfrak{T}_i$.

c) Die Kraft $\mathfrak{R}$ in $A \perp \overline{\mathfrak{A}A}$, die den angenommenen Beschleunigungszustand erzwingen würde (*II. Wittenbauersche Grundaufgabe*).

d) Die gesamte kinetische Energie L^* des Getriebes.

e) Die nach A reduzierte Masse m^* der bewegten Getriebeglieder.

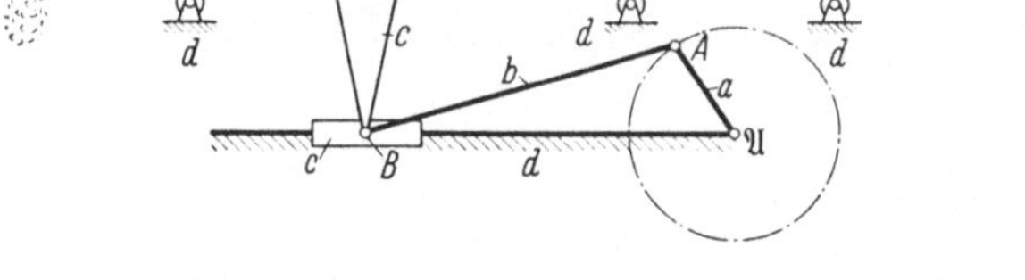

16.2 Aus einem Trichter d_1 fallen Späne, die gemäß Abb. 117 durch die Platte c weiterbefördert werden sollen. Antrieb durch ein Schubkurbelgetriebe mit $\overline{\mathfrak{A}A} = a = 200$ mm, Schubstange $\overline{AB} = b = 600$ mm. Reibungsziffer zwischen dem Fördergut und der Platte sei $\mu = 0{,}18$. Mit welcher Drehzahl n_{ad} wird das Schubkurbelgetriebe zweckmäßig angetrieben? Was ist zu tun, wenn die Späne nach rechts abfließen sollen? Anleitung: Totlagen des Kurbelgetriebes beachten!

Abb. 117. Fördergetriebe, Antrieb durch Schubkurbelgetriebe

16.3 Abb. 118 zeigt eine *Sägemaschine*, die Baumstämme in Bretter zerschneidet. Das $G = 230$ kg schwere Sägegatter c wird durch ein Schubkurbelgetriebe von $2a = 800$ mm Hub und zwei $l = 1800$ mm lange Schubstangen b_1, b_2 von den Gewichten $G_1 = G_2 = 25$ kg bewegt. Trägheitshalbmesser einer Schubstange sei

$$i_S = 0{,}52 \text{ m}, \qquad \overline{AS_b} = 900 \text{ mm}$$

Drehzahl

$$n_{ad} = +120 \text{ U/min}$$

a) Berechne die senkrechte Belastung des Fundamentes d durch die bewegten Massen von c, b_1, b_2 bei tiefster Kurbelstellung A_1, bei höchster Stellung A_2 und in der mittleren Stellung A_3 der Antriebskurbelzapfen.

b) Ermittle für diese Stellungen die nach dem Antriebskurbelzapfen A reduzierte Masse m^* und die reduzierte Kraft $\mathfrak{P}^*$ der Gewichte.

16.4 Abb. 119 zeigt ein *Wälzhebelgetriebe* mit dem kreisbogenförmigen Wälzhebel b, der durch den Gleitstein a längs $\alpha'\alpha$ geradlinig geführt wird und längs $\beta\beta'$ reibungslos gleitet. Auf ihn

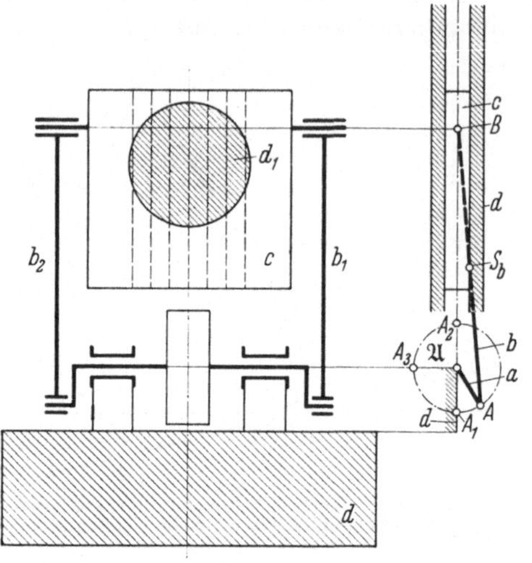

Abb. 118
Sägegatterantrieb durch Schubkurbelgetriebe

wirkt in C die Kraft $\mathfrak{P}$, und A besitze die Geschwindigkeit $v_A = 0{,}3$ m/s.

Gegeben: $\overline{OA} = 40$ mm, $\overline{MA} = \overline{MC} = 65$ mm, $\sphericalangle AMC = 120°$, $\overline{MS} = 45$ mm, $\overline{MS} \perp \overline{AC}$. Trägheitshalbmesser und Masse des Wälzhebelsegmentes

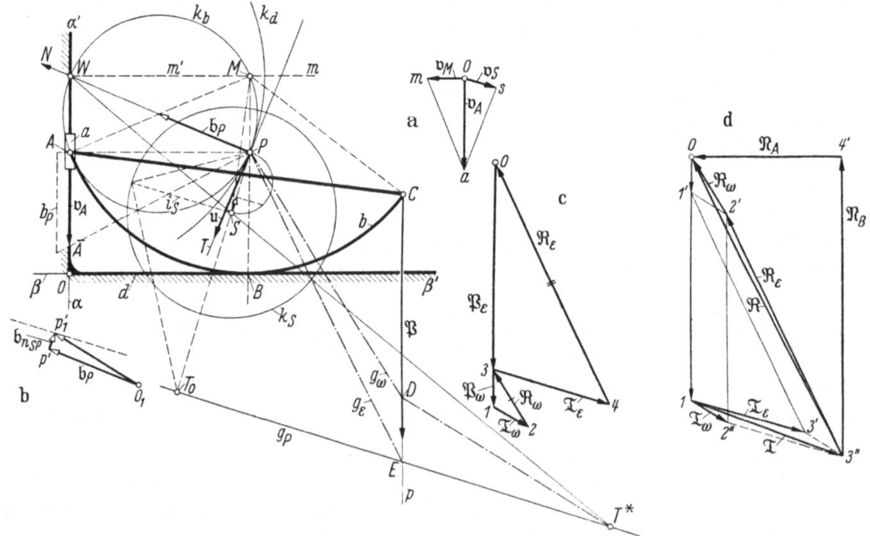

Abb. 119. Wälzhebelgetriebe. a) Geschwindigkeitsplan; b) Beschleunigungsplan; c) und d) Kräftepläne

$i_S = 3{,}6$ cm, $m = 0{,}05$ kgs^2/m; $|\mathfrak{P}| = 1$ kg und senkrecht $\beta\beta'$; $M_z = 100$ cm/m, $M_v = 10$ cm/ms^{-1}.

Es sind zu bestimmen: Winkelbeschleunigung $\bar{\varepsilon} = \bar{\varepsilon}_{bd}$ und die Führungskräfte $\mathfrak{R}_A$ und $\mathfrak{R}_B$ in A und B.

Anleitung zur Lösung: Ermittle den Momentanpol P für Bewegung von b gegen Gestell d, Wendepol W, ruhende und bewegte Polkurve k_d, k_b der Bewegung b gegen d, Trägheitspol T^* als Schnittpunkt von WS mit der Antipolaren g_P von P bezüglich k_S um S mit i_S.

Beachte:

$$\mathfrak{b}_S = \mathfrak{b}_P + \mathfrak{b}_{nSP} + \mathfrak{b}_{tSP}$$

$$\mathfrak{b}_S = [\mathfrak{u}\,\overline{\omega}_{bd}] - \omega_{bd}^2 \overrightarrow{PS} + \left[\bar{\varepsilon}_{bd}\,\overrightarrow{PS}\right]$$

$$\mathfrak{b}_S = \mathfrak{b}_{So} + \mathfrak{b}_{tSP} = \mathfrak{b}_{So} + \left[\bar{\varepsilon}_{bd}\,\overrightarrow{PS}\right]$$

also

$$\mathfrak{T} = -m\,\mathfrak{b}_S = -m\,\mathfrak{b}_{So} + \left(-m\left[\bar{\varepsilon}_{bd}\,\overrightarrow{PS}\right]\right)$$

$$\mathfrak{T} \quad = \quad \mathfrak{T}_\omega \quad + \quad \mathfrak{T}_\varepsilon$$

Wirkungslinie von $\mathfrak{T}_\omega \,\|\, o_1 p_1'$ des Beschleunigungsplanes (Abb. 119b), $\mathfrak{T}_\varepsilon \perp \overline{PS}$. Bilde die Resultierende $\mathfrak{R}$ der Führungskräfte $\mathfrak{R}_A \perp \alpha\alpha'$, $\mathfrak{R}_B \perp \beta\beta'$

$$\mathfrak{R} = \mathfrak{R}_A + \mathfrak{R}_B$$

und beachte, daß $\mathfrak{T}_\omega$ nach Größe, Richtung und Richtungssinn

$$\mathfrak{T}_\omega = -m \cdot \overrightarrow{o_1 p_1'}$$

bekannt ist und eine durch T^* gehende Wirkungslinie besitzt, welche die Wirkungslinie p von $\mathfrak{P}$ in D schneidet.

Setze ferner

$$\mathfrak{R} = \mathfrak{R}_A + \mathfrak{R}_B = (\mathfrak{R}_{A\omega} + \mathfrak{R}_{B\omega}) + (\mathfrak{R}_{A\varepsilon} + \mathfrak{R}_{B\varepsilon})$$

$$\mathfrak{R} = \mathfrak{R}_\omega + \mathfrak{R}_\varepsilon$$

und bestimme gemäß

$$\mathfrak{P} = \mathfrak{P}_\omega + \mathfrak{P}_\varepsilon$$

und

$$\mathfrak{T}_\omega + \mathfrak{R}_\omega + \mathfrak{P}_\omega = 0$$
$$\overrightarrow{12} + \overrightarrow{23} + \overrightarrow{31} = 0$$

denjenigen Anteil $\mathfrak{P}_\omega$ von $\mathfrak{P}$, der mit $\mathfrak{T}_\omega$ und $\mathfrak{R}_\omega$ im Gleichgewicht ist, wobei $\mathfrak{R}_\omega$ die Gerade g_ω durch P und D als Wirkungslinie besitzt. Dem Kraftanteil $\mathfrak{P}_\varepsilon = \overrightarrow{03}$ von $\mathfrak{P} = \overrightarrow{01}$ müssen dann $\mathfrak{R}_\varepsilon$ und $\mathfrak{T}_\varepsilon$ das Gleichgewicht halten, wobei $\mathfrak{T}_\varepsilon$ parallel g_P und $\mathfrak{R}_\varepsilon \| g_\varepsilon$ (Gerade durch E und P) ist. Damit ist der Kräfteplan in Abb. 119c bzw. 119d konstruierbar; $\mathfrak{b}_S$ folgt dann aus $\mathfrak{T} = \mathfrak{T}_\omega + \mathfrak{T}_\varepsilon = \overrightarrow{13}''$ und $|\mathfrak{T}| = m\mathfrak{b}_S$. Mit $\mathfrak{b}_{tSP} = \overline{PS} \cdot \varepsilon$ wird die gesuchte Winkelbeschleunigung ε erhalten.

Kontrolliere das Ergebnis mit dem Drallsatz für den Punkt M als bewegten Bezugspunkt gemäß Gl. (495).

Hinweis: Dieses „*Superpositions-Verfahren*" ist bei der Lösung der I. WITTENBAUERschen Grundaufgabe gut brauchbar, wenn mittels des Energiesatzes der momentane Geschwindigkeitszustand bekannt ist und die Winkelbeschleunigung gesucht wird.

16.5 Abb. 120 zeigt zwei umlaufende Kreuzschleifenkurbelgetriebe mit den Kreuzschleifen c_1 und c_2 von den Massen m_1 und m_2, die von der gemeinsamen Kurbel $\overline{OA} = a$ mit der Winkelgeschwindigkeit $\omega = \omega_{ad}$ angetrieben werden.

Die nach A reduzierte Masse der Kurbel a sei m_3. Die Massen m_1, m_2, m_3 sollen durch ein Gegengewicht von der Masse M, angeordnet an der Kurbel a mit $\sphericalangle AOB = \beta$ und $\overline{OB} = R$, in erster Ordnung ausgeglichen werden, d. h. M, R sind so zu wählen, daß für das eingezeichnete xy-Koordinatensystem $\sum m_i v_{xi} = 0$ und $\sum m_i v_{yi} = 0$ wird (*Massenausgleich erster Ordnung*).

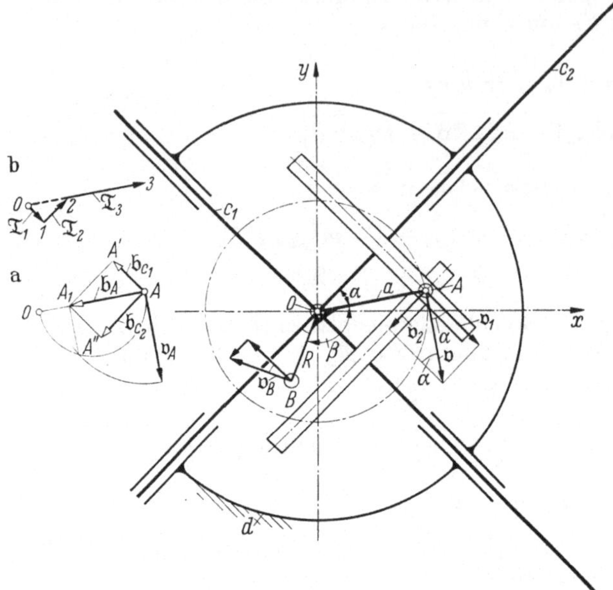

Abb. 120. Untersuchung über Massenausgleich bei zwei gekoppelten rechtwinkligen Kreuzschleifengetrieben mit dem gemeinsamen Antrieb an der Kurbel $a = \overline{OA}$. Gesucht: Anordnung des Gegengewichtes G_a an der Kurbel

Anleitung zur Lösung:

Berechne für $\mathfrak{v}_A = \mathfrak{v}$ mit $v_A = \omega a$ aus den eingetragenen Geschwindigkeitsverhältnissen der bewegten Massen, also aus

$$v_1 = \omega a \cos\left(\alpha - \frac{\pi}{4}\right)$$

$$v_2 = \omega a \sin\left(\alpha - \frac{\pi}{4}\right)$$

$$v_3 = \omega a$$

und

$$v_M = \omega R$$

die x- bzw. y-Komponenten der dazugehörigen Bewegungsgrößen $m_i \mathfrak{v}_i$, wodurch

$$m_1 a\,\omega \cos\left(\alpha - \frac{\pi}{4}\right) \cos\frac{\pi}{4} - m_2 a\,\omega \sin\left(\alpha - \frac{\pi}{4}\right) \cos\frac{\pi}{4}$$
$$+ m_3 a\,\omega \cos\alpha + MR\,\omega \cos(\alpha + \beta) = 0$$

$$- m_1 a\,\omega \cos\left(\alpha - \frac{\pi}{4}\right) \sin\frac{\pi}{4} - m_2 a\,\omega \sin\left(\alpha - \frac{\pi}{4}\right) \sin\frac{\pi}{4}$$
$$- m_3 a\,\omega \sin\alpha + MR\,\omega \sin(\alpha + \beta) = 0$$

oder — vereinfacht und anders angeordnet —

$$\left[\frac{(m_1 - m_2)}{2} \cdot a - MR \sin\beta\right] \sin\alpha + \left[\frac{m_1 + m_2 + 2m_3}{2} a + MR \cos\beta\right] \cos\alpha = 0$$

$$- \left[\frac{m_1 + m_2 + 2m_3}{2} a + MR \cos\beta\right] \sin\alpha + \left[\frac{m_2 - m_1}{2} a - MR \sin\beta\right] \cos\alpha = 0$$

erhalten werden.

Diese beiden Bedingungen sind für beliebigen Kurbelwinkel α offenbar nur mit

$$m_2 = m_1 = m \quad \text{und} \quad \beta = 180°$$

erfüllbar, wodurch ferner die Ausgleichsmasse

$$M = (m + m_3)\frac{a}{R}$$

erhalten wird.

Das gleiche Ergebnis könnte auch durch die Benutzung der Trägheitskräfte $\mathfrak{T}_1 = -m_1\,\mathfrak{b}_{c_1}$, $\mathfrak{T}_2 = -m_2\,\mathfrak{b}_{c_2}$, $\mathfrak{T}_3 = -m_3\,\mathfrak{b}_A$ mit $m_2 = m_1 = m$ erhalten werden, wie der aus dem Beschleunigungsplan (Abb. 120a) entworfene Plan der Trägheitskräfte in Abb. 120b zeigt, wobei wegen $m_1 = m_2$ die Dreiecke $0\,1\,2$ und $A_1 A'' A$ gleichsinnig ähnlich sind.

Zahlenbeispiel: $G_1 = G_2 = G = 1{,}9$ kg, $G_3 = 1{,}2$ kg, $a = 0{,}05$ m

Gewählt: $R = 0{,}06$ m

Ergebnis: $G_a = 2{,}58$ kg, $M = G_a/g = 0{,}263$ kgs²/m

16.6 Untersuche die Möglichkeit des Massenausgleiches bei der getrieblichen Anordnung von Abb. 121, die eine *umlaufende Kreuzschleifenkurbel* und ein Zahnradpaar e, f gleichen Durchmessers zeigt. Was ergibt sich beim Einbau eines *Schubkurbelgetriebes* nach Abb. 122 durch gegenläufige Anordnung der Gegengewichte G_I und G_{II} in M?

16.7 Für das in Abb. 123 schematisch dargestellte *Schubkurbelgetriebe* einer Einzylinder-Kolbenmaschine sind die folgenden Ermittlungen durchzuführen:

a) Aufstellen einer Näherungsformel für Kolbenhub s_c, Kolbengeschwindigkeit v_c, Kolbenbeschleunigung b_c für $\omega_{ad} = \omega$ und $\varepsilon_{ad} = 0$.

b) Statische Ersatzmassen m_{bA}, m_{bB} der Schubstangenmasse m_b, aufgeteilt nach A bzw. B.

c) Berechnung der Trägheitskraft $\mathfrak{T}_h$ der hin- und hergehenden Massen m_h und der resultierenden Trägheitskraft $\mathfrak{T}_r$ der rotierenden Massen, wobei M die punktförmige Masse des in C im Abstand $\overline{\mathfrak{A}C} = R$ angeordneten Gegengewichts bedeutet, das den Ausgleich bewirken soll.

d) $\sum \mathfrak{T}_x$, $\sum \mathfrak{T}_y$ der Trägheitskräfte.

e) Prüfen des Genauigkeitsgrades dieses Näherungsverfahrens für das Ermitteln der Trägheitskräfte mit Hilfe dynamischer Ersatzmassen μ_A, μ_B, μ_{S_b} der Schubstangenmasse m_b in A, B, S_b.

Zahlenbeispiel von Ziff. 8.2 mit den in 8.21 gegebenen Werten. Kurbelwinkel $\varphi = 30°$.

Lösung:

a)
$$s_c = a - a\left(\cos\varphi - \frac{a}{2b}\sin^2\varphi\right) \qquad (512)$$

$$v_c = a\,\omega\left(\sin\varphi + \frac{a}{2b}\sin 2\varphi\right) \qquad (513)$$

$$b_c = a\,\omega^2\left(\cos\varphi + \frac{a}{b}\cos 2\varphi\right) \qquad (514)$$

b) $m_{bA} = \dfrac{m_b\,s_B}{b}$, $m_{bB} = \dfrac{m_b\,s_A}{b}$, $m_h = m_{bB} + m_c$

c) $|\mathfrak{T}_h| = m_h\,b_c$

Mit $\overline{\mathfrak{A}S_r} = r$ für den Schwerpunkt S_r der rotierenden Massen m_{bA}, m_a und M folgt:

$$r = \frac{m_{bA}\,a + m_a\,s_a - M R}{m_{bA} + m_a + M} = \frac{m_r\,a}{m_{bA} + m_a + M},$$

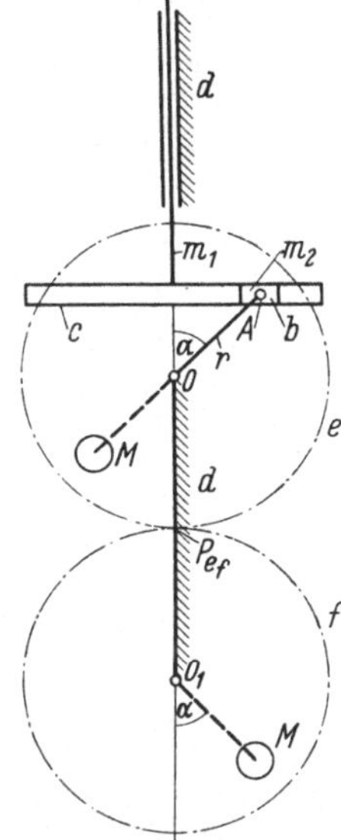

Abb. 121. Umlaufende Kreuzschleifenkurbel. Am vorgeschalteten Stirnradgetriebe gleicher Durchmesser sind gegenläufige Gegengewichte (Unwuchten) angeordnet

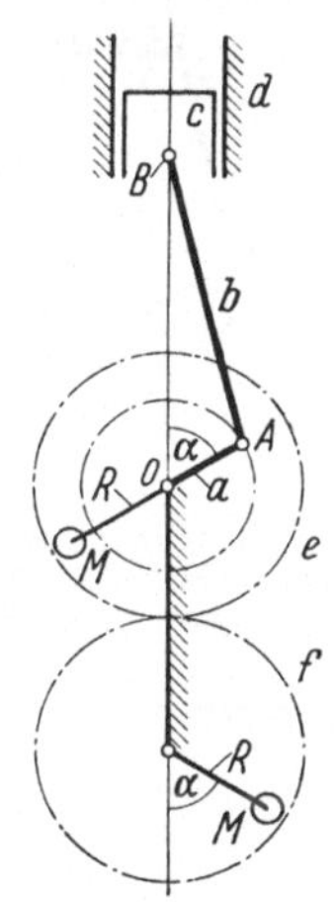

Abb. 122. Massenausgleichs-Anordnung mit gegenläufigen Unwuchten für Schubkurbelgetriebe (Einzylindermaschine)

wobei m_r als statische Ersatzmasse in A der rotierenden Massen anzusprechen ist.

Die Trägheitskraft $\mathfrak{T}_r$ der rotierenden Massen hat den Betrag $|\mathfrak{T}_r|$ $= (m_{bA}\, a + m_a\, s_a - M\, R)\, \omega^2 = m_r\, a\omega^2$, wirkend mit Richtungssinn $\overrightarrow{\mathfrak{A} A}$ und angreifend in S_r.

d) $\quad \sum \mathfrak{T}_y = a\, \omega^2 \left[(m_r + m_h) \cos \varphi + \dfrac{a}{b}\, m_h \cos 2\, \varphi \right]$

$\quad\quad\quad \sum \mathfrak{T}_x = m_r\, a\, \omega^2 \sin \varphi$

e) Lösung mit zeichnerischen Verfahren.

16.8 Benutze die Ergebnisse der Aufgabe von Ziff. 16.7 für die Massenausgleichsuntersuchung des in Abb. 124 dargestellten Zweizylinder-Motors.

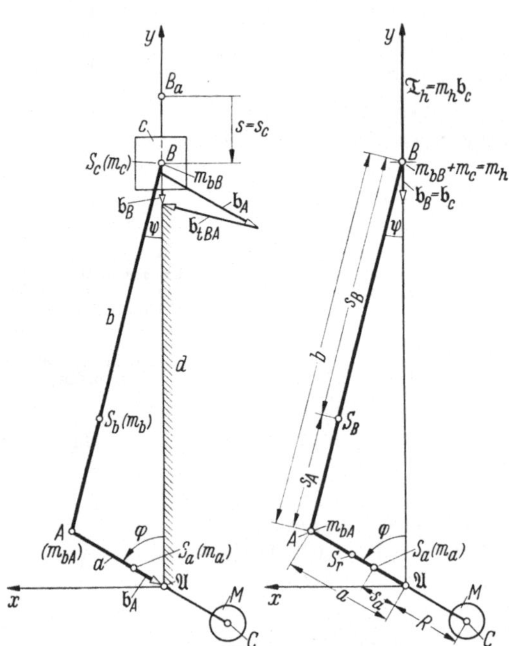

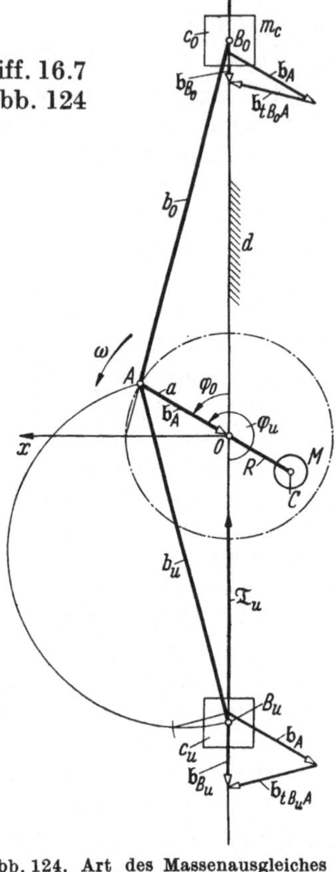

Abb. 123. Grundlagen für Massenausgleichs-Untersuchungen am Schubkurbelgetriebe. Rotierende und hin- und hergehende Massen m_r bzw. m_h

Abb. 124. Art des Massenausgleiches an einem Zweizylindermotor mit fluchtenden Zylindermittellinien

Ergebnis:

$$[\textstyle\sum \mathfrak{T}_y]_o = a\, \omega^2 \left[\left(\dfrac{m_r}{2} + m_h \right) \cos \varphi_0 + \dfrac{a}{b}\, m_h \cos 2\, \varphi_0 \right]$$

$$[\textstyle\sum \mathfrak{T}_y]_u = - a\, \omega^2 \left[\left(\dfrac{m_r}{2} + m_h \right) \cos \varphi_u + \dfrac{a}{b}\, m_h \cos 2\, \varphi_u \right]$$

wobei sich die Indizes „o" und „u" auf das obere bzw. untere Schubkurbelgetriebe beziehen. Mit

$$\varphi_u = 180 + \varphi_0 \quad \text{folgt:}$$

$$\sum \mathfrak{T}_y = a\, \omega^2 (m_r + 2 m_h) \cos \varphi_0$$

Unter Beachtung von

$$m_r\, a = 2 m_{bA}\, a + m_a\, s_a - M R$$

folgt
$$\sum \mathfrak{T}_y = \omega^2 \cos\varphi_0 (2 m_{b\,A}\, a + m_a\, s_a - MR + 2 m_h\, a)$$
$$\sum \mathfrak{T}_y = \omega^2 \cos\varphi_0 [m_a\, s_a + 2 (m_b + m_c)\, a - MR]$$

Wird
$$MR = m_a\, s_a + 2 (m_b + m_c)\, a$$

gewählt, so folgt $\sum \mathfrak{T}_y = 0$; d. h. der durchgeführte *Massenausgleich* der mit der Kurbelwellenfrequenz schwingenden Trägheitskräfte ist bezüglich der *y*-Achse von der *ersten Ordnung*. Da die mit $2\,\varphi_0$ und $2\,\varphi_u$ veränderlichen Trägheitskräfte insgesamt auch nicht auf das Maschinengestell wirken, liegt in diesem Fall sogar ein *Ausgleich zweiter Ordnung* vor.

Für die *resultierenden Trägheitskräfte in Richtung der x-Achse* gilt dagegen

$$\sum \mathfrak{T}_x = m_r\, a\, \omega^2 \sin\varphi_0$$

In Richtung der *x*-Achse besteht also kein Massenausgleich.

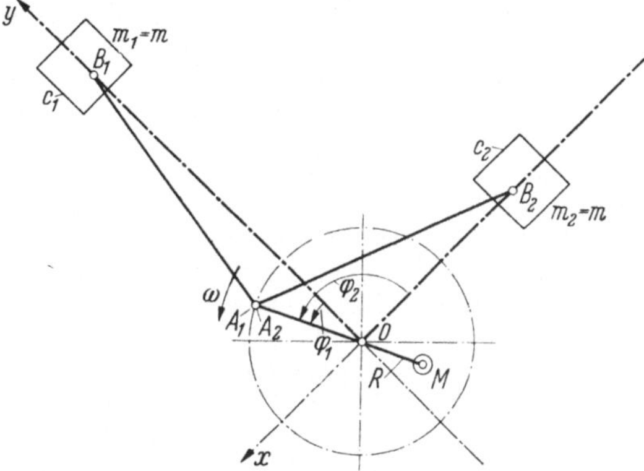

Abb. 125. Art des Massenausgleiches für einen V-Motor mit sich senkrecht schneidenden Zylindermittellinien

16.9 Führe analog Aufgabe 16.8 eine Untersuchung des Massenausgleiches bei dem in Abb. 125 dargestellten V-Motor mit zwei Zylindern durch, dessen Zylindermittellinien um 90° gegeneinander versetzt sind.

Schrifttum

I. Lehrbücher

1. BEYER, R.: [a] Technische Kinematik. Leipzig: Barth 1931
— [b] Technische Kinematik. Ann. Arbor/Mich. Mssrs Edwards 1948
— [c] Kinematische Getriebesynthese. Berlin/Göttingen/Heidelberg: Springer 1953
— [d] Kinematisch-getriebeanalytisches Praktikum. Berlin/Göttingen/Heidelberg: Springer 1958
2. FEDERHOFER, K.: [a] Graphische Kinematik und Kinetostatik. Berlin: J. Springer 1932
— [b] Prüfungs- und Übungsaufgaben aus der Mechanik des Punktes und des starren Körpers. III. Teil. Kinematik und Kinetik starrer Systeme. Wien: Springer 1951
3. FISCHER, O.: Theoretische Grundlagen für eine Mechanik der lebenden Körper. Leipzig 1906
4. FRANKE, R.: Vom Aufbau der Getriebe. Bd. I (1948), Bd. II (1951). Düsseldorf: VDI-Verlag
5. GRÜBLER, M.: Getriebelehre. Berlin: Springer 1917/21
6. LEWENSON, L. B.: Kinematik und Dynamik der Getriebe. Berlin: Verlag Technik 1952
7. PROEGER, F.: Die Getriebekinematik als Rüstzeug der Getriebedynamik. VDI-Forschungsheft 285. Berlin: VDI-Verlag 1926
8. SCHELL, W.: Theorie der Bewegung und der Kräfte. Bd. 1. Leipzig: Teubner 1879
9. TOLLE, M.: Regelung und Gleichgang der Kraftmaschinen. 3. Aufl. Berlin: Springer 1922
10. WOLF, A.: Die Grundgesetze der Umlaufgetriebe. Braunschweig: Vieweg & Sohn 1954
11. SIEKER, K. H.: Getriebe mit Energiespeichern. Leipzig: Akad. Verl.-Ges. Geest u. Portig K.G. 1952
12. WITTENBAUER, F.: Graphische Dynamik. Berlin: J. Springer 1923

II. Zeitschriften —Abhandlungen

13. ALT, H.: [a] Die resultierenden Trägheitskräfte bewegter Scheiben. Z. angew. Math. Mech. Bd. 6 (1926) S. 58—62
— [b] Der Übertragungswinkel und seine Bedeutung für das Konstruieren periodischer Getriebe. Werkstattstechn. Bd. 26 (1932) S. 61—64

14. BEYER, R.: [a] Graphische Behandlung der technischen Dynamik in AUERBACH-HORT, Handb. phys. u. techn. Mechanik Bd. 2, Teil 2. Leipzig: J. A. Barth 1930
— [b] Der Trägheitspol in der Getriebedynamik. Maschinenbau, Betrieb (1935) S. 642
— [c] Zur Geometrie und Statik des Differentialschraubgetriebes. Feinwerktechn. Jg. (1950), S. 200—202
— [d] Zur Synthese ebener Kurvenscheibengetriebe. Z. Konstruktion 4. Jg. (1952) S. 208/10
— [e] Dynamik der Mehrkurbelgetriebe. Z. angew. Math. Mech. Bd. 8 (1928) S. 122
— [f] Bewegungsverhältnisse und Kraftwirkungen im dreigliedrigen gleichachsigen Schraubengetriebe mit drei Schraubenpaaren. Z. Konstruktion 3. Jg. (1951) S. 174—178

15. DIZIOGLU, B.: Zur Dynamik des einfachen Bandgetriebes mit Anwendung auf die Synthese der Schlagmechanismen der Webstühle. VDI-Berichte „Getriebetechnik" Bd. 12 (1956) S. 55—62

16. FEDERHOFER, K.: [a] Kinetostatik flächenläufiger Systeme. S.-B. Akad. Wiss. Wien, math.-naturwiss. Kl., Abt. II a. Jg. 139 (1930) S. 19 ff.
— [b] Zur graphischen Dynamik der Mehrkurbelgetriebe. Ingenieur-Arch. Bd. I (1930) S. 600—610
— [c] Dem Schöpfer der graphischen Dynamik: FERDINAND WITTENBAUER. Maschinenbau, Betrieb (1936) S. 465—467
— [d] Zur graphischen Dynamik des Gelenkvierecks. Maschinenbau, Betrieb (1937) S. 217—219
— [e] Zur graphischen Dynamik des zwangläufigen ebenen Systems. Mh. Math. Phys. Bd. 38 (1931) S. 123

17. FISCHER, O.: Über die reduzierten Systeme und die Hauptpunkte der Glieder eines Gelenkmechanismus. Mh. Math. Phys. Bd. 47 (1902)

18. GEIGER, F.: Zur Schwingungstechnik der Kurbelschwinge. Maschinenbau, Betrieb (1939) S. 197—203

19. GERBER, G.: Neues Verfahren zur Ermittlung des Trägheitspols. Maschinenbau, Betrieb (1940) S. 533/34

20. GÖCKE, C.: Physiologische Mechanik in AUERBACH-HORT, Handb. phys. u. techn. Mechanik Bd. 2, Teil 2, S. 326—404. Leipzig: J. A. Barth (1930)

21. HAIN, K.: [a] Kräfte und Bewegungen in Krafthebergetrieben. Grundl. d. Landtechn. (1955) S. 45—68
— [b] Selbsteinstellende Getriebe. Grundl. d. Landtechn. (1956) S. 55—71

22. JUNG, G.: Geometrie der Massen. Enzykl. d. math. Wissenschaft IV 4, S. 279—344

23. KÄPPLER, P.: Die Dynamik des Typenhebelgetriebes von Schreibmaschinen. Z. VDI Bd. 93 (1951), S. 209

24. KRAUS, R.: [a] Zur Kräftebestimmung an Gelenkfachwerken. Z. Bautechnik 18. Jg. (1940) S. 215
— [b] Unmittelbare Bestimmung der Gelenkkräfte und Momente an Kurbeltrieben. Maschinenbau, Betrieb (1942) S. 482—484
— [c] Trägheitspol aus zwei Beschleunigungszuständen. Maschinenbau, Betrieb (1936) S. 337

25. KREUTZINGER, R.: [a] Über die Bewegung des Schwerpunktes beim Kurbelgetriebe. Maschinenbau, Betrieb (1942) S. 397/98
— [b] Kurbeltriebe mit vorgegebener Schwerpunktsbewegung. Maschinenbau, Betrieb (1943) S. 386—388

26. MEYER ZUR CAPELLEN, W.: [a] Getriebependel. Z. Instrumentenkunde Bd. 55 (1935) S. 393, S. 448 u. Bd. 61 (1941) S. 1—14
— [b] Das Konchoidenpendel. Z. Instrumentenkunde Bd. 52 (1932) S. 123 f.

27. NERRETER, A.: Graphodynamische Untersuchung einer vierzylindrischen Fahrzeugmaschine. Diss. 1912. T.H. München

28. Pöschl, Th.: [a] Beitrag zur graphischen Dynamik des starren ebenen Systems. Mh. Math. Phys. Bd. 58 (1910)
— [b] Dynamische Kräftepläne einfacher Getriebe. Maschinenbau, Betrieb Bd. 4 (1936) S. 467—470, S. 521—524
29. Skutsch, R.: Anwendung der Massenreduktion. S.-B. Berl. Math. Ges. (1905)
30. Tolle, M.: Die resultierenden Massenkräfte eben bewegter Scheiben und Getriebe. Ingenieur-Arch. I. (1930) S. 377—384
31. Tolle, O.: Die verschiedenen Konstruktionen zur Ermittlung des Trägheitspols. Feinwerktechn. Jg. 61 (1957) S. 303—313
32. Winter, H.: Der Trägheitspol und seine Verwendung in der graphischen Dynamik ebener Getriebe. S.-B. Akad. Wiss. Wien, math.-naturwiss. Kl., Abt. II a Jg. 139 (1930) S. 151—164
33. Wittenbauer, F.: Die graphische Ermittlung des Schwungradgewichtes Z. VDI (1905) S. 471—477
34. Sieber, H.: Analytische und graphische Verfahren zur Statik und Dynamik räumlicher Kurbelgetriebe. Z. Konstruktion. 11. Jg. (1959)., S. 333—344

Namenverzeichnis